零基础学电子系统设计

——从电子电路基础到 Arduino 单片机项目开发

主 编 竺春祥 张 珂

副主编 董哲康

中国水利水电出版社

www.waterpub.com.cn

·北京·

内 容 提 要

本书以单片机和电子电路为主线，以大学生电子设计竞赛培训为出发点，详细讲述了基本的单片机编程算法和电子电路设计，具体包括常用元件基础知识（如元件识别、技术指标和应用场合等）、常用电子电路操作基础（如电路焊接、常用电子仪器使用等，为后面设计调试电路打好基础）、趣味电子制作实例（如电子萤火虫、柯南电子变声器和神奇的电磁炮等，这些制作内容来源于生活，生动有趣、制作相对简单，可激发读者兴趣，使其顺利迈入电子技术的大门）、Arduino 单片机（包括基础编程、机器人编程等）。

本书涉及知识内容广泛、基础，并有一定的趣味性，适合高校学生及广大电子爱好者学习参考。

图书在版编目（CIP）数据

零基础学电子系统设计：从电子电路基础到Arduino
单片机项目开发 / 竺春祥，张珂主编. -- 北京：中国
水利水电出版社，2025. 4. -- ISBN 978-7-5226-3360-2

Ⅰ. TN02

中国国家版本馆CIP数据核字第20257ZB452号

策划编辑：陈红华　　责任编辑：张玉玲　　加工编辑：丰芸　　封面设计：苏敏

书　　名	零基础学电子系统设计——从电子电路基础到 Arduino 单片机项目开发 LING JICHU XUE DIANZI XITONG SHEJI——CONG DIANZI DIANLU JICHU DAO Arduino DANPIANJI XIANGMU KAIFA
作　　者	主　编　竺春祥　张　珂 副主编　董哲康
出版发行	中国水利水电出版社 （北京市海淀区玉渊潭南路 1 号 D 座　100038） 网址：www.waterpub.com.cn E-mail: mchannel@263.net（万水） 　　　　sales@mwr.gov.cn 电话：（010）68545888（营销中心）、82562819（万水）
经　　售	北京科水图书销售有限公司 电话：（010）68545874、63202643 全国各地新华书店和相关出版物销售网点
排　　版	北京万水电子信息有限公司
印　　刷	三河市鑫金马印装有限公司
规　　格	184mm×240mm　16 开本　23 印张　530 千字
版　　次	2025 年 4 月第 1 版　2025 年 4 月第 1 次印刷
印　　数	0001—2000 册
定　　价	59.00 元

前　言

在新时代背景下，中国共产党第二十次全国代表大会提出了一系列重要精神，强调贯彻创新、协调、绿色、开放、共享的发展理念。这些精神为我国的科技教育和人才培养指明了方向，尤其是在电子系统设计领域。本书正是在这一精神指导下应运而生的，旨在为广大初学者提供一条通向电子系统设计的清晰路径，帮助其掌握基本的电子原理与设计方法。通过结合实际案例与理论知识，本书不仅强调创新思维的培养，也鼓励学生在实践中探索，提升动手能力和解决实际问题的能力。此外，本书将绿色设计理念融入教学内容，倡导可持续发展的设计思路，以适应现代社会对环保和资源节约的要求。通过学习本书，学生将不仅掌握电子系统设计的基本技能，更能树立起服务社会、推动科技进步的责任感，为实现中华民族伟大复兴的中国梦贡献自己的力量。

Arduino 是一个功能十分强大的开源硬件平台，该主控具有简单易用、功能强大、费用低等特点。与传统的单片机相比，Arduino 在大学生单片机入门教学方面优势显著，主要包括以下几个方面：

（1）开放性。Arduino 是起步比较早的开源硬件项目。各种开源项目目前已经得到广泛的认可和大范围的应用。它的硬件电路和软件开发环境都是完全公开的，在不从事商业用途的情况下，任何人都可以使用、修改和分发它。

（2）易用性。对于稍微有心学习 Arduino 的人，不论基础如何，只要他有兴趣，拿到 Arduino 之后的 1 个小时内应该就可以成功运行第一个简单的程序了。

（3）交流性。对于初学者来说，交流与展示是非常能激发学习热情的途径。但有些时候，你用 AVR 做了个循迹小车，我用 PIC 做了个小车循迹，对单片机理解还不是特别深刻的初学者，交流上恐怕就会有些困难。而 Arduino 已经划定了一个比较统一的框架，一些底层的初始化采用了统一的方法，对数字信号和模拟信号使用的端口也做了自己的标定，初学者在交流电路或程序时非常方便。

（4）丰富的第三方资源。Arduino 无论硬件还是软件，都是全部开源的，你可以深入了解底层的全部机理，它也预留了非常友好的第三方库开发接口。秉承了开源社区一贯的开放性和分享性，很多爱好者在成功实现了自己的设计后会把自己的硬件和软件拿出来与大家分享。

本书主要面向零基础电子技术爱好者以及还没有编程基础的工程技术人员以及高等学校低年级学生。从基础的电路设计开始，紧扣理工科专业的人才培养方案和必备专业知识结构，涵盖了模拟电路、数字电路、单片机和 Qt 上位机等，逐步引导读者进行电子技术和单片机的学习。

全书共分 6 章，第 1 章为常用电子元器件及应用，内容包括电阻、电容、电感、二极管、三极管和集成电路；第 2 章为电子操作和电子仪器，内容包括电子操作、电路板基础及制作、常用电子仪器简介；第 3 章为趣味电子制作实例，主要内容为各类趣味电子实验；第 4 章为初识 Arduino 与 C 语言，主要内容为 Arduino 基础知识；第 5 章为 Arduino 基础实例，主要内容为 Arduino 各类实验案例；第 6 章为创意机器人及上位机，主要内容包括基于 Arduino 的各类创意机器人设计以及 Qt 上位机。

本书主要特色如下：

（1）内容较为基础。本书主要面向还没有任何电子技术和单片机基础的读者，充分利用 Arduino 开源硬件在编程方面的高效便捷性引导读者打开电子技术和单片机的大门，快速掌握电子电路和单片机的基本概念和方法。章节内容注重循序渐进、由浅入深、言简意赅、逻辑性强。

（2）理论结合实际。电子技术实例和 Arduino 项目实例在内容安排上，从实验原理出发，设计电路结构和编程方法，每个实验都验证相关的理论原理。所有实例代码都在 Arduino 上调试通过，可以帮助读者自我检查对当前内容的掌握情况，以便及时跟进。

（3）趣味性浓。本书第 3 章介绍的各类趣味电子制作实例和第 6 章的创意机器人取材新颖，特别是创意机器人，趣味性较浓，学生选做率高。产品制作完成后，机器人的运行过程极大地吸引了学生的眼球，并通过机器人的调试引发学生对作品的思考，也激发了他们的创新精神。

由于时间仓促及作者水平有限，书中可能会有个别错误，恳请读者批评指正。

知识图谱

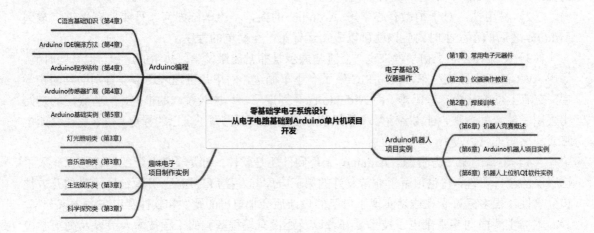

编　者

2025 年 1 月

目　录

第1章　常用电子元器件及应用

电子元器件是组成电子产品的基础，了解常用电子元器件的种类、结构、性能，并且能正确选用电子元器件，是学习和掌握电子技术的基础。常用的电子元器件有电阻、电位器、电容、电感、二极管、三极管和集成电路等，本章介绍各种电子元器件的知识，以及它们的应用。

1.1　电　　　阻

1.1.1　电阻的种类和命名

电阻是一种对电流有阻碍作用的元件，用在电路中限流、分压和负载等场合，它是电子电路中应用最广泛的电子元器件之一。

1.　电阻的种类

电阻包括固定电阻、可调电阻、敏感电阻三类；按结构可分为碳膜电阻、金属膜电阻、线绕电阻、电阻网络（排阻）、片状电阻等。常见电阻符号如图 1-1 所示，常见电阻外形如图 1-2 所示。

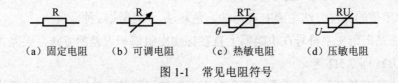

（a）固定电阻　　　（b）可调电阻　　　（c）热敏电阻　　　（d）压敏电阻

图 1-1　常见电阻符号

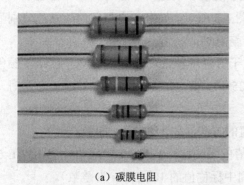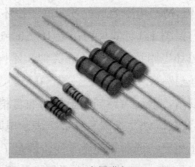

（a）碳膜电阻　　　　　　　　　　　　　　　　（b）金属膜电阻

图 1-2　常见电阻外形

2．电阻的命名

电阻的命名由四部分组成（不适用于敏感电阻）。

第一部分：主称，用字母表示，表示产品的名称，如 R 表示电阻，W 表示电位器。

第二部分：材料，用字母表示，表示电阻体用什么材料组成。T 为碳膜、H 为合成碳膜、J 为金属膜、C 为沉积膜、I 为玻璃釉膜、X 为线绕。

第三部分：分类，一般用数字表示，个别类型用字母表示，表示产品属于什么类型。1 为普通、2 为普通或阻燃、3 为超高频、4 为高阻、5 为高温、6 为精密、7 为精密、8 为高压、9 为特殊、G 为高功率、T 为可调。

第四部分：序号，用数字表示，表示同类产品中的不同品种，以区分产品的外形尺寸和性能指标等。例如 RT11 型电阻表示的是普通碳膜电阻，RJ62 型电阻表示的是精密金属膜电阻。

1.1.2　电阻的参数与标识

电阻的主要参数有标称阻值、误差和额定功率等。电阻值常用单位为欧（Ω）、千欧（kΩ）、兆欧（MΩ）。电阻无极性，其基本特征是消耗能量。

1．标称阻值与误差

标注在电阻上的阻值称为标称阻值，实际阻值与标称阻值往往有一定的差距，称为误差。普通电阻误差分三个等级：Ⅰ级为±5%，Ⅱ级为±10%，Ⅲ级为±20%；精密电阻的误差有±0.05%，±0.1%，±0.25%，±0.5%，±1%，±2%等。

电阻器标称阻值的标注方法主要有直标法、色环法、数码法三种。

（1）直标法是指用文字符号在电阻器上直接标注出阻值和误差的方法。误差大小表示如 4K3 即 4.3kΩ、7Ω5 即 7.5Ω 等。

（2）色环法是指在电阻上标注不同颜色来表示阻值和误差。单位为"Ω"。普通电阻一般为四色环，精密电阻为五色环。色环各环含义如图 1-3 所示。如有一电阻四色环颜色分别为棕黑红银，据图 1-3 计算所得：$R=10×10^2=1kΩ$，误差 10%。

五色环电阻读法与四色环类似，不同之处在于五色环第三环为有效数字，且误差颜色还包括棕（±1%）、红（±2%）、绿（0.5%）、蓝（0.25%）、紫（0.1%）、灰（±0.05%）。同时，为了避免混淆，最后两环的间距相对而言稍宽一点。

（3）数码法是指用三位数字表示电阻标称值的方法，如 153 表示 15kΩ。

为了生产、选购和使用方便，规定了电阻阻值的系列标称值，分别为 E-24、E-12、E-6 三个系类，见表 1-1。生产的电阻器标称阻值是系列中标称值的 10^n 倍（n 为整数）。

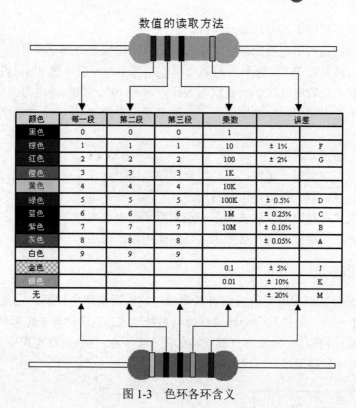

图1-3　色环各环含义

表 1-1　电阻阻值的系列标称值

标称值系类	允许误差/%	等级	标称值
E-24	±5	I	1.0，1.1，1.2，1.3，1.5，1.6，1.8，2.0，2.2，2.4，2.7，3.0，3.3，3.6，3.9，4.3，4.7，5.1，5.6，6.2，6.8，7.5，8.2，9.1
E-12	±10	II	1.0，1.2，1.5，1.8，2.2，2.7，3.3，3.9，4.7，5.6，6.8，8.2
E-6	±20	III	1.0，1.5，2.2，3.3，4.7，6.8

2. 额定功率

电阻的额定功率是指电阻所能承受的最高电压和最大电流的乘积。常见电阻的额定功率有 1/8W、1/4W、1/2W、1W、2W、3W、5W、10W 等，其中 1/4W 最为常见。电路制作中对功率没有特别要求时，一般选用 1/4W。

1.1.3　电阻的检测和选用

数字万用表选择合适挡位（尽量显示较多的有效数字），两表笔分别接触被测电阻的两金属引脚，显示屏显示值加上所选挡位单位（如 Ω、kΩ、MΩ）即为被测电阻 R 的阻值，也可能显示"000"（短路）、"1"（断路或阻值过大）。

在实际选择时，可按下列方法进行选择。

阻值选用：原则是所用电阻的标称阻值与所需电阻阻值差值越小越好。

误差选用：时间常数 RC 电路所需电阻的误差尽量小，一般可选 5%以内。退耦电路、反馈电路、滤波电路、负载电路对误差要求不太高，可选 10%～20%的电阻。

额定功率：所选电阻的额定功率应大于实际承受功率的 2 倍以上才能保证电阻在电路中长期工作的可靠性。

另外可根据电路特点选用。

高频电路：分布参数越小越好，应选用金属膜电阻、金属氧化膜电阻等高频电阻。

低频电路：线绕电阻、碳膜电阻都适用。

测量电路：电路对精度要求比较高，应选温度系数小的电阻。

其他电路：对阻值变化没有严格要求，任何类电阻都适用。

1.1.4　电位器

在有的电路场合，要求电阻的阻值可以调节，这时可选用电位器。它是一种最常见的可调电子元器件，由一个电阻体和一个转动或滑动系统组成，其滑动臂在电阻体上滑动，即可连续改变动臂与两端间的阻值，常见电位器结构如图 1-4 所示。电位器在电路中一般起分压作用，图 1-5 所示是常见电位器用法。

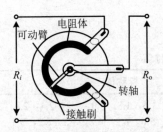

图 1-4　常见电位器结构

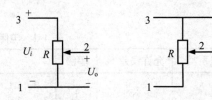

图 1-5　常见电位器用法

电位器的种类很多，按电阻体材料的不同，可分为合金（线绕、金属箔）、薄膜、合成（有机、无机）、导电塑料等多种类型；按用途可分为普通、精密、微调、功率、高频、高压、耐热等类型；按阻值变化特性可分为线性电位器、对数式电位器（D）、指数式电位器（Z）、正余弦式电位器等；按调节方式可分为旋转式、直滑式，单圈、多圈等。常见电位器如图 1-6 所示。

电位器的主要参数与电阻类似。电位器的外壳上都标有标称阻值，这就是电位器的最大阻值。最小阻值又称零位电阻，由于触点存在接触电阻，因此最小阻值不可能为 0，要求越小越好。

用万用表电阻挡测量电位器固定端阻值，应与标称值相符。同时测量滑动端与固定端的阻值变化情况。将万用表一表笔接电位器可变端，另一表笔接电位器任一固定端，旋转电位器轴柄，如读数逐渐增大或减少，说明电位器正常（阻值从"0"向标称值或从标称值向"0"变化）。如万用表的读数有较大幅度的跳动现象，说明活动触点有接触不良的现象。如数字万用表的读数为"1"，则内部开路；如数字万用表的读数为"000"，则内部短路。

（a）线绕电位器

（b）合成碳膜电位器

（c）片状微调电位器

（d）有机实心电位器

（e）多圈可调电位器

（f）数字电位器

图 1-6　常见电位器

1.1.5　敏感电阻

日常使用过程中，除普通电阻外还有一些敏感电阻。敏感电阻是一类对电压、温度、湿度、光或磁场等物理量反应敏感的电阻元器件，包括热敏电阻、光敏电阻、湿敏电阻、气敏电阻、力敏电阻、磁敏电阻等。

下面介绍常用的敏感电阻。

1. 光敏电阻

光敏电阻是一种电阻值随入射光强弱变化而明显变化的光敏元件，在特定光的照射下，其阻值迅速减小，可用于检测可见光。光敏电阻阻值变化规律是入射光增强，电阻减小，入射光减弱，电阻增大，如图 1-7 所示。

光敏电阻一般用于光的测量、光的控制和光电转换（将光的变化转换为电的变化）。通常，光敏电阻器都为薄片结构，以便吸收更多的光能。当它受到光的照射时，半导体片（光敏层）内就激发出电子-空穴对，参与导电，使电路中电流增强。

图 1-7　光敏电阻

光敏电阻广泛应用于各种自动控制电路（如自动照明灯控制电路、自动报警电路等）、家用电器（如手机显示亮度自动调节、照相机自动曝光控制等）及测量仪器中。

光敏电阻一般用符号"RL"或"RG"来表示。光敏电阻通常由光敏层、玻璃基片（或树脂防潮膜）和电极等组成。光敏电阻的主要参数如下：

（1）亮电阻（kΩ）：光敏电阻受到光照射时的电阻值。

（2）暗电阻（MΩ）：光敏电阻在无光照射（黑暗环境）时的电阻值。

（3）最高工作电压（V）：光敏电阻在额定功率下所允许承受的最高电压

（4）亮电流（mA）：受到光照射时，光敏电阻在规定的外加电压下通过的电流。

（5）暗电流（mA）：在无光照射时，光敏电阻在规定的外加电压下通过的电流。

（6）时间常数（s）：光敏电阻从光照跃变开始到稳定亮电流的 63%时所需的时间。

（7）电阻温度系数：光敏电阻在环境温度改变 1℃时，其电阻值的相对变化。

（8）灵敏度：光敏电阻在有光照射和无光照射时电阻值的相对变化。

可根据光敏电阻的特性来对它进行测试，如把万用表设置为"200kΩ"挡测量光敏电阻两端的电阻，在对光和遮光两种状态下，用万用表测得的阻值应有较大的变化，一般在对光情况下，阻值为几千欧到十几千欧，而在遮光情况下，阻值为几百千欧以上，则说明光敏电阻是好的，否则说明是坏的。

2. 热敏电阻

热敏电阻是一种开发早、种类多、发展较成熟的敏感元器件。热敏电阻由半导体陶瓷材料组成，按照温度系数不同分为正温度系数热敏电阻（PTC）和负温度系数热敏电阻（NTC），分别如图 1-8 和图 1-9 所示。热敏电阻的典型特点是对温度敏感，不同的温度下表现出不同的电阻值。正温度系数热敏电阻（PTC）在温度越高时电阻值越大，负温度系数热敏电阻（NTC）在温度越高时电阻值越低，它们同属于半导体器件。

图 1-8　PTC 热敏电阻

图 1-9　NTC 热敏电阻

热敏电阻的主要特点是：灵敏度较高，其电阻温度系数要比金属大 10～100 倍甚至更多，能检测出 10^{-6}℃的温度变化；工作温度范围宽，常温器件适用于–55～315℃，高温器件适用温度高于 315℃（目前最高可达到 2000℃），低温器件适用于–273～55℃；体积小，能够测量其他温度计无法测量的空隙、腔体及生物体内血管的温度；使用方便，电阻值可在 0.1～100kΩ 间任意选择。

热敏电阻的主要参数如下：

（1）标称阻值 R_C：一般指环境温度为 25℃时热敏电阻的实际电阻值。

（2）实际阻值 R_T：在一定的温度条件下所测得的电阻值。

（3）材料常数 B：描述热敏电阻材料物理特性的参数，也是热灵敏度指标。B 值越大，表示热敏电阻的灵敏度越高。应注意的是，在实际工作时，B 值并非一个常数，其值随温度的升高略有增加。

（4）电阻温度系数 α_T：温度变化 1℃时的阻值变化率，单位为%/℃。

（5）时间常数 T：热敏电阻是有热惯性的，用时间常数来描述，定义为在无功耗状态下，当环境温度由一个特定温度向另一个特定温度突然改变时，热敏电阻体的温度变化了两个特定温度之差的 63.2%所需的时间。

（6）额定功率 P_M：在规定的技术条件下，热敏电阻长期连续负载所允许的耗散功率。在实际使用时不得超过额定功率。

（7）额定工作电流 I_M：热敏电阻在工作状态下规定的名义电流值。

（8）测量功率 P_c：在规定的环境温度下，热敏电阻体受测试电流加热而引起的阻值变化不超过 0.1%时所消耗的电功率。

热敏电阻也可作为电子电路元件，用于仪表线路温度补偿和温差电偶冷端温度补偿等。利用 NTC 热敏电阻的自热特性可实现自动增益控制，构成 RC 振荡器稳幅电路，延迟电路和保护电路。在自热温度远大于环境温度时阻值还与环境的散热条件有关，因此在流速计、流量计、气体分析仪、热导分析仪中常利用热敏电阻这一特性，制成专用的检测元件。

PTC 热敏电阻主要用于电气设备的过热保护、无触点继电器、恒温、自动增益控制、电机启动、时间延迟、彩色电视自动消磁、火灾报警和温度补偿等方面。

热敏电阻检测时用万用表电阻挡，具体可分两步操作：首先常温检测（室内温度接近25℃），用鳄鱼夹代替表笔分别夹住热敏电阻的两引脚测出其实际阻值，并与标称阻值相对比，相差越小越好。其次加温检测，将一个热源（例如电烙铁）靠近热敏电阻对其加热，观察万用表示数，此时如看到万用表示数随温度的升高而改变，说明电阻值在逐渐改变（负温度系数热敏电阻器 NTC 阻值会变小，正温度系数热敏电阻器 PTC 阻值会变大），当阻值改变到一定数值时显示数据会逐渐稳定，说明热敏电阻正常。

热敏电阻最常用于测量温度，使用时一般用一个高精度的电阻（阻值和热敏电阻标称值接近）和热敏电阻串联，并加上一个直流电压（例如 5V），构成一个分压电路，当温度变化时，热敏电阻阻值发生改变，分压点处的电压随之变化，用单片机 AD 转换或其他手段测量分压点的电压，并通过计算得到被测温度。

3. 超导体

在各种金属导体中，银的导电性能是最好的，但还是有电阻存在。20 世纪初，科学家发现，某些物质在很低的温度时，如铝在 1.39K（−271.76℃）以下，铅在 7.20K（−265.95℃）以下，电阻就变成了 0。这就是超导现象，用具有这种性能的材料可以做成超导材料。已经开发出一些"高温"超导材料，它们在 100K（−173℃）左右电阻就能降为 0。

如果把超导现象应用于实际，会给人类带来很大的好处。在电厂发电、运输电力、储存电力等方面若能采用超导材料，就可以大大降低由于电阻引起的电能消耗。如果用超导材料制造电子元件，由于没有电阻，不必考虑散热的问题，元件尺寸可以大大缩小，进一步实现电子设备的微型化。

1.2 电　容

电容是一种储能元件，主要特点是通交流阻直流，通高频阻低频，在电路中起旁路、耦合、滤波等作用。

1.2.1 电容的种类

电容按结构可分为固定电容、可调电容两大类；按材料可分为瓷片电容、涤纶电容、钽电容、聚丙烯电容等；按电解质可分为有机介质电容、无机介质电容、电解质类电容和空气介质电容等；按极性分可分为有极性电容与无极性电容。电容的电路符号如图 1-10 所示，常用固定电容如图 1-11 所示。

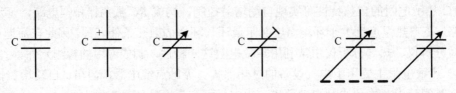

（a）一般符号　（b）极性电容　（c）可调电容　（d）微调电容　（e）双连同轴可变电容

图 1-10　电容的电路符号

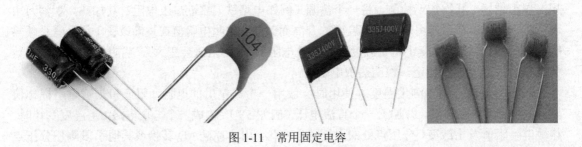

图 1-11　常用固定电容

1.2.2 电容的参数

电容的主要参数为电容量和耐压。

电容储存电荷的能力叫电容量，简称容量，基本单位为法拉（F）。实际应用中多以微法（μF）、纳法（nF）和皮法（pF）作为主要单位。容量的表示方法主要有两种：①直标法，即将容量数值直接印在电容器上，如图 1-11 所示的电解电容器即为此种表示方法；②数码法，一般用 3 位数字表示容量的大小，单位为 pF，如 224 表示 $22×10^4$pF。

　　耐压是电容器的另一个主要参数，表示电容器在连续工作中所能承受的最高电压。一般直接印在电容器上。在实际使用中必须保证加在电容器两端的电压不超过其耐压值，否则会造成电容器的损坏。

　　除上述两种主要参数外，在一些特殊要求场合，还要考虑容量误差、高频损耗等参数。

1.2.3　电容的应用

1. 电容电路

　　电容可以单独构成一个功能电路，更多的情况是与其他元器件构成功能丰富的电路。表 1-2 介绍了电容的常见应用。

表 1-2　电容的常见应用

名称	电路图	作用
耦合电容	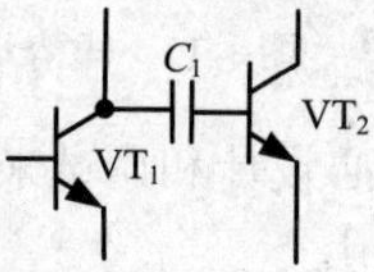	C_1 起通交流阻直流作用
滤波电容	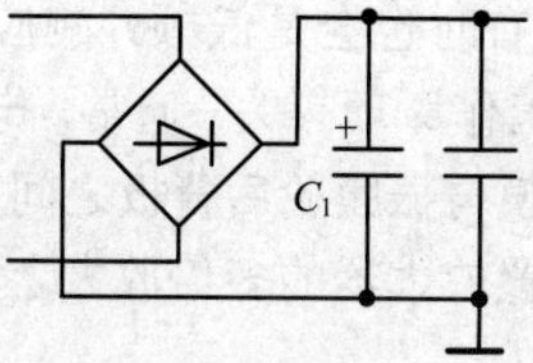	C_1 为电解电容，起低频信号滤波作用；C_2 为瓷片电容，起高频信号滤波作用
旁路电容	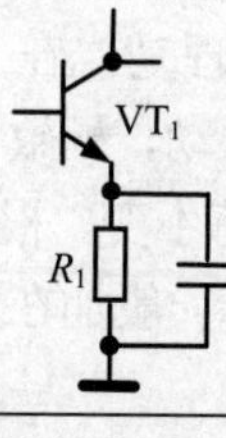	C_1 为三极管 VT_1 的发射极旁路电容。如果需要去掉某一频段的信号，可以使用旁路电容
谐振电容	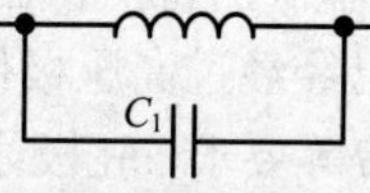	C_1 为谐振电容

2. 电容传感器

　　电容原理除了应用在电路中，还可以用在传感器方面。电容话筒如图 1-12 所示，它的核心组成部分是电极头，由两片金属薄膜组成；当声波引起其振动的时候，金属薄膜间距的不同造成了电容的不同，进而产生电流。因为极头需要一定电压进行极化才能使用，所以电容话筒一般需要使用幻象电源供电才可以工作。电容话筒具有灵敏度高，指向性高的特点。因此，它一般用在各种专业的音乐、影视录音上，在录音棚里很常见。

第 1 章

电容话筒原理如图 1-13 所示：电容的两个极板被分成了两个部分，分别被称为振膜和背极。单振膜话筒极头的振膜和背极分别位于两侧；双振膜话筒极头的背极位于中间，振膜位于两边。

图 1-12　电容话筒

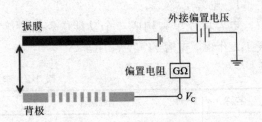

图 1-13　电容话筒原理

电容话筒的指向性是通过对振膜反面的声学路径精心设计和调试来完成的，这一点在各种录音场合，特别是同期、现场录音中起到了很大的作用。

一般来讲，电容话筒在灵敏度和扩展后的高频（有时也会是低频）响应方面要优于动圈话筒。这跟电容话筒需要先将声音信号转换成电流的工作原理有关。通常，电容话筒的振膜都非常薄，很容易受到声压影响而发生振动，从而引起振膜与振膜舱后背板之间电压的相应改变。而这种电压的改变接下来又会经过内置在话筒中的前置放大器的多倍放大之后，再转换成声音信号输出。

另外有一种电容话筒名为驻极体话筒，这种话筒具体原理是，在一层特殊材料上，带上电荷，这里的电荷不易释放，人说话时，带电荷的薄膜跟着振动，导致它和某一极板的间距也在不断发生变化，使得电容发生变化，又由于它上面带的电荷不变，根据 $Q=CU$，电压也会随着发生变化，这样就将声音信号转换为电信号了。这个电信号一般加在话筒内部的一个场效应管上用于放大信号，接入电路时，要注意它的正确接法。

驻极体话筒具有体积小、频率范围宽、高保真和成本低的特点，已在通信设备、家用电器等电子产品中广泛应用。驻极体话筒在生产时振膜就已经经过高压极化处理，将永久带有一定电荷，因此不需要另外加极化电压。为了满足便于携带等要求，驻极体电容话筒可以做得非常小，因此会一定程度地影响音质。但是理论上相同尺寸驻极体话筒和在录音室广泛使用的传统电容话筒音质不会有太大区别。

3. 超级电容

超级电容是一种介于电解电容和可充电电池之间的大容量电容，图 1-14 所示是超级电容的外形。其电容值远高于其他电容，但受限于较窄的电压范围。它们通常是电解电容器单位体积或质量所能存储能量的 10～100 倍，能够比电池更快地充放电，并且比可充电电池允许更多的充电和放电循环。

　　超级电容的结构如图 1-15 所示，包括 1 电源、2 集电器、3 极化电极、4 亥姆霍兹双电层、5 具有正离子和负离子的电解液、6 隔膜。

 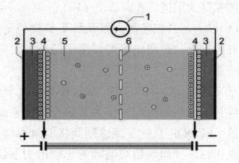

　　图 1-14　超级电容的外形　　　　　　　　　图 1-15　超级电容的结构

　　电解液在两个电极之间形成离子导电连接，这将它们与传统的一直具有介电层的电解电容器区分开来。所谓的电解液（如 MnO_2 或导电高分子）实际上是第二电极（阴极，或者更准确地说是正极）的一部分。超级电容通过使用非对称电极的设计达到极化，或者在制造过程中对对称电极施加电位以达到极化。

　　与传统的电容不同，超级电容没有使用传统的固体电介质，而是使用双电层电容和电化学赝电容，这两者通过稍有差异的方式一起提供了超级电容的全部电容：

　　双电层电容（EDLCs）使用具有双电层电容和少量电化学赝电容的碳电极或其衍生物，实现了在位于导电电极表面和电解液的接触面上的亥姆霍兹双电层中的电荷分离。该电荷分离现象的数量级约为几个埃（0.3～0.8nm），比传统电容要小得多。

　　电化学赝电容使用具有双电层电容和大量电化学赝电容的金属氧化物或导电聚合物作为电极。该电极表面或表面附近发生的氧化还原反应、插层反应或电吸附作用会引起法拉第电子电荷转移，从而产生赝电容。

　　超级电容由被离子渗透膜（隔膜）隔开的两个电极和通过离子连接两个电极的电解液组成。当电极被施加的电压极化时，电解液中的离子形成与电极极性相反的双电层。例如，正极化电极将在电极/电解液接触面具有一层负离子并且与吸附在负极层上的正离子形成电荷平衡层。负极化电极的情况正好相反。

　　此外，取决于电极材料和表面形状，一些离子可能渗透双电层成为特异的吸附离子，并与赝电容一起提供超级电容器的全部电容。

　　超级电容的应用极为广泛，在电子消费品中诸如笔记本电脑、掌上电脑、全球定位系统、多媒体播放器、手持设备等，超级电容可以稳定电源的供应，例如：

　　超级电容可为数码相机中的摄影闪光灯提供电力，可以在超短时间（如 90s）内充电的发光二极管手电筒提供电力。

第 1 章

还有带有用于储能的超级电容的无绳电动螺丝刀，它的运行时间虽然约为同类电池的一半，但可以在 90s 内充满电。闲置 3 个月后，仍能保留 85% 的电荷。

位于日本新潟县的佐渡市，有将独立电源太阳能电池和 LED 相结合的路灯。其中超级电容能够存储太阳能，并向 2 个 LED 灯供电，且能提供 15W 的夜间功耗。这种超级电容可以使用 10 年以上，并在各种天气条件下提供稳定的性能。

在医学上，超级电容可以用于除颤器，它可以通过传递 500J 的电能，使心脏休克恢复到窦性心律。

在交通运输方面，丰田 Yaris Hybrid-R 概念车中使用超级电容来提供动力爆发。标致雪铁龙已经开始使用超级电容作为其启停节油系统的一部分，从而实现更大的初始加速度。马自达公司的 i-ELOOP 系统在减速期间将能量存储到一个超级电容中，并在发动机因启停控制系统停止工作时，使用该超级电容为车载电力系统供电。

另外美国的超级电容制造商麦斯威尔科技曾调查的结果表示，世界上已经有超过 20000 辆的混合动力公交车，它们使用超级电容设备来提高加速度。2014 年，中国广州开始使用由超级电容器驱动的有轨电车，这种超级电容可以通过位于轨道之间的设备，在 30s 内完成充电。其存储的电力可以让电车运行长达 4km，这完全足够到达下一站并重复进行充电。

1.3　电　感

电感是一种能够存储磁场能的电子元件，又称电感线圈，它具有通直流、阻交流、通低频、阻高频特性。主要用于调谐、振荡、耦合、扼流、滤波、陷波、偏转等电路。

1.3.1　电感的种类

电感可分为固定电感器和可变电感器两大类。按导磁性质可分为空心线圈、磁芯线圈和铜心线圈电感等；按工作频率可分为高频、中频、低频电感；按结构特点可分为单层、多层、蜂房式、磁芯式电感等；按用途可分为振荡电感、校正电感、显像管偏转电感、阻流电感、滤波电感、隔离电感、补偿电感等。

传统电感由漆包线在特制绝缘骨架上绕制而成，匝间互相绝缘。随着微型元器件技术的不断发展及工艺水平的提高，片状（贴片）线圈和印制线圈等不同工艺形式的电感产品日渐增多，规格系列也在不断增加。但是，除部分可采用现成产品外，许多非标电感仍需自行绕制。

电感电路符号如图 1-16（a）所示，图 1-16（b）为带磁芯电感符号，图 1-16（c）为磁芯有间隙的电感符号，图 1-16（d）为有磁芯且磁芯位置可调的电感符号。图 1-17 所示为常用电感外形。

第 1 章

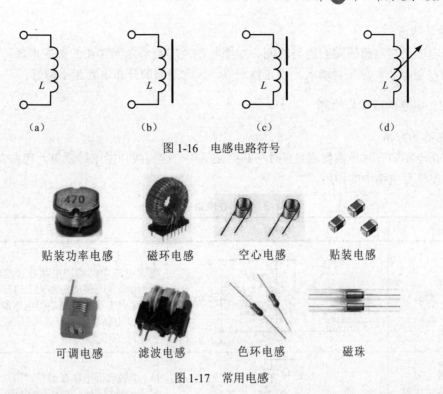

图 1-16 电感电路符号

空心电感   贴装电感

可调电感   滤波电感   色环电感   磁珠

图 1-17 常用电感

1.3.2 电感的参数与标识

1. 电感标称值与允许偏差

电感量的大小与电感线圈的匝数、线圈的直径、磁芯的导磁率有关,匝数越多、导磁率越高,则电感的电感量越大。带磁芯电感器要比不带磁芯电感的电感量大得多。电感量的单位为亨(H)、毫亨(mH)、微亨(μH)和纳亨(nH),$1H=10^3mH=10^6μH$。

允许偏差表示电感制造过程中电感量偏差的大小,通常有三个等级:I级允许的偏差为±5%;II级允许的偏差为±10%;III级允许的偏差为±20%。

系列化生产的部分电感采用三种标注方法:①色环电感一般使用三环或四环标注法(与电阻色环定义数类似),前两环为有效数字,第三环为倍率,第四环为误差;②直标法,在电感表面直接用数字和单位表示电感值,如 22mH 表示 22 毫亨,当只用数字时,电感单位为 μH;③文字标注法,一般使用三位数字标注,如 104 为 10^5μH=100 mH。

2. 品质因素 Q

电感的品质因数 Q 指在某一工作频率下,线圈的感抗与其总损耗电阻的比值。线圈 Q 值越高,表示电感器中导线电阻值越小,质量也就越高。线圈的 Q 值通常为几十到几百。

3. 额定电流

额定电流是指在规定的温度下,线圈正常工作时所承受的最大电流值。

4. 分布电容

分布电容是指电感线圈的匝与匝间、线圈与地及屏蔽盒之间存在的寄生电容。分布电容使线圈的 Q 值减小、总损耗增大、稳定性变差，因此线圈的分布电容越小越好。

1.3.3 电感的应用与检测

1. 电感的应用

电感在电路中有时单独使用，有时与其他元器件一起构成功能电路或单元电路。表 1-3 详细介绍了电感在电路中的作用。

表 1-3　电感在电路中的作用

名称	电路图	作用
电感滤波电路		电源电路中的滤波电路在接整流电路之后，用来滤除整流电路输出电压中的交流成分；电感滤波电路是用电感器构成的一种滤波电路，其滤波效果相当好
LC 串联谐振电路		LC 串联谐振电路在谐振时阻抗最小，利用这一特性可以构成许多电路，如陷波电路、吸收电路等
LC 并联谐振电路		LC 并联谐振电路在谐振时阻抗最大，利用这一特性可以构成许多电路，如补偿电路、阻波电路等

2. 电感的检测

（1）外观检查。对电感首先要进行外观的检查，看线圈有无松散，引脚有无折断等现象。

（2）直流电阻的测量。利用万用表的电阻挡直接测量电感线圈的直流电阻。若所测电阻为∞，说明线圈开路；若比标称电阻（或按线径、线长计算）小得多，则可判断线圈有局部短路；若为 0，则线圈完全短路。如果检测的电阻与原确定的阻值或标称阻值基本一致，可初步判断线圈是好的。

（3）电感量和品质因数。在电路设计中需要知道电感线圈电感量和品质因数 Q 值，这时可以使用专门的仪器（RLC 测试仪、Q 表等）进行测量。

3. 电感的选用

（1）根据电路的要求选择不同的电感。

（2）在使用时要注意通过电感的工作电流要小于它的额定电流。

（3）在安装时要注意电感元件之间的相互位置，一般应使相互靠近的电感线圈的轴线相互垂直。

1.4 二 极 管

二极管是电子设备中常用的半导体器件，由一个 PN 结加上相应的电极引线和密封壳做成。二极管有两个电极，接 P 型区的引脚为正极，接 N 型区的引脚为负极。二极管主要用于整流、稳压、检波、变频等电路中。

1.4.1 二极管基础

常用二极管的电路符号如图 1-18 所示。图 1-18（a）为普通二极管，图 1-18（b）为稳压二极管，图 1-18（c）为变容二极管，图 1-18（d）为发光二极管，图 1-18（e）为光敏二极管。

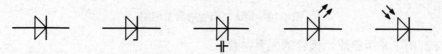

（a）普通二极管　（b）稳压二极管　（c）变容二极管　（d）发光二极管　（e）光敏二极管

图 1-18　常用二极管的电路符号

二极管伏安特性曲线如图 1-19 所示。当外加正向偏置电压 $U < V_{th}$ 时，正向电流为零；当 $U > V_{th}$ 时，二极管正向导通。一般常用硅二极管的 V_{th} 为 0.5～0.8V。

当外加反向偏置电压 $V_{BR} > U > 0$ 时，反向电流很小，且基本不随反向电压的变化而变化，此时的反向电流也称反向漏电流 I_S。反向电流与温度有着密切的关系，硅二极管比锗二极管在高温下具有更好的稳定性。当 $U \geqslant V_{BR}$ 时，反向电流急剧增加，V_{BR} 称为反向击穿电压。反向击穿并不一定意味着器件完全损坏。为了保证二极管使用安全，规定有最高反向工作电压 V_{BRM}。

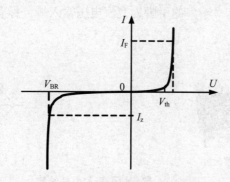

图 1-19　二极管伏安特性曲线

1.4.2 常用二极管

1. 整流二极管与整流桥

整流二极管主要用于电源整流电路，利用二极管的单向导电性，将交流电变为直流电。图 1-20 所示为整流二极管的典型应用。

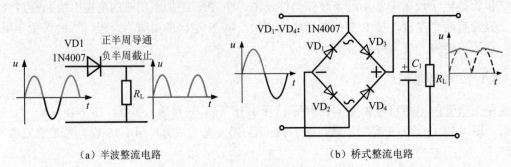

（a）半波整流电路　　　　　　　　　　（b）桥式整流电路

图 1-20　整流二极管的典型应用

表 1-4 列出了常用整流二极管的主要参数。

表 1-4　常用整流二极管的主要参数

最大整流电流	最大反向电压					
	50V	100V	200V	400V	600V	1000V
1A	1N4001	1N4002	1N4003	1N4004	1N4005	1N4007
2A	PS200	PS201	PS202	PS204	PS206	PS2010
3A	1N5400	1N5401	1N5402	1N5404	1N5406	1N5408
6A	P600A	P600B	P600D	P600G	P600J	P600L

整流桥外形与内部结构如图 1-21 所示，内部结构与四个整流二极管连接的整流电路一致。整流全桥有 4 个引脚，标有"～"的引脚为交流电压输入端，标有"+"和"–"的引脚分别为直流电压正负输出端。

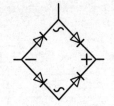

（a）常见封装整流桥　　　　　　　　　　（b）整流桥内部结构

图 1-21　整流桥外形与内部结构

2．开关二极管

当加正向偏置电压时，二极管导通，相当于开关闭合；当加反向偏压时，二极管截止，相当于开关断开。利用这种特性制作的开关二极管具有开关速度快、体积小、寿命长、可靠性高等特点，广泛应用于电子设备的开关电路，检波电路、高频和脉冲整流电路及自动控制电路中。

开关二极管的种类很多，如普通开关二极管、高速开关二极管、超高速开关二极管、低功耗开关二极管、高压开关二极管和硅电压开关二极管等。常用的开关二极管有 1N4148、1N4448 等，参数见表 1-5，二极管黑色环引脚为负极，这两种型号除零偏结电压略有差异之外，其他指标完全相同。

表 1-5　常用的开关二极管参数

型号	最高反向工作电压 U_{RM}/V	反向击穿电压 U_{BR}/V	最大正向电压降 U_{FM}/V	最大正向电流 I_{FM}/mA	平均整流电流 I_d/mA	反向恢复时间 t_{rr}/ns	最高结温 T_{jM}/℃	零偏结电容 C_0/pF	最大功耗 P_M/mW
1N4148	75	100	≤1	450	150	4	150	4	500
1N4448	75	100	≤1	450	150	4	150	5	500

3．稳压二极管

在电路中，稳压二极管起稳定电压的作用。要起稳压作用，必须将稳压二极管反接在电路中，正接时，作用与普通二极管类似。图 1-22 为稳压二极管典型应用，当输入电压大于输出电压时，输出电压取自稳压二极管 VS 两端电压；当输入电压上升时，由于稳压二极管的稳压作用，输出电压稳定不变。其中 R 为限流电阻。

稳压二极管的主要参数包括稳定电压、最大稳定电流和最大耗散功率等。常见稳压二极管的主要参数见表 1-6。

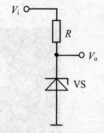

图 1-22　稳压二极管典型应用

表 1-6　常见稳压二极管的主要参数

型号	稳定电压/V	最大工作电流/mA	最大耗散功率/W	型号	稳定电压/V	最大工作电流/mA	最大耗散功率/W
1N4729	3.6	252	1	1N4735	6.2	146	1
1N4730	3.9	234	1	1N4736	6.8	138	1
1N4731	4.3	217	1	1N4737	7.5	121	1
1N4732	4.7	193	1	1N5994	5.6	76	0.5
1N4733	5.1	179	1	1N5995	6.2	68	0.5
1N4734	5.6	162	1	1N5996	6.8	63	0.5

续表

型号	稳定电压/V	最大工作电流/mA	最大耗散功率/W	型号	稳定电压/V	最大工作电流/mA	最大耗散功率/W
1N5997	7.5	57	0.5	1N6000	10	43	0.5
1N5998	8.2	52	0.5	1N6001	11	39	0.5
1N5999	9.1	47	0.5	1N6002	12	35	0.5

4. 发光二极管

发光二极管采用砷化镓、磷化镓、镓铝砷等材料制作，不同材料制作的二极管能发出不同颜色的光。发光二极管和普通二极管一样具有单向导电性，正向导通时的压降为 1.8～2.5V 左右，一般正极的引脚较长，主要用于电路电源指示、通断指示或数字显示，高亮管也可用于照明。图 1-23 所示是常见发光二极管外形。

5. 光电二极管

光电二极管是一种将光信号转成电信号的半导体器件，图 1-24 所示是常见光电二极管外形，在其管壳上备有玻璃窗口，以便接收光线。当有光照时，其反向电流随着光照强度的增加而上升，因此可用来测量光强。

光电二极管和普通二极管一样，也是由一个 PN 结组成的半导体器件，也具有单方向导电特性。但在电路中它不用作整流元件，而是把光信号转换成电信号的光电传感器件。

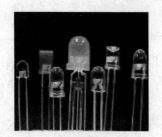

图 1-23 常见发光二极管外形

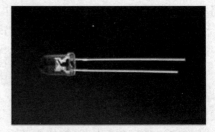

图 1-24 常见光电二极管外形

光电二极管的主要参数有以下几个：

（1）最高反向工作电压。

（2）暗电流：器件在反偏压条件下，没有入射光时产生的反向直流电流。

（3）光电流。

（4）灵敏度。

（5）结电容。

（6）正向压降。

（7）响应时间。

光电二极管一般可用万用表检测好坏，一般用电阻测量法。

用数字万用表 2kΩ 挡。光电二极管正向电阻约 10kΩ。在无光照情况下，反向电阻为∞时，表明二极管是好的（反向电阻不是∞时说明漏电流大）；有光照时，反向电阻随光照强度增加而减小，阻值可达到几千欧或千欧以下，则二极管是好的；若反向电阻都是∞或为 0，则二极管已损坏。

还有一种红外光电二极管，它通常包括一个可以发射红外光的固态发光二极管和一个用作接收器的光电二极管。

红外发光二极管（红外发射管）内部构造与普通的发光二极管基本相同，材料和普通发光二极管不同，红外二极管由红外辐射效率高的材料（常用砷化镓 GaAs）制成 PN 结，外加正向偏压向 PN 结注入电流激发红外光。它是窄带分布，为普通 CCD 黑白摄像机可感受的范围。其最大的优点是可以完全无红暴。在红外发射管两端施加一定电压时，它发出的是红外光而不是可见光。

红外二极管大多采用无色透明树脂封装或黑色、淡蓝色树脂封装三种形式，无色透明树脂封装的二极管，可以透过树脂材料观察，若管芯下有一个浅盘，即红外二极管，如图 1-25 所示，光电二极管和光电三极管无此浅盘；若是深色树脂封装的，可借助数字万用表进行区别，红外发光二极管的反向电阻通常为数百千欧至无穷大，其正向电阻在几十欧到几百欧之间（视不同型号和新旧程度而异）；而光电二极管的正向电阻仅为 10kΩ 左右，光电三极管的正反向电阻均为无穷大（一律为遮光条件下所测值）。

图 1-25　红外二极管

红外二极管广泛应用于彩电、录像机、影碟机、音响装置、游戏机、投币机、电子仪表（如电表、水表等）、各种安防设备（如摄像头等），以及其他具有红外控制、通信等功能的产品中。

1.4.3　二极管的检测

表 1-7 为使用数字万用表检测二极管的极性及好坏的判别方法。

表 1-7　数字万用表检测二极管方法

接线示意图	表头指示数值	说明
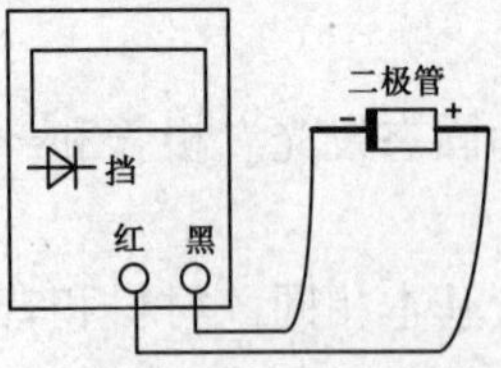 二极管正负极测量接线图（除双向二极管）	584 / 1785	对一般的硅二极管，若表头显示 500～700（mV），则红表笔接正，黑表笔接负。对发光二极管，表头显示 1800（mV）左右，则红表笔接触的是二极管正极，黑表笔接触的是负极
	1	若表头显示为 1，则黑表笔接触的是正极，红表笔接触的是二极管负极
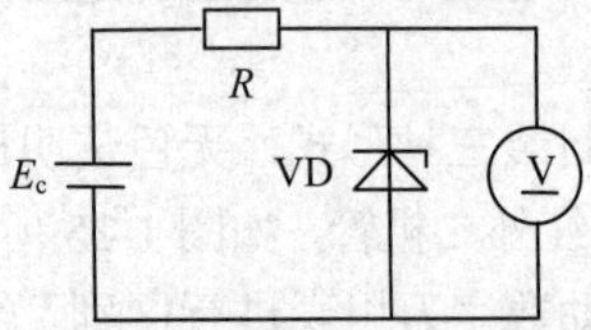 稳压二极管稳压值测量图	6.198	在测量时电源电压要大于稳压二极管稳压值，使稳压二极管工作在反向击穿状态，用数字万用表电压挡测稳压二极管稳压值

红外二极管的判断方法如下：

（1）目测判断。发射管一般为无色透明树脂封装，长脚为正极；接收管一般是黑色树脂封装，同样长脚为正极，但接收管工作时需接反偏电压，所以接收管需负极管脚接电源正，方得到反偏效果。

（2）用数字万用表电阻挡，测量红外线二极管的极间电阻，也可以判别红外二极管。方法是在红外二极管的端部不受光线照射的条件下，调换万用表笔测量，若测量的正向电阻小（1kΩ～20kΩ），反向电阻大，则是发射管，且红表笔接的管脚是发射管正极。

万用表测量正、反向电阻都很大的是接收管。

1.5　三　极　管

三极管是一种电流控制器件，可以用来对微弱信号进行放大或作为无触点开关使用。三极管具有结构牢固、寿命长、体积小、功耗低等一系列优点，应用十分广泛。

1.5.1　三极管的种类和参数

1. 三极管的种类

三极管的种类很多，按材料可以分为硅管和锗管；按极性可分为 NPN 型三极管和 PNP 型三极管；根据生产工艺，可分为合金型、扩散型、台面型和平面型等三极管；按功率大小，可以分为大功率管、中功率管、小功率管；按工作频率分有低频管、中频管、高频管、超高频管；按功能和用途分有放大管、开关管、低噪管、振荡管、高反压管等。电路中，三极管的文字符号为 VT，图 1-26 所示为三极管电路符号。三个电极为基极 B、集电极 C、发射极 E。两个 PN 结为发射结 BE 和集电结 BC。

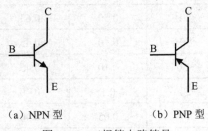

（a）NPN 型　　　　　　　　（b）PNP 型

图 1-26　三极管电路符号

2. 三极管的主要参数

三极管参数是工程实际中选择三极管的基本依据。表 1-8 列出了三极管主要性能参数，表 1-9 列出了常用高频三极管主要参数。

表 1-8　三极管主要性能参数

参数名称及符号	说明
电流放大倍数 β 和 h_{FE}	β 是三极管的交流放大倍数，表示三极管对交流（变化）信号的电流放大能力。$\beta = \Delta I_c / I_b$ h_{FE} 是三极管的直流放大倍数，h_{FE} 是指静态（无变化信号输入）情况下，三极管 I_c 与 I_b 的比值，即 $h_{FE} = \Delta I_c / I_b$
集电极最大电流 I_{CM}	三极管集电极允许通过的最大极限电流。使用三极管时，集电极电流不能超过 I_{CM} 值
集电极最大允许耗散功率 P_{CM}	三极管工作时，集电结通过较大的电流，因消耗功率而发热，严重时就会产生高温而烧坏。因此规定三极管集电极温度升高到不至于将集电结烧坏所消耗的功率为集电极最大耗散功率
集电极—发射极击穿电压 BU_{CEO}	BU_{CEO} 是指三极管基极开路时，允许加在集电极与发射极之间的最高电压值。通常情况下 C、E 极间电压不能超过 BU_{CEO}，否则会引起三极管击穿损坏。所以加在集电极的电压即直流电源电压，不能高于 BU_{CEO}
集电极—发射极反向电流 I_{CEO}	I_{CEO} 是指三极管基极开路时，集电极、发射极间的反向电流，俗称反向电流。I_{CEO} 应越小越好
集电极反向电流 I_{CBO}	I_{CBO} 是指三极管发射极开路时，集电结的反向电流
特征频率 f_T	三极管工作频率达到一定的程度时，电流放大倍数 β 要下降，β 下降到 1 时的频率称为特征频率

表 1-9　常用高频三极管主要参数

型号	极性	BU_{CEO}/V	I_{CM}/A	P_{CM}/W	h_{FE}	f_T/MHz
9011	NPN	30	0.30	0.40	30～200	150
9012	PNP	−20	0.50	0.63	90～300	150
9013	NPN	20	0.50	0.63	90～300	150
9014	NPN	50	0.10	0.45	60～1000	150
9015	PNP	−50	0.10	0.45	60～600	100
9016	NPN	20	0.1	0.40	55～600	500
9018	NPN	15	0.05	0.40	40～200	700
8050	NPN	25	1.50	1	85～300	100
8550	PNP	−25	1.50	1	85～300	100
2N5551	NPN	160	0.60	1	80～400	50
2N5401	PNP	−150	0.60	1	80～400	50

1.5.2　三极管的应用

先来了解三极管的工作状态，有以下三种：截止、放大和饱和。但作为开关元件时，只能工作在饱和区和截止区，放大区仅是由饱和到截止或由截止到饱和的过渡区。当加在硅管的基极与发射极间电压 $V_{be}≈0.7V$ 时，三极管就处于饱和导通状态，此时的管压降 V_{ce} 一般为 0.1～0.3V，所以三极管饱和导通时如同闭合的开关，而当 $V_{be}≤0.5V$ 时，三极管便转入截止区，如同断开的开关，这就是三极管的开关特性，三极管作为开关元件正是利用了这个特性。

当三极管作为放大元件时，放大区内电流 I_c 随 I_b 呈正比例变化。表 1-10 列出了三极管工作在不同状态下三极电极的电压、电流关系。

表 1-10　三极管不同状态下三极电极的电压、电流关系

三极管工作状态	三极管三个电极的电压与电流的关系（以硅材料三极管为例）
截止状态	$U_{be}<0.5V$，$I_b=0$，$I_c=0$，三极管 c、e 如同一个断开的开关
放大状态	$U_{be}≈0.5～0.7V$，$I_c=\beta I_b$，即基极电流能够有效控制集电极电流；集电结反偏，发射结正偏，即 $U_c>U_b>U_e$，三极管起线性放大作用
饱和状态	$U_{be}≈0.7V$，$U_{ce}≈0.1～0.3V$，三极管集电结、发射结都处于正偏，即 $U_b>U_c>U_e$，三极管 c、e 极如同一个闭合的开关

表 1-11 列出了电路中三极管的简单应用。

表 1-11　三极管的简单应用

名称	电路图	作用
放大电路		三极管主要用于电流、电压、功率的放大，左图中三极管起电压放大作用
开关电路		三极管是各种驱动电路的主要元器件，左图中三极管 V_1 工作在开关状态，驱动场效应管工作
控制电路		三极管是各种控制电路中的主要元器件，通过调整基极电流，改变集电极电流，从而改变三极管 c、e 之间的电压

1.5.3　三极管的检测

根据三极管电路图及等效图，如图 1-27 所示，用万用表判别三极管极性的依据是：NPN 型基极到发射极和集电极均为 PN 结正向，如图 1-27（a）所示，而 PNP 型基极到集电极和发射极均为 PN 结反向，如图 1-27（b）所示。

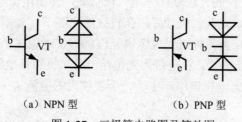

（a）NPN 型　　　　　（b）PNP 型

图 1-27　三极管电路图及等效图

表 1-12 介绍了用数字万用表检测三极管的方法。

表 1-12　数字万用表检测三极管的方法

接线示意图	表头指示数值	说明
三极管的基极及管型示意图	**687**	将数字万用表量程开关置二极管挡，将红（黑）表笔接三极管的某一个管脚，黑（红）表笔分别接触其余两个管脚，若两次表头都显示 0.5～0.8V（硅管），则该管为 NPN（PNP）型三极管，且红（黑）表笔接的是基极
三极管 h_{FE} 测量示意图	**283**	将数字万用表量程开关置 h_{FE} 挡。对于小功率三极管，在确定了基极及管型后，分别假定另外两电极，直接插入三极管测量孔，读放大倍数 h_{FE} 值，放大倍数 h_{FE} 值大的那次假设成立

注意：用 h_{FE} 挡区分中小功率三极管的 C、E 极时，如果两次测出的 h_{FE} 值都很小（几到几十），说明被测管的放大能力很差，这种三极管不宜使用；在测量大功率三极管的 h_{FE} 值时，若为几到几十，属正常。

1.5.4　光电三极管

光电三极管和普通三极管类似，它有三个电极。当光照强弱变化时，电极之间的电阻会随之变化。也有电流放大作用。只是它的集电极电流不只受基极电路的电流控制，也可以受光的控制。光电三极管是在光电二极管的基础上发展起来的光电器件，它本身具有放大功能。常见的光电三极管如图 1-28 所示，文字符号表示为 VT 或 V。

图 1-28　光电三极管

光电三极管由光窗、集电极引出线、发射极引出线和基极引出线（有的没有）组成。制作材料一般为半导体硅，管型为 NPN，国产器件称为 3DU 系列。光电三极管的灵敏度比光电二极管高，输出电流也比光电二极管大，多为毫安级。但它的光电特性不如光电二极管好，在较强的光照下，光电流与照度不成线性关系。所以光电三极管多用作光电开关元件或光电逻辑元件。正常运用时，集电极加正电压。因此，集电结为反偏置，发射结为正偏置，集电结为光电结。当光照到集电结上时，集电结即产生光电流 I_p 向基区注入，同时在集电极电路产生了一个被放大的电流 I_c（$=I_e=(1+\beta)I_p$，β 为电流放大倍数）。

因此，光电三极管的电流放大作用与普通三极管在上偏置电路中接一个光电二极管的作用是完全相同的。

第1章

1.6　集　成　电　路

1.6.1　初识集成电路

集成电路是利用半导体工艺或厚膜、薄膜工艺将成千上万个电阻、电容、二极管、三极管等元器件按照设计要求连接起来，制作在同一个硅片上成为具有特定功能的电路，又称 IC 芯片。这种器件打破传统电路的概念，实现了材料、元器件、电路的三位一体。与分立元器件组成电路相比，具有功能强、体积小、质量小、功耗低、可靠性高、成本低等特点。

1.　集成电路的种类

集成电路按功能可分为模拟集成电路和数字集成电路两大类。模拟集成电路主要有运算放大器、功率放大器、音响电视电路、模拟乘法器、模/数和数/模转换器、集成稳压电路、自动控制集成电路、信号处理集成电路等；数字集成电路主要有 TTL、CMOS 集成电路。

按制作工艺不同，可分为半导体集成电路、膜集成电路和混合集成电路三类。

按集成度高低不同，可分为小规模集成电路（SSI）、中规模集成电路（MSI）、大规模集成电路（LSI）和超大规模集成电路（VLSI）。

2.　集成电路封装形式

集成电路的封装形式见表 1-13。

表 1-13　集成电路的封装形式

名称	图例	名称	图例
SIP	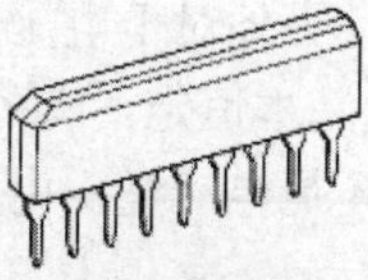	DIP	
PLCC		SOP	
LQFP、PQFP、TQPF		TSOP	

名称	图例	名称	图例
BGA	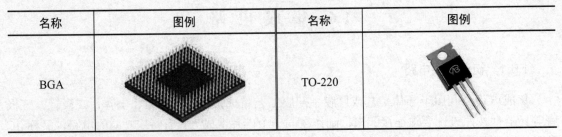	TO-220	

3. 集成电路引脚识别

集成电路通常有很多引脚，每个引脚对应不同的功能，使用时，必须确定好相应引脚号，以免因接错而损坏集成电路。常见第 1 引脚的标记有小圆点、小凸点、缺口、缺角等，识别时标记在左边，左下为第 1 个引脚，按逆时针方向确定其引脚。双列直插式管脚排列如图 1-29 所示。

24

1

图 1-29　双列直插式管脚排列

4. 集成电路使用注意事项

对于集成电路，一般来说要注意以下事项：

（1）供电的范围。供电电压最大多少，最小多少，另外对于电压的稳定度需求也要有了解。有些集成电路，即便外部供电电压变化，输出也能基本恒定，有的则完全不能工作。

（2）允许输入的信号种类和范围。具体是电压量还是电流量，电压范围多少，电流范围多少，频率范围多少。还有输入电阻、输入电容等参数。

（3）输出信号的种类和范围。跟上面类似，最后的参数改成输出电阻、输出电容等。

（4）集成电路的特殊要求。比如有些集成电路会发热，需要加足够大的散热设备才能正常工作。

1.6.2　数字集成电路

集成电路一般按所处理信号的不同，分为模拟集成电路、数字集成电路和模数混合集成电路，模拟集成电路和模数混合集成电路将在后面的章节作详细介绍，本节主要介绍数字集成电路。

数字集成电路是将元器件和连线集成于同一半导体芯片上而制成的数字逻辑电路或系统。根据数字集成电路中包含的门电路或元器件数量，可将数字集成电路分为小规模集成电路

（SSI）、中规模集成电路（MSI）、大规模集成电路（LSI）、超大规模集成电路（VLSI）和特大规模集成电路（ULSI）。小规模集成电路包含的门电路在 10 个以内或元器件数不超过 10 个；中规模集成电路包含的门电路在 10～100 个之间或元器件数在 100～1000 个之间；大规模集成电路包含的门电路在 100 个以上或元器件数在 1000～10000 个之间；超大规模集成电路包含的门电路在 10000 个以上。

数字集成电路产品的种类很多，若按电路结构来分，可分成 TTL 和 CMOS 两大系列。

1. TTL 数字集成电路

这类集成电路内部输入级和输出级都是晶体管结构，属于双极型数字集成电路。早期的有 74 系列、74H 系列，已趋于淘汰，现在应用比较广泛的系列有：

（1）74LS 系列。这是当前 TTL 类型中的主要产品系列。品种和生产厂家都非常多，性价比高，目前在中小规模电路中应用非常普遍。

（2）74ALS 系列。这是"先进的低功耗肖特基"系列，属于 74LS 系列的后继产品，在速度（典型值为 4ns）、功耗（典型值为 1mW）等方面都有较大的改进，但价格比较高。

（3）74AS 系列。这是 74S 系列的后继产品，尤其在速度（典型值为 1.5ns）上有显著的提高。

总之，TTL 系列产品向着低功耗、高速度方向发展。其主要特点为：采用+5V 电源供电，不同系列相同型号器件，管脚排列完全兼容，参数稳定，使用可靠。噪声容限高达数百毫伏，输入端一般有钳位二极管，减少了反射干扰的影响。输出电阻低，带容性负载能力强。

2. CMOS 集成电路

CMOS 数字集成电路是利用 NMOS 管和 PMOS 管巧妙组合成的电路，属于一种微功耗的数字集成电路。主要系列有：

（1）标准型 4000B/4500B 系列。该系列是以美国 RCA 公司的 CD4000B 系列和 CD4500B 系列为标准制定的，与美国 Motorola 公司的 MCl4000B 系列和 MCl4500B 系列产品完全兼容。该系列产品的最大特点是工作电源电压范围宽（3～18V）、功耗很小、速度较低、品种多、价格低廉，是目前 CMOS 集成电路的主要应用产品。

（2）74HC 系列。74HC 系列是高速 CMOS 标准逻辑电路系列，具有与 74LS 系列同等的速度和 CMOS 集成电路固有的低功耗及电源电压范围宽等特点。74HCxxx 是 74LSxxx 同序号的翻版，型号最后几位数字相同，表示电路的逻辑功能、管脚排列完全兼容，为用 74HC 替代 74LS 提供了方便。

（3）74AC 系列。该系列又称"先进的 CMOS 集成电路"，它具有与 74AS 系列等同的工作速度和 CMOS 集成电路固有的低功耗及电源电压范围宽等特点。

CMOS 集成电路的主要特点：具有非常低的静态功耗，中规模集成电路的静态功耗小于 100μW；具有非常高的输入阻抗，正常工作的 CMOS 集成电路，其输入保护二极管处于反偏状态，直流输入阻抗大于 100MΩ；电源电压范围宽，标准型 4000B/4500B 系列产品的电源电压为 3～18V；扇出能力强，在低频工作时，一个输出端可驱动 CMOS 器件 50 个以上的输入端。抗干扰能力强、逻辑摆幅大。

3. 数字集成电路的应用要点

对于要使用的集成电路，首先要根据手册查出该型号器件的资料，注意器件的管脚排列图接线，按参数表给出的参数规范使用，在使用中，不得超过最大额定值（如电源电压、环境温度、输出电流等），否则将损坏器件。TTL 集成电路的电源电压允许变化范围比较窄，一般在 4.5V 和 5.5V 之间。CMOS 集成电路的工作电源电压范围比较宽，如 CD4000B/4500B 为 3～18V。其次要注意电源电压的高低将影响电路的工作频率。降低电源电压会引起电路工作频率下降或增加传输延迟时间。例如 CMOS 触发器，当 VCC 由+5V 下降到+3V 时，其最高频率将从 10MHz 下降到几十千赫兹。

为了保证电路的稳定性，供电电源的质量一定要好，要稳压。在电源的引线端并联大的滤波电容，以避免由于电源通断瞬间而产生的冲击电压。另外，由于电路在转换工作的瞬间会产生很大的尖峰电流，此电流峰值超过功耗电流几倍到几十倍，这会导致电源电压不稳定，产生干扰造成电路误动作。为了减小这类干扰，可以在集成电路的电源端与地端之间，并接高频特性好的去耦电容，一般在每片集成电路中并接一个，电容取值为 0.1μF 左右。

在具体制作时，应避免引线过长，以防止串扰和对信号传输延迟。此外要把电源线设计得宽些，地线要进行大面积接地，这样可减少接地噪声干扰。

此外，还要注意以下事项：

（1）对输入端的处理。输入端不能直接与高于+5.5V 和低于-0.5V 的低内阻电源连接。对多余的输入端最好不要悬空，否则容易接受干扰，有时会造成电路的误动作。因此，多余输入端要根据实际做适当处理。例如与门、与非门的多余输入端可直接接到电源 VCC 上；或门、或非门的多余输入端应直接接地。

（2）对于输出端的处理。除三态门、集电极开路门外，集成电路的输出端不允许并联使用。如果将几个集电极开路门电路的输出端并联，实现线与功能时，应在输出端与电源之间接入一个计算好大小的上拉电阻。

CMOS 电路在特定条件下可以并联使用。当同一芯片上 2 个以上同样器件并联使用（例如各种门电路）时，可增大输出灌电流和拉电流负载能力，同样也提高了电路的工作速度。但器件的输出端并联，输入端也必须并联。

4. 数字逻辑门电路

（1）集成反相器与缓冲器。图 1-30 所示是常见反相器、驱动器管脚排列图。在数字电路中，反相器就是非门电路。其中 74LS04 是通用型六反相器。管脚排列如图 1-29（a）所示。与该器件逻辑功能相同，且管脚排列兼容的器件有：74HC04（CMOS 器件）、CC4069（CMOS 器件）等。74LS05 也是六反相器，但是 74LS05 为集电极开路输出（简称 OC 门），必须在输出端至电源间正接一个 1kΩ～3kΩ 的上拉电阻。

缓冲器的输出与输入信号同相位，它用于改变输入输出电平以及提高电路的驱动能力。图 1-29（b）是集电极开路输出同相驱动器 74LS07 的管脚排列图。该器件的输出管耐压为 30V，吸收电流可达 4mA 左右。与之兼容的器件有 74HC07（CMOS 器件）、74LS17。

若需要更强的驱动能力门电路，可采用 ULN2000A 系列。该系列包括 ULN2001A～ULN2005A。管脚排列和驱动继电器的典型接法如图 1-30（c）所示，其内部有 7 个相同的驱动门。ULN2000A 系列的吸收电流可达 500mA，输出管耐压为 50V 左右，故它们有很强的低电平驱动能力，可用于小型继电器、微型步进电机的相绕组驱动。

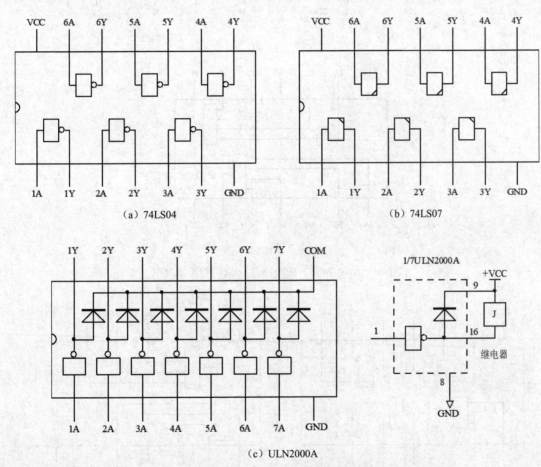

（a）74LS04　　　（b）74LS07

（c）ULN2000A

图 1-30　常见反相器、驱动器管脚排列图

（2）集成与门和与非门。常见的与门有 2 输入、3 输入和 4 输入等几种；与非门有 2 输入、3 输入、4 输入及 8 输入等几种。图 1-31 所示是常用 74LS（HC）系列与非门管脚排列图，图 1-32 所示是常用 CMOS 与非门管脚排列图。

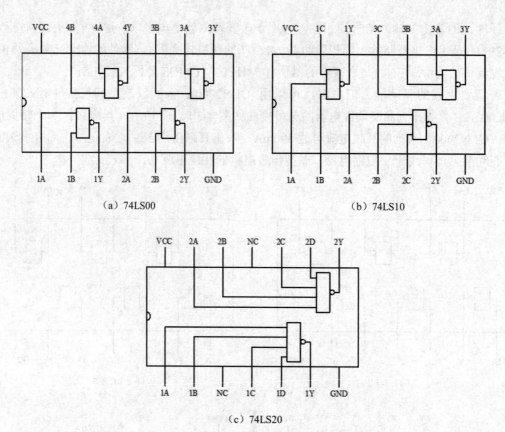

（a）74LS00 （b）74LS10

（c）74LS20

图 1-31 常用 74LS（HC）系列与非门管脚排列图

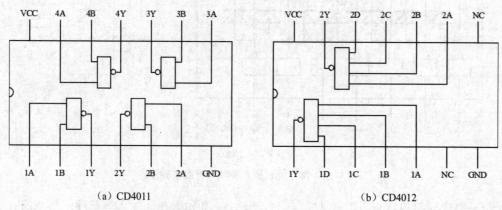

（a）CD4011 （b）CD4012

图 1-32 常用 CMOS 与非门管脚排列图

（3）集成或门和或非门。图 1-33 所示是 74 系列或门及或非门管脚排列，图 1-34 所示为 CMOS 或门及或非门管脚排列。

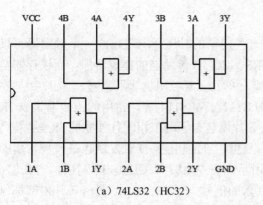
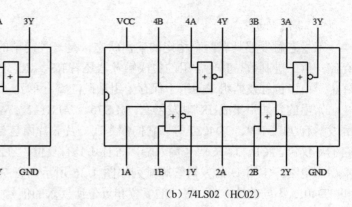

（a）74LS32（HC32）　　　　　　（b）74LS02（HC02）

图 1-33　74 系列或门及或非门管脚排列

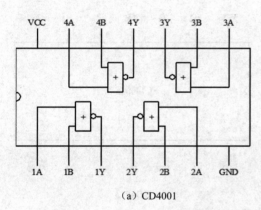
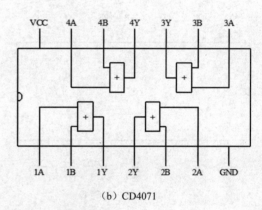

（a）CD4001　　　　　　　　　（b）CD4071

图 1-34　CMOS 或门及或非门管脚排列

（4）集成异或门。异或门是实现数码比较常用的一种集成电路。常用的异或门管脚排列如图 1-35 所示。

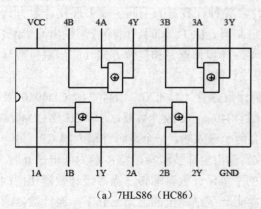
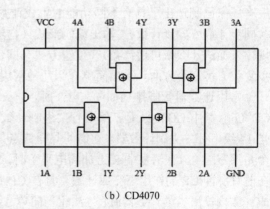

（a）7HLS86（HC86）　　　　　　　（b）CD4070

图 1-35　常用异或门管脚排列

5. 集成触发器

双稳态触发器具有两个稳定的输出状态，是一种简单的时序逻辑电路。一个触发器可以存储一位二进制数。其他常用的集成触发器还有 RS、JK、D 等功能的集成器件。而锁存器实际上是由多位触发器组成的用于保存一组数码的寄存单元，其应用也非常普遍。

常用的负边沿集成 JK 触发器有 74LS76、74LS112、74LS114 等，常用的正边沿集成 JK 触发器有 74LS109、CD4027 等。它们都是在一片芯片内包含了两个相同且独立的 JK 触发器。它们不仅包含 CP、J、K 信号输入端，而且还具有复位、置位功能。D 触发器也是一种常用的双稳态电路，常用 D 触发器管脚排列如图 1-36 所示，有 74LS74、CD4013 等几种。74LS74 和 CD4013 不同的地方是，它们的复位和置位所要求的信号电平高低不同，另外芯片内部都包含两个独立的 D 触发器。

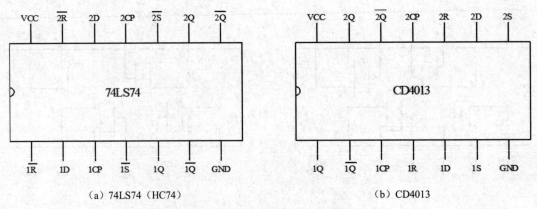

（a）74LS74（HC74）　　　　　　　　　　（b）CD4013

图 1-36　常用 D 触发器管脚排列

6. 集成计数器

计数器具有累积计数脉冲的功能。它是数字电路系统中一个十分重要的逻辑部件，目前生产厂家已制造出了具有不同功能的集成计数芯片，各种计数器的不同主要表现在计数方式（同步计数或异步计数）、输出编码形式（自然二进制码、BCD 编码、时序分配输出）、计数规律（加法计数或可逆计数）、预置方式（同步预置或异步预置）和复位方式（同步复位或异步复位）等六个方面。下面简单介绍几种常用的集成计数器。

常用计数器管脚排列如图 1-37 所示。二进制计数器有 CD4020、CD4024、CD4040 及 CD4060。其中 CD4024 是 7 级串行二进制计数器，CD4040 是 12 级计数器，CD4020 及 CD4060 是 14 级串行二进制计数器。它们的共同特点是仅有两个输入端，一个是时钟输入端 CP，另一个是清零端 R。在清零端 R 上加高电平 1 时，计数器输出全部被清零，当 R 端为低电平 0 时，在时钟脉冲 CP 的作用下完成计数，且在 CP 脉冲的下跳沿计数器翻转。当多级计数器连接构成计数规模更大的计数器时，方法相当简单，只需将上一级最高位的输出连到下一级计数器的 CP 即可。CD4040 管脚排列如图 1-37（a）所示。

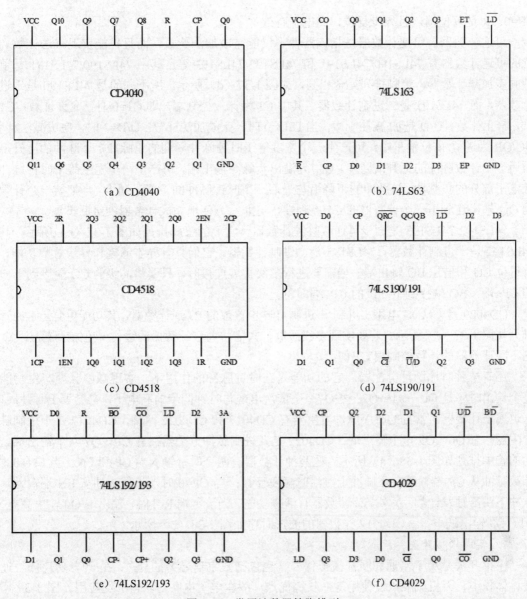

图 1-37　常用计数器管脚排列

十进制计数器的编码一般都是 BCD 码，常见的十进制加法计数器有 74LS160、74LS162 和 CD4518 等。74LS160 和 74LS162 管脚排列和逻辑功能完全相同（与 74LS161、74LS163 管脚相同，但 74LS161、74LS163 是 4 位二进制计数器），所不同的是 74LS160 是异步清零，而 74LS162 是同步清零。74LS163 管脚排列如图 1-37（b）所示。

CD4518 是双 BCD 码计数器，图 1-37（c）是其管脚排列图。CD4518 中的每个计数器包含两个时钟输入端 CP 和 EN。CP 用于上升沿触发，要求 EN=1；EN 用于下降沿触发，要求

CP=0。R 是复位端，且异步复位，高电平有效。

可逆计数器。可逆计数器是指该器件不仅能完成加法计数，而且也能实现减法计数。常见的可逆计数器有 74LS190/74LS191 和 74LS192/74LS193 等。其中 74LS190/74LS191 是单时钟同步加减计数器，管脚排列完全相同，如图 1-37（d）所示。所不同的是 74LS190 是十进制计数器，而 74LS191 是二进制计数器。其中 C1 为计数控制端，即 C1=0 时，允许计数；C1=1 时，禁止计数。U/D 是加/减控制端，当 U/D=0 时，完成加法计数；U/D=1 时，完成减法计数。QC/QB 为进位/借位输出端，可产生一个宽度等于时钟脉冲周期的正脉冲，该脉冲的上升沿与最后一个计数脉冲的上升沿同步。Q_{RC} 为溢出负脉冲输出端，可产生一个宽度等于时钟脉冲的低电平部分的负脉冲，该脉冲的下降沿与最后一个时钟脉冲的下降沿同步。当把前一个计数器的 Q_{RC} 输出连到下一个计数器的 C1 控制端，可非常方便地完成计数器的级联扩展。

74LS192/74LS193 是同步可逆双时钟计数器，它们的管脚排列如图 1-37（e）所示。其中 74LS192 是十进制计数器，74LS193 是二进制计数器，它们具有异步清零和异步置数功能，且有进位 CO 和借位 BO 输出端。当需要进行多级扩展连接时，只要将前级的 CO 端接到下一级的 CP+端，BO 端接到下一级的 CP−端即可。

CD4029 是 CMOS 电路二进制/十进制可异步置数的 RJ 逆计数器，其功能更强。它的管脚排列如图 1-37（f）所示。若要实现多级级联，只需将前级计数器的进位/借位信号输出 CO 连到下级计数器的计数控制端 C1 即可。

还有一种时序脉冲分配器。它的功能是在时钟脉冲的作用下，实现顺序脉冲产生功能，整个输出时序是 Q0—Q1—Q2……Q7……依次出现与时钟同步的高电平，宽度等于时钟周期。这也属于计数器。常见的时序脉冲发生器有 CD4017 和 CD4022 两种，CD4017 是十进制脉冲分配器，有 Q0～Q9 十个输出端；CD4022 是八进制脉冲分配器，有 Q0～Q7 八个输出端。它们的管脚排列如图 1-38（a）所示。这两种计数器有两个时钟输入端 CP 和 EN。当 EN=0 时，计数脉冲从 CP 端输入，在脉冲上跳沿时触发计数；当 CP=0 时，计数脉冲从 EN 端输入，在脉冲下跳沿触发计数。另外，该计数器有清零功能，当清零端 R=1 时，输出端 Q0 输出高电平，Q1～Q9 输出低电平。CD4017 计数器的波形时序如图 1-38（b）所示。

7．集成模拟开关

模拟开关是用于接通和断开模拟信号（也包括数字信号）的开关。它具有功耗低、速度快、体积小、无机械触点及使用寿命长等优点，故在电子电路中获得广泛应用。图 1-39 所示是常用模拟开关管脚排列，下面一一介绍。

（1）单刀单掷集成模拟开关。常用的集成器件是 CD4066，该器件为通用 4 开关，内部包含 4 只独立的可控 CMOS 开关，其管脚排列如图 1-39（a）所示。四只开关各有控制端 C 和两个可互换的输入/输出端（I/O），当 C 为高电平时，模拟开关导通；反之，模拟开关断开。

（2）单刀双掷集成模拟开关。CD4053 是两组二选一双向模拟开关，其管脚排列如图 1-39（b）所示。图中 X、Y、Z 表示三个通道，A0、A1、A2 分别是 X、Y、Z 通道的三个控制信号。例如，当 A0=0 时，K1 开关与 0X 信号接通；当 A0=1 时，K1 开关与 1X 信号接通。同理 A1、

A2 对 K2、K3 的控制作用也是一样的。INH 是禁止端，当 INH=1 时，三组模拟开关全部断开。

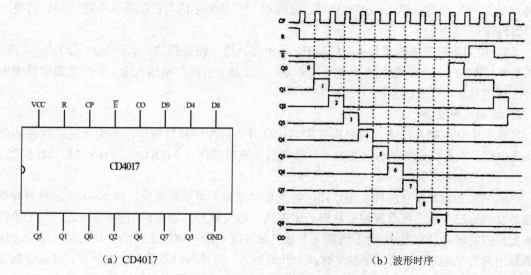

（a）CD4017　　　　　　　　　　（b）波形时序

图 1-38　CD4017 管脚排列及工作波形

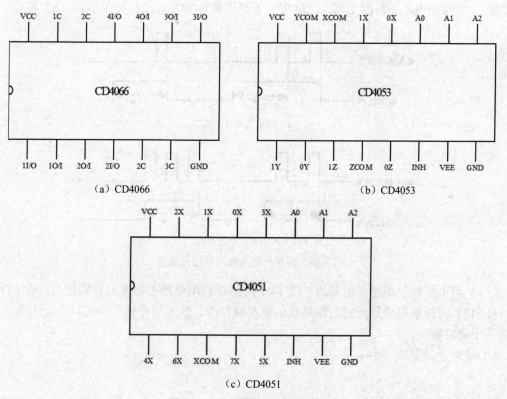

（a）CD4066　　　　　　　　　　（b）CD4053

（c）CD4051

图 1-39　常用模拟开关管脚排列

另外，该器件有三个电源端子，其中 VCC 是正电源端，VEE 是模拟地，VSS 是数字地。例如当 VCC=5V，VSS=0V，VEE=5V 时，可用 0～5V 的数字信号控制幅值不超过±5V 的模拟信号的传输。

（3）单刀多掷集成模拟开关。CD4051 是单路八选一模拟开关，如图 1-39（c）所示。它们的基本功能是一样的，均包含有地址输入端、禁止端、多路信号输入端、公共通道信号输出端等，且均是双向开关。

8. 单稳态触发器

在数字电路控制系统中，有时需要定时、延时、脉冲展宽等操作，专用于完成这种功能的集成电路，就是集成单稳态触发器。目前常用的集成器件有 74LS121、74LS122、74LS123、CD4538 及 CD4098 等。

集成单稳态触发器有两种工作方式：可重复触发和不可重复触发。图 1-40 所示是两种单稳态触发器输出波形。可重复触发是指当输入两个触发脉冲的触发沿间隔的时间 T_s 小于单稳态触发器的定时脉冲宽度 T_w 时，当第一个触发脉冲触发沿（例如上升沿）到来时，单稳态触发器输出变为高电平；若第二个触发脉冲上升沿到来，单稳态触发器再次被触发，可重复触发方式波形如图 1-40（a）所示。不可重复触发是指单稳态触发器在第一次被触发后小于输出定时脉宽 T_w 的时间内，不再接受第二次触发，不可重复触发方式波形如图 1-40（b）所示。

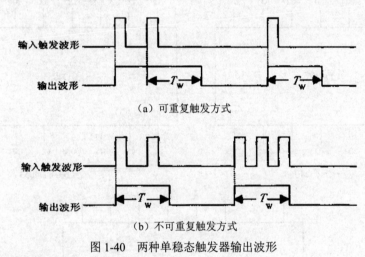

（a）可重复触发方式

（b）不可重复触发方式

图 1-40　两种单稳态触发器输出波形

（1）可重复触发单稳态触发器。图 1-41 所示是常用单稳态触发器管脚排列，有 CD4538 和 74LS123 两种常用型号，它们都是双单稳态触发器，触发信号输入均可以用输入脉冲的上升沿或下降沿触发。

CD4538 功能见表 1-14。

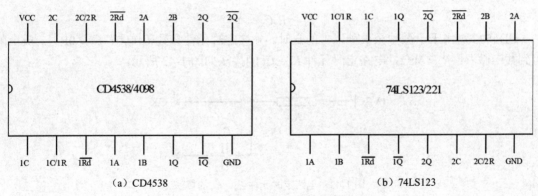

（a）CD4538　　　　　　　　　　　　　　（b）74LS123

图 1-41　常用单稳态触发器管脚排列

表 1-14　CD4538 功能表

输入			输出	
A	B	$\overline{R}_d$	Q	$\overline{Q}$
X	X	0	0	1
X	0	1	0	1
1	X	1	0	1
1	1	1	⊓	⊔
0	1	1	⊓	⊔

74LS123 功能表见表 1-15。

表 1-15　74LS123 功能表

输入			输出	
A	B	$\overline{R}_d$	Q	$\overline{Q}$
X	X	0	0	1
1	X	X	0	1
X	0	X	0	1
1	1	1	⊓	⊔
0	1	1	⊓	⊔
0	1	1	⊓	⊔

CD4538 是精密型单稳态触发器，在整个允许工作的温度范围内，相对脉冲输出宽度的误差仅在 0.5%以内。输出脉宽计算公式为：

$$T_W \approx R_x C_x$$

CD4538 可用于十微秒至数秒以上的定时。外接定时元件参数范围是：$C_x \geqslant 0F$，一般上限可到数十微法；$R_x \geqslant 5k\Omega$。电路定时元件 R_x、C_x 的接法如图 1-42 所示。

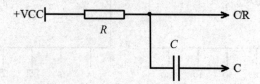

图 1-42　电路定时元件 R_x、C_x 的接法

74LS123 基本功能与 CD4538 相同，与 CD4538 不同的是：74LS123 的复位端 CR 也具有上跳触发单稳态过程发生的功能。输出脉冲的计算公式为：

$$T_W \approx 0.45 R_x C_x$$

可用于 45ns 以上定时。外接定时元件参数范围是：电阻 R_x 为 5～50kΩ；电容 C_x 无限制。

（2）不可重复触发单稳态触发器。常用的集成器件有 7LS121、74LS221 等。它们二者之间的逻辑功能是一样的，所不同的是 74LS221 是双单稳态触发器，74LS121 内部包含一个单稳态触发器。表 1-16 是 74LS121 功能表。定时元件的接法与图 1-42 相同。输出脉冲的计算公式为：

$$T_W \approx 0.7 R_x C_x$$

可用于 50ns 以上的定时。定时元件的取值范围 R_x=1.4～40kΩ；C_x=10pF～10μF，在要求不严格的情况下，C_x 取值最大可到 1000μF。

表 1-16　74LS121 功能表

输入			输出	
A1	A2	B	Q	$\overline{Q}$
0	X	1	0	1
X	0	1	0	1
X	X	0	0	1
1	1	0	0	1
1	1	1	⊓	⊔
1	1	1	⊓	⊔
1	1	1	⊓	⊔
X	0	1	⊓	⊔
0	X	1	⊓	⊔

1.6.3　集成波形发生器

在上一节中学习了数字集成电路相关知识，从本节开始学习各种模拟集成电路的用法，包括时基（波形）振荡器、运算放大器、集成比较器和电源管理集成电路等。

1. NE555 时基振荡电路

NE555（Timer IC）是一个典型的时基振荡集成电路，它工作稳定可靠，电源范围大，输出端供给电流能力强，计时精确度高，温度稳定度佳，且价格便宜。NE555 的工作电压为 5～18V，外部只需少量电阻和电容，便可产生不同频率的脉冲信号，可构成单稳态触发器、双稳态触发器和多谐振荡器。NE555 内部结构和管脚排列如图 1-43 所示。

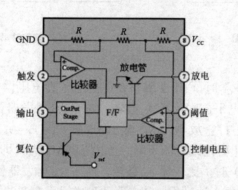

图 1-43　NE555 内部结构和管脚排列

NE555 管脚定义如下：1 脚为地；2 脚为触发输入端；3 脚为输出端，输出的电平状态受触发器控制，而触发器受上比较器 6 脚和下比较器 2 脚的控制。当触发器接收上比较器 A_1 从 2 脚输入的高电平时，触发器被置于复位状态，3 脚输出低电平。

2 脚和 6 脚是互补的，2 脚只对低电平起作用，高电平对它不起作用，即电压小于 $1/3V_{CC}$，此时 3 脚输出高电平。6 脚为阈值端，只对高电平起作用，低电平对它不起作用，即输入电压大于 $2/3V_{CC}$，称为高触发端，3 脚输出低电平，但有一个先决条件，即 2 脚电压必须大于 $1/3V_{CC}$。

4 脚是复位端，当 4 脚电位小于 0.4V 时，不管 2、6 脚状态如何，输出端 3 脚都输出低电平，5 脚是控制端。

7 脚是放电端，与 3 脚输出同步，输出电平一致，但 7 脚并不输出电流，所以 3 脚称为实高（或低）、7 脚称为虚高。

下面讨论 NE555 的基本应用。

（1）多谐振荡器。图 1-44 所示是常见的 NE555 多谐振荡器。其中图 1-44（a）为电路原理图，图 1-44（b）为电路波形图。

电路工作过程如下：刚接通电源时，电容 C_1 两端电压不能突变，2 脚为低电平，则比较器输出 $A_2=1$，触发器置位，则输出（3 脚）$V_O=1$，T_1 截止。电源 V_{CC} 通过 R_A、R_B 对电容 C_1 充电，2 脚电压按指数规律上升。

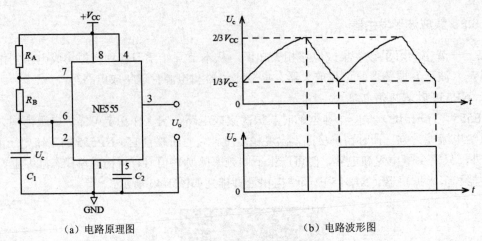

(a) 电路原理图　　　　　　　　　(b) 电路波形图

图 1-44　NE555 多谐振荡器

当 2 脚电压上升到 $2/3V_{CC}$ 时，由于 2 脚与 8 脚相连，6 脚电压也上升到 $2/3V_{CC}$，达到 NE555 电路内部比较器 A_1 的阈值电平，比较器 A_1 翻转，内部 RS 触发器置 0，经倒相后加到 T_1。T_1 饱和导通，电容 C_1 经 R_B 及 T_1 管放电，这时输出（3 脚）为 $V_O=0$。

随着电容 C_1 的放电，电容两端电压下降。当其降到 $1/3V_{CC}$（即 2 脚电压达到 NE555 电路内部比较器 A_2 的阈值电平）时，比较器 A_2 翻转，内部 RS 触发器置 1，倒相后使输出（3 脚）为 $V_O=1$，同时 T_1 截止。重复上述过程，该电路便形成无稳态多谐振荡。

由上述工作过程，可以推导出：

电容 C_1 的充电时间为：

$$t_1 = 0.693(R_A + R_B)C_1$$

电容 C_1 的放电时间为：

$$t_2 = 0.693R_BC_1$$

那么无稳态多谐振荡的周期 T 和频率 f 如下：

$$T = t_1 + t_2 = 0.693(R_A + 2R_B)C_1$$
$$f = 1/T = 1.443/[(R_A + 2R_B)C_1]$$

无稳态多谐振荡的占空比 D 为：

$$D = t_1/T = (R_A + R_B)/(R_A + 2R_B)$$

上述介绍的电路比较简单，但只适合频率、占空比固定的场合，当改变其中一个参数，例如改变频率时，占空比也会随之改变，因而应用范围受限制。

（2）占空比可调的方波发生器。NE555 时基电路通过外加二极管，可构成占空比可调的方波发生器电路，同时频率不会改变，给使用带来很大的方便。图 1-45 是 NE555 占空比可调方波发生器，二极管 VD_1 引导充电电流，VD_2 引导放电电流。调整电位器 R_W 可改变充电与放电支路的总电阻、从而改变充电与放电时间常数，达到调整占空比的目的。

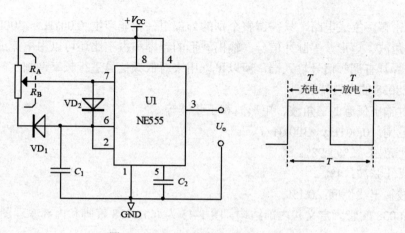

图 1-45　NE555 占空比可调方波发生器

　　工作过程如下：刚上电时，电容 C_1 两端电压为零，且电容两端电压不能突变，因此 2 脚为低电平，即 NE555 的 $\bar{S}=0$ ，输出端 3 脚为高电平。V_{DD} 通过 R_A、VD_1 对 C_1 充电，充电时间为：

$$t_{充} = 0.693 R_A C_1$$

　　当电容 C_1 两端电压充到 $2/3V_{DD}$ 时，输出端 3 脚为低电平，且 NE555 内部放电管导通，电容 C_1 通过 VD_2、R_B 放电．放电时间为：

$$t_{放} = 0.693 R_B C_1$$

　　因此，方波的振荡周期为：

$$T = t_{充} + t_{放} = 0.693(R_A + R_B)C_1$$

　　方波的振荡频率为：

$$f = 1/T = 1/0.693(R_A + R_B)C_1$$

　　方波的振荡占空比：

$$D = t_{充}/T = R_A/(R_A + R_B)$$

　　调节电位 R_W，当中心头滑向最上端时，方波的振荡占空比 D 为：

$$D = t_{充}/T = 1 \times 10^3/(1 \times 10^3 + 11 \times 10^3) = 1/12 \approx 8.3\%$$

　　当中心头滑向最下端时．方波的振荡占空比 D 为：

$$D = t_{充}/T = 11 \times 10^3/(11 \times 10^3 + 1 \times 10^3) = 11/12 \approx 91.7\%$$

　　可以看出，调节电位器 R_W 只会改变方波振荡的占空比，而不会改变振荡频率。

　　NE555 除了用于上述的振荡器以外，还可以组成单稳态触发器、双稳态触发器、定时器波形整形电路等，应用极其广泛，因篇幅有限，这里就不具体介绍了。

　　2. ICL8038 多波形发生器

　　上面介绍的 NE555 只能产生方波，应用受到一定的限制。ICL8038 是一种具有多种波形输出功能的精密振荡集成电路，只需调整个别的外部组件就能产生 0.001Hz～300kHz 的低失真正弦波、三角波、矩形波等脉冲信号。输出波形的频率和占空比还可以由电流或电阻控制。另外由于该芯片具有调频信号输入端，所以可以用来对低频信号进行频率调制。

（1）ICL8038 的主要特点。

1）可同时输出任意的三角波、矩形波和正弦波等。

2）频率范围：0.001Hz～300kHz。

3）占空比范围：2%～98%。

4）低失真正弦波：1%。

5）三角波输出线性度：0.1%。

（2）ICL8038 的管脚定义和内部结构。图 1-45 为 ICL8038 管脚和内部原理图，下面介绍各引脚功能。

脚 1、12：正弦波失真度调节；脚 2：正弦波输出；脚 3：三角波输出；脚 4、5：方波的占空比调节、正弦波和三角波的对称调节；脚 6（V+）：正电源+10～+18V；脚 7：内部频率调节偏置电压输出；脚 8：外部扫描频率电压输入；脚 9：方波输出，为开路结构；脚 10：外接振荡电容；脚 11：负电源（−18V～−10V）或地；脚 13、14：空脚。

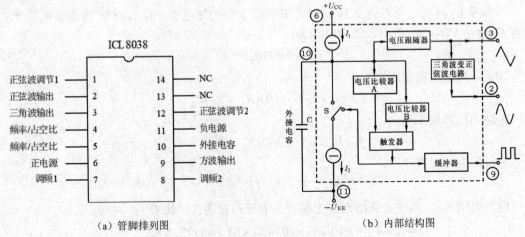

（a）管脚排列图　　　　　　　　（b）内部结构图

图 1-46　ICL8038 管脚和内部原理

（3）ICL8038 的工作原理。ICL8038 的工作原理如下：振荡电容 C 由外部接入，它由内部两个恒流源来完成充电放电过程。恒流源 2 的工作状态是由恒流源 1 对电容 C 连续充电，增加电容电压，从而改变比较器的输入电平，使比较器的状态改变，带动触发器翻转来连续控制的。当触发器的状态使恒流源 2 处于关闭状态，电容电压达到比较器 1 输入电压规定值的 2/3 时，比较器 1 状态改变，使触发器工作状态发生翻转，将模拟开关 K 由 B 点接到 A 点。由于恒流源 2 的工作电流值是恒流源 1 的 2 倍，因此电容器处于放电状态，在单位时间内电容器两端电压将线性下降，当电容电压下降到比较器 2 的输入电压规定值的 1/3 倍时，比较器 2

状态改变，使触发器又翻转回到原来的状态。通过这样周期性的循环，完成振荡过程。

在以上基本电路中很容易获得三种函数信号，电容器充放电时，电容电压就是三角波函数。由于触发器的工作状态变化时间也是由电容电压的充放电过程决定的，所以触发器的状态翻转，就能产生方波函数信号。正弦函数信号由三角波函数信号经过非线性变换而获得。利用二极管非线性特性，将三角波信号的上升和下降斜率逐次逼近正弦波的斜率。

选择外部电阻 R_A 和 R_B 和电容 C，可以满足信号在频率、占空比调节的全部范围。因此，对两个恒流源在 I_1 和 I_2 电流不对称的情况下，可以循环调节，从最小到最大，任意选择调整，只要调节电容充放电时间使其不相等，就可获得锯齿波等函数信号。

图 1-47 是一个用 ICL8038 构成的多路输出波形发生器，输出频率由 8 脚外接的 10K 电位器调节，波形左右的对称度或方波占空比由 4 脚、5 脚外接的 1K 电位器调节，12 脚外接的 100K 电位器可调节正弦波的失真度到 0.1%左右。

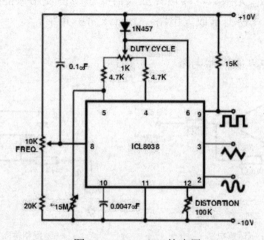

图 1-47　ICL8038 的应用

在实际制作时，为了得到较好的调节效果，一般 8 脚外接的 10K 电位器调节范围在 10 倍频左右，例如 20～200Hz，要扩展其他频率，可通过改变 10 脚外接电容的值。

1.6.4　运算放大器

运算放大器，英文为 operational amplifier，简写为 OA 或 OPA，中文简称为运放。它是由多级直接耦合放大电路组成的高增益模拟集成电路，增益高（可达 60～180dB），输入电阻大（几万欧至百万兆欧），输出电阻小（几十欧），共模抑制比高（60～170dB），失调与漂移小，而且还具有输入电压为 0 时输出电压亦为 0 的特点，适用于正、负两种极性信号的输入和输出。

理想运算放大器的基本模型如图 1-48 所示。它具有两个差分输入端 u_+ 和 u_-，一个单端输出端 u_O，输出 u_O 等于开环电压增益 A_{uo} 乘以两个输入端 u_+ 和 u_- 的差，即：

$$u_O = A_{uo}(u_+ - u_-)$$

其中，A_{uo} 称为运算放大器的开环电压增益。

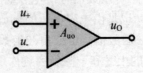

图 1-48　理想运算放大器

理想运算放大器具有以下特点：

（1）$u_+=u_-$，即同相端电压和反相端电压相等。

（2）等效输入阻抗 Z_i 无限大，即运算放大器不从信号源吸收电流。

（3）输出阻抗 Z_o 趋于 0，即运算放大器的输出电压不受负载的影响。

（4）开环电压增益 A_{uo} 无限大，即运算放大器要想线性使用只能接成负反馈方式。

运算放大器具有以下几种基本放大电路，下面作简单介绍。

1．同相比例放大器

图 1-49 所示是基本运算放大器电路。

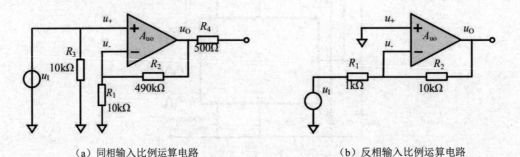

（a）同相输入比例运算电路　　　　　　　（b）反相输入比例运算电路

图 1-49　基本运算放大器电路

如果信号由运算放大器的同相端输入，这种放大器就叫同相比例放大器，也称同相输入放大器，电路如图 1-49（a）所示，根据前面结论可知，理想运算放大器的输出 u_O 等于开环电压增益 A_{uo} 乘以两个输入端 u_+ 和 u_- 的差，即：

$$u_O = A_{uo} \times \left(u_1 - u_O \times \frac{R_1}{R_1 + R_2} \right)$$

把上式拆解，得：

$$u_O = \frac{A_{uo}}{1 + A_{uo}\dfrac{R_1}{R_1 + R_2}} \times u_1 = A_{uf} \times u_1$$

其中 A_{uf} 称为含负反馈的电压增益，当 A_{uo} 趋于 ∞ 时，有：

$$\lim_{A_{uo}\to\infty} u_O = \left(1 + \frac{R_2}{R_1}\right)u_1$$

由上式得同相放大器的放大倍数：

$$A_{uf} = \frac{v_0}{v_i} = 1 + \frac{R_f}{R_1}$$

同相输入比例放大器的输入阻抗由电阻 R_3 和运放内部输入电阻并联决定，一般 R_3（几十千欧到几百千欧）远小于运放本身的输入电阻，所以同相输入比例放大器的输入阻抗主要由电阻 R_3 决定。

同相放大器的特点是输出信号与输入信号同相，输入阻抗较高，但共模抑制比 CMRR 较差。推荐电压放大倍数不大于 50 倍，否则电路容易振荡。R_2 可在几十千欧到几百千欧间选取。

2. 反相比例放大器

如果信号由运算放大器的反相端输入，这种放大器就叫反相比例放大器，也称反相输入放大器，电路如图 1-48（b）所示，其电压放大倍数为：

$$A_{uf} = \frac{v_0}{v_t} = 1 + \frac{R_f}{R_1}$$

反相输入比例放大器的输入阻抗由电阻 R_1 和运放内部输入电阻并联决定，一般 R_1（几千欧到几十千欧）远小于运放本身输入电阻，所以反相输入比例放大器的输入阻抗主要由电阻 R_1 决定。

反相放大器的特点是输出信号与输入信号反相，共模抑制比 CMRR 较好。推荐电压放大倍数不大于 50 倍，一般 R_1 取值范围为 $1 \sim 20k\Omega$，R_1 太小的话，输入阻抗太小。

3. 加减法放大器

除了上述的基本放大以外，运算放大器还用于各种运算的放大，如加法、减法、积分和微分等。

（1）加法电路。加法求和电路如图 1-50 所示。

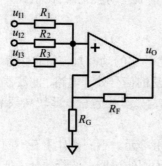
（a）同相输入比例运算电路

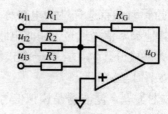
（b）反相输入比例运算电路

图 1-50 加法求和电路

图 1-50（a）是同相加法器，输入输出表达式如下：

$$u_O = \left(1 + \frac{R_E}{R_G}\right)\frac{R_2 R_3 u_{I1} + R_1 R_3 u_{I2} + R_1 R_2 u_{I3}}{R_1 R_2 + R_1 R_3 + R_2 R_3}$$

这是一个加权加法器，对应输入电阻越大，该电路权重越小。当三个输入电阻相等且 R_F $=2R_G$ 时，为等权重加法器，结果为：

$$u_O = u_{I1} + u_{I2} + u_{I3}$$

图 1-50（b）是反相加法电路，输入输出表达式如下：

$$u_O = \left(\frac{R_G}{R_1}u_{I1} + \frac{R_G}{R_{21}}u_{I2} + \frac{R_G}{R_3}u_{I3}\right)$$

（2）减法电路。减法电路又叫差动比例电路，如图 1-51 所示。

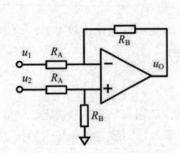 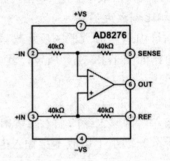

图 1-51　差动比例电路

电路输出和输入关系如下：

$$u_O = \frac{R_B}{R_A}(u_2 - u_1)$$

差动比例电路多用于将双端输入的差动信号变为单端信号，共模抑制比 CMRR 较好。电阻值可在 1 千欧至几百千欧间选取。同时电阻值要精确，否则将使共模抑制比大为降低。要得到高精度电阻不方便，所以美国 AD 公司推出了专用集成差动放大器 AD8276，内部采用激光校准电阻，精度很高，从而使放大器性能指标提高。

4. 运放滤波器

对于信号的频率具有选择性的电路称为滤波电路，它的功能是使特定频率范围内的信号通过，而阻止其他频率信号通过。滤波电路是应用广泛的信号处理电路，滤波器主要用来滤除信号中无用的频率成分，例如，有一个较低频率的信号，其中包含一些较高频率成分的干扰，信号滤波过程如图 1-52 所示。

（1）滤波器类型。滤波器是模拟信号处理的常用单元。不同条件下有不同分类法，按工作条件和使用元件不同，分为 RC 有源滤波器和 LC 无源滤波器；按阶数分为低阶和高阶滤波器；按其幅频特性的不同滤波器可分为低通、高通、带通和带阻四种类型。

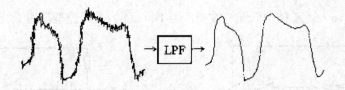

图 1-52 信号滤波过程

有源 RC 滤波器实际上是一种具有特定频率响应的放大器，是在运放基础上增加一些 R、C 等无源元件而构成的，在各种场合有广泛的应用。它的优点是：截止频率（或中心频率）调节方便、增益稳定、输出阻抗低。但是，由于受运放带宽的限制，仅适用于低频范围。

下面主要讨论实际应用较多的二阶有源滤波器，按工作状态分为压控型和多重反馈型两种，每种又分为：低通滤波器（LPF）、高通滤波器（HPF）、带通滤波器（BPF）、带阻滤波器（BEF）。滤波器幅频特性曲线如图 1-53 所示。

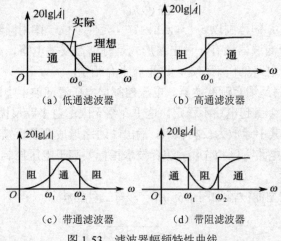

图 1-53 滤波器幅频特性曲线

（2）滤波器性能指标。

1）通带增益 A_{vp}。通带增益是指滤波器在通频带内的电压放大倍数，低通滤波器通带增益一般指 $\omega=0$ 时的增益；高通滤波器指 $\omega \to \infty$ 时的增益；带通滤波器则指中心频率处的增益。

2）通带截止频率 f_p。其定义与放大电路的上限截止频率相同，通带与阻带之间称为过渡带，过渡带越窄，说明滤波器的选择性越好。

3）品质因数。品质因数是滤波器频率选择特性的一个重要指标，表达式为：

$$Q = \omega_0 / \Delta\omega$$

式中，$\Delta\omega$ 为带通或带阻滤波器的 $-3dB$ 带宽，ω_0 为中心频率。

（3）电压控制电压源有源滤波器。电压控制电压源滤波器如图 1-54 所示，特点是运放为同相输入，输入阻抗很高，输出阻抗很低，滤波器相当于一个电压源，故称电压控制电压源电路。其中图 1-54（a）是压控型低通滤波器，图 1-54（b）是压控型高通滤波器。

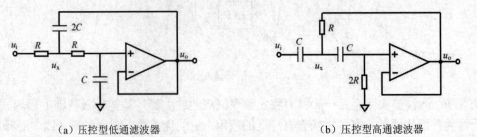

（a）压控型低通滤波器　　　　　　　　　　　　（b）压控型高通滤波器

图 1-54　电压控制电压源滤波器

压控电压源滤波器的计算很烦琐，下面介绍的巴特沃斯型低通和高通滤波器，计算很简便，Q 值为 0.707，可以满足大部分场合要求，它的截止频率等于转折频率：

$$f_0 = \frac{1}{2\pi\sqrt{2}RC}$$

具体制作时，电阻 R 的范围以 5～50kΩ 为宜，元件单位一律用国际单位。

电压控制型电压源滤波器还有一种电路形式是有增益反馈电路，滤波器可以有一定的放大倍数，但可能会引起电路工作不稳定，这里就不介绍了。

（4）无限增益多路反馈有源滤波器。电压控制型电压源滤波器电路简单，但缺点是电路有正反馈，设计不良时会引起电路不稳定。这里介绍无限增益多路反馈电路（MFB），简称多反馈型滤波器，特点是其中运放为反相输入，输出端通路形成两条反馈支路，故称无限增益多路反馈电路。其优点是电路有倒相作用，综合技术指标要高于电压控制型电压源滤波器，工作也比较稳定。

无限增益多路反馈型滤波器如图 1-55 所示，有三种结构。

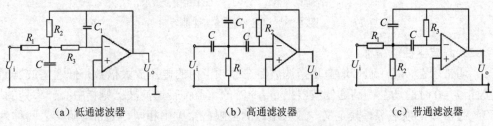

（a）低通滤波器　　　　　　　　　（b）高通滤波器　　　　　　　　（c）带通滤波器

图 1-55　无限增益多路反馈滤波器

多路反馈滤波器的设计计算比较烦琐，一般采用快速查表归一的设计方法比较方便。使用这种方法，必须满足滤波器的以下条件：首先给定要求的截止频率 f_c 和阶数，根据电路要求截止频率 f_c，阶数选择一般为二阶，电路不会过于复杂，性能也基本可以满足一般场合要求；然后是滤波器的中频增益 A_m，一般不超过 10 倍；最后选取滤波器的类型（如切比雪夫型、巴特沃斯型），以及滤波器的衰减特性（如低通、高通、带通和带阻等）。

（1）选择电容 C 的标称值。电容 C 的初始值靠经验决定，可以参考下面的经验公式：

$$C = \frac{10}{f}$$

式中，f 的单位为 Hz（或 kHz），C 的单位为 μF（或 nF）。

（2）计算电阻换标系数 K。K 的计算式如下：

$$K = \frac{100}{fC}$$

式中，f 的单位为 Hz（kHz），C 的单位为 μF（nF）。

（3）查表。根据表 1-17～表 1-19 查出 C_1 值和 $K=1$ 时的电阻值。

（4）根据查得的电阻值，乘以系数 K，并取标称值。

以下是滤波器的设计表，其中表 1-17 是二阶无限增益多路反馈切比雪夫低通滤波器设计表，表 1-18 是二阶无限增益多路反馈切比雪夫高通滤波器设计表，表 1-19 是二阶无限增益多路反馈切比雪夫带通滤波器设计表。根据滤波器要求纹波高度、Q 值和增益等，查表即可得到各个元件的参数，非常方便。

表 1-17　二阶无限增益多路反馈切比雪夫低通滤波器设计表

纹波高度	电路元件	增益			
		1	2	3	4
0.5dB	R_1（kΩ）	3.374	2.530	1.673	1.608
	R_2（kΩ）	3.374	5.060	10.036	16.083
	R_3（kΩ）	3.301	3.301	5.045	4.722
	C_1	0.15C	0.1C	0.033C	0.022C
1dB	R_1（kΩ）	3.821	2.602	2.284	2.213
	R_2（kΩ）	3.821	5.204	13.705	22.128
	R_3（kΩ）	6.013	8.839	5.588	5.191
	C_1	0.1C	0.05C	0.03C	0.02C

表 1-18　二阶无限增益多路反馈切比雪夫高通滤波器设计表

纹波高度	电路元件	增益			
		1	2	3	4
0.5dB	R_1（kΩ）	0.756	0.908	1.031	1.080
	R_2（kΩ）	5.078	8.463	18.619	35.546
	C_1	C	0.5C	0.2C	0.1C
1dB	R_1（kΩ）	0.582	0.669	0.794	0.832
	R_2（kΩ）	4.795	7.992	17.583	33.369
	C_1	C	0.5C	0.2C	0.1C

第 1 章

表 1-19　二阶无限增益多路反馈切比雪夫带通滤波器设计表

Q	电路元件	增益			
		1	2	4	8
5	R_1（kΩ）	7.958	3.979	1.989	0.995
	R_2（kΩ）	0.162	0.166	0.173	0.189
	R_3（kΩ）	15.915	15.915	15.915	15.915
8	R_1（kΩ）	12.732	6.336	3.183	15.92
	R_2（kΩ）	0.100	0.101	0.103	0.106
	R_3（kΩ）	25.465	25.465	25.465	25.465

（5）滤波器设计举例。

例 1：设计一个无限增益多路反馈低通滤波器，要求截止频率为 500Hz，纹波高度为 1dB，电路中频增益为 2 倍，计算元件参数。

1）选择电容 C 的标称值。

$$C=10/f=10/500=0.02\mu F（实际取 0.022\mu F）$$

2）计算电阻换标系数 K。

$$K=100/fC=100/(500\times0.022)=9.1$$

3）查表得 C_1 及 K=1 时的电阻值。

$$C_1=0.05C=1100pF，R_1=2.602k\Omega$$

$$R_2=5.204k\Omega，R_3=8.839k\Omega$$

4）乘系数 K 得到实际阻值，并取标称值。

$$R_1=2.602\times9.1=23.7k\Omega（取标称值 24k\Omega）$$

$$R_2=47.4k\Omega（取 47k\Omega），R_3=80.4k\Omega（取 82k\Omega）$$

例 2：设计一个无限增益多路反馈带通滤波器，要求滤波中心频率 3kHz，品质因数 Q 值为 5，电路中频增益为 4 倍，计算元件参数。

1）选择电容 C 的标称值。

$$C=10/f=10/3=3.33nF（实际取 3.3nF）$$

2）计算电阻换标系数 K。

$$K=100/fC=100/（3\times3.3）=10.1。$$

3）查表得 C_1 及 K=1 时的电阻值。

$$R_1=1.989k\Omega，R_2=0.173k\Omega，R_3=15.915k\Omega$$

4）乘系数 K 得到实际阻值，并取标称值。

$$R_1=1.989\times10.1=20.09k\Omega（取标称值 20k\Omega）$$

$$R_2=1.75k\Omega（取 1.8k\Omega），R_3=160.7k\Omega（取 150k\Omega+10k\Omega 串联）$$

注：实际选用元件误差不要超过 2%。

（6）设计注意事项。

1）设计时要选用增益带宽积高、转换速率大的运放，避免运放在高频段附加相移引起的振荡；必须注意运放输入阻抗对滤波参数带来的影响，必要时选用 FET 输入运放。

2）电容必须选用损耗小的优质电容，如独石电容、聚苯乙烯电容（CBB）等。

3）电阻宜选温度系数小的电阻，如金属膜电阻，且精度必须达到 0.1%。考虑到运放输入电阻及输出电阻的影响，元器件取值范围一般是：$100\Omega \leqslant R \leqslant 1k\Omega$、$C \geqslant 50pF$。

5. 全波整流器

在测量电路中经常需要对交流波形幅度进行测量，例如交流电分析等，需要用到全波整流器（又称绝对值变换器），把交流变换为直流，再到单片机 AD 转换。全波整流器可以把交流信号转换为有效值、平均值和峰值等。

全波整流器在直流稳压电源电路中很常见，例如 4 个二极管构成的整流桥。不过由于二极管固有的开启电压的影响，当输入电压较低时会产生很大的误差，输出电压比输入电压小一个二极管的压降，同时输入和输出不能共地，对使用造成很大不便。因此要对小信号进行精密测量且输入和输出共地，必须采用特性更好、使用运算放大器的绝对值变换器，即运放绝对值变换器。

图 1-56 所示为各种运放绝对值变换器。

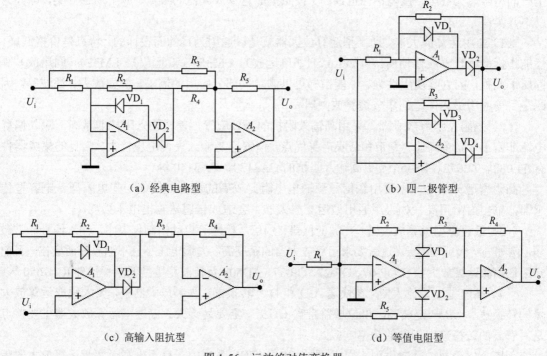

(a) 经典电路型   (b) 四二极管型

(c) 高输入阻抗型   (d) 等值电阻型

图 1-56 运放绝对值变换器

图 1-56（a）是最经典的运放绝对值变换器电路，优点是可以在电阻 R_5 上并联滤波电容，从而得到平均值，电阻匹配关系为 $R_1=R_2$，$R_4=R_5=2R_3$；可以通过更改 R_5 来调节增益。

图 1-56（b）电路有 4 个二极管，优点是匹配电阻少，只要求 $R_1=R_2$。

图 1-56（c）电路的优点是输入高阻抗，匹配电阻要求 $R_1=R_2$，$R_4=2R_3$。

图 1-56（d）的电路匹配电阻全部相等，还可以通过改变电阻 R_1 来改变增益。

以上绝对值变换器在增益为 1 时是平均值变换，即输出直流电压 U_o 和输入电压 U_i 的有效值关系如下：

$$U_o = 0.9U_i$$

因此可以改变电路增益，从而得到有效值、峰值等变换效果，因为在波形为正弦波的情况下，平均值、有效值和峰值都有一定的比例关系，这样只要改变电路增益，就可以得到不同值，这里因篇幅有限，就不具体分析了。

绝对值变换器用于测量电路，要求选温度系数小、精度高的电阻（±1%），例如金属膜电阻；另外为了电路有比较大的带宽，同时提高低电压变换特性，要求电路中的二极管采用高速、低压差型的，如 IN4148、IN60、IN5819 等。

6. 运算放大器种类和选型

集成运算放大器有不同的类别和型号，美国模拟器件（AD）公司和德州仪器（TI）公司生产的型号最为齐全，性能指标也很高。按照集成运算放大器的参数、应用场合分类，可分为以下几类：

（1）通用运算放大器。通用型运算放大器就是以通用为目的而设计的，特点是价格低廉、性能指标能适合一般性使用。例如 uA741（单运放）、LM358（双运放）、LM324（四运放）等都属于此种，因为其通用性强，性能指标可以满足大部分应用的需求，例如放大、滤波等，因此是目前应用最为广泛的集成运算放大器。

（2）高阻型运算放大器。采用高输入阻抗的场效应管，差模输入阻抗非常高，输入偏置电流非常小，具有高速、宽带和低噪声等优点，但缺点是输入失调电压较大。常见的集成器件有 TL082、TL072、LF356 及更高输入阻抗的 CA3130、CA3140 等。

高阻型运算放大器主要用在信号源输出电阻比较高的场合，例如一些电阻型、电容型传感器，输出内阻很高，如果用通用型运算放大器，会造成传感器输出电压损耗。

（3）低温漂型运算放大器。在精密仪器、弱信号检测等自动控制仪表中，输入信号非常微弱，例如 mV 级或 μV 级，这就要求运算放大器的精度高、失调电压小且不随温度而变化。目前常用低温漂运算放大器有 OP-07、OP-27、OP-37、AD508 及斩波稳零型低漂移器件 ICL7650 等。

（4）高速型运算放大器。在快速 A/D 和 D/A 转换器、视频放大器中，要求集成运算放大器的转换速率 SR 一定要高，单位增益带宽 UGB 一定要足够大。高速型运算放大器主要特点是具有高的转换速率和宽的频率响应。

美国 AD 公司的 AD 系列，TI 公司的 OPA、THS 系列中，有不少高速宽带运算放大器带宽可达到几百兆赫兹甚至 1GHz 以上。

7. 运算放大器参数

不同的运算放大器参数差别很大，使用运算放大器前需要对参数进行仔细分析。

（1）输入失调电压 V_{io}：受制造工艺限制，运放在输入信号为零时，输出并不为 0（俗称"零漂"），输入失调电压的意义是在运放的输入端加上一个电压 V_{io}，使运放的输出为 0，该电压称为输入失调电压，通常这个值越小越好。

（2）差模输入电压范围 V_{idr}：差模输入电压范围是指不损坏运放时，两个输入端所能承受的最大输入电压，需要注意的是，这一电压并非运放正常工作时的输入电压，正常输入电压要比这小得多。

（3）共模抑制比 $CMRR$：共模抑制比是指运放的差模电压增益与共模电压增益之比，它反映了运放对共模信号（通常是噪声信号）的抑制能力，这一指标越大越好。反相放大器的共模抑制比优于同相放大器，仪表放大器优于普通放大器。

（4）输出峰-峰值电压 V_{opp}：输出峰—峰值电压是指运放在正常工作状态下所能输出的最大电压峰—峰值，通常情况下认为这一电压比运放供电电压低 2～3V。

（5）最大输出电流 I_{OUT}：最大输出电流是指运放正常工作时所能输出的最大电流，通常可按十几毫安估算。

（6）单位增益带宽积 GBW：运放电路的带宽除受运放自身的特性影响外，还受电路增益的影响，通过研究发现运放电路的增益和其带宽的乘积是常数，定义这一常数为增益带宽积。

1.6.5　集成电压比较器

电压比较器的基本功能是对两个输入电压进行比较，并根据比较结果输出高电平或低电平电压，据此来判断输入信号的大小和极性。电压比较器常用于自动控制、波形变换、模数转换、越限报警等许多场合。

电压比较器通常由集成运放构成，与普通运放电路不同的是，比较器中的集成运放大多处于开环或正反馈的状态。只要在两个输入端加一个很小的信号，运放就会进入非线性区，属于集成运放的非线性应用范围。

1. 电压比较器工作原理

电压比较器符号、结构等同运放类似，有 2 个输入端和 1 个输出端，图 1-57 所示是常见的零电平比较器。图 1-57（a）是电路原理，同相端为输入端，叫作同相比较器，它的反相端接一个阈值电压（或叫参考电压），在输入电压 u_i 逐渐增大或减小的过程中，当通过阈值电压 U_R 时，输出电压 u_o 产生跃变。

图中同相比较器工作过程如下，当输入电压 u_i 大于阈值电压 U_R 时，输出为高电平；当输入电压 u_i 小于阈值电压 U_R 时，输出为低电平；相当于将一个模拟输入信号 u_i 与一个固定的参考电压 U_R 进行比较和鉴别的电路，图 1-57（b）是输出波形。反之，如果输入电压 u_i 由反相端输入，参考电压 U_R 由同相端输入，则构成反相输入的比较器，读者可自行分析工作原理及输出波形。

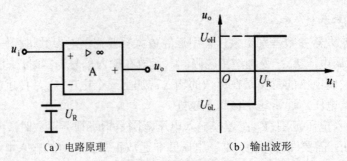

（a）电路原理　　　　　　　　　（b）输出波形

图 1-57　零电平比较器

上述电压比较器结构简单，灵敏度高，但它的抗干扰能力差。也就是说，如果输入信号因为干扰的原因，在阈值附近变化时，输出电压将在高、低两个电平之间反复地跳变，可能使输出状态产生误动作。为了提高比较器的抗干扰能力，下面介绍有 2 个阈值的滞回电压比较器，叫作滞回比较器。

滞回比较器又称迟滞比较器。特点是当输入信号 u_i 逐渐增大或逐渐减小时，它有两个阈值，且不相等，其传输特性具有"滞回"曲线的形状。滞回比较器也有反相输入和同相输入两种方式。

以图 1-58 中的反相滞回比较器为例，利用求阈值的临界条件和叠加原理方法，不难计算出它的两个阈值为：

$$U_{TH1} = U_R + \frac{(U_C - U_R)R_1}{R_1 + R_2 + R_L}$$

$$U_{TH2} = U_R + \frac{(U_R - U_{OL})R_1}{R_1 + R_2}$$

两个阈值的差值 $\Delta U_{TH} = U_{TH1} - U_{TH2}$ 称为回差。

图 1-58（a）是电路原理，改变 R_2 值可改变回差大小，调整 V_{ref} 可改变 U_{TH1} 和 U_{TH2}，但不影响回差大小，即比较器传输特性将平移，但滞回曲线宽度不变。图 1-58（b）是传输特性，利用比较器的滞回传输特性，如图 1-58（c）所示输入 u_i 波形和输出 u_o 波形，u_i 在 U_{TH1} 与 U_{TH2} 之间变化，不会引起 u_o 的跳变，因而滞回比较器具有抗干扰的作用。

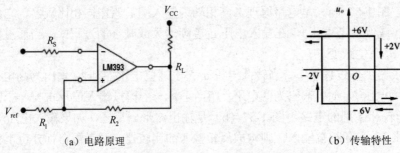

（a）电路原理　　　　　　　　　（b）传输特性

图 1-58（一）　反相滞回比较器

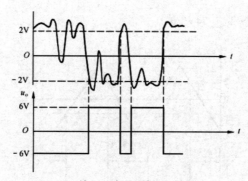

（c）输入 u_i 波形和输出 u_o 波形

图 1-58（二）　反相滞回比较器

2. LM393 集成电压比较器

常用的集成电压比较器有通用系列，例如低功耗低失调电压比较器 LM393（双比较器）和 LM339（四比较器），还有高精度 LMX11 系列和高速 LM119 系列等。

以上几种系列的集成电压比较器的共同特点是：输出为集电极开路结构，正常工作时须在输出与正电源之间接一个上拉电阻，否则当输出应为逻辑 1 时实际输出为高阻态。它们既可双电源供电又可单电源供电。

下面介绍美国国家半导体公司的 LM393 电压比较器的使用，如图 1-59 所示。LM393 是一种低功率低失调电压双电压比较器，其管脚排列如图 1-59（a）所示，特点如下：

（1）可双电源供电，也可单电源供电，极大方便了使用者。

（2）电压范围双电源±18V，单电源 2～36V；电源电流消耗低（仅 0.8mA）。

（3）输入偏流低，只有 25nA。

（4）输入失调电流和失调电压低（±5nA，±3mV）。

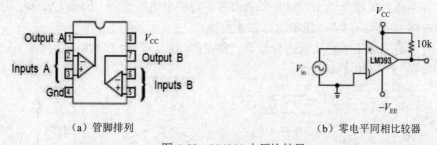

（a）管脚排列　　　　　　　　　　（b）零电平同相比较器

图 1-59　LM393 电压比较器

LM393 内部有 2 路比较器，使用时在输出端要接一个上拉电阻，一般取值 1～10kΩ。比较器电路应用非常广泛，例如波形变换、电池电压检测等。图 1-59（b）为零电平同相比较器，即反相端接地，该电路可以把输入的波形同零电平比较，并转换为方波。

图 1-60 是比较器波形变换的应用，图 1-60（a）为输入波形，图 1-60（b）为输出波形，

可见输入三角波通过比较器变换为方波。

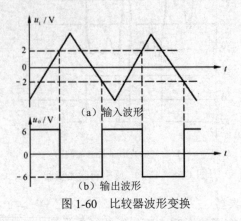

（a）输入波形

（b）输出波形

图 1-60　比较器波形变换

1.6.6　集成电源稳压器

通常电源输出电压会随输入电压、负载改变而变化，只能用于要求不高的场合。在大部分用电场合，都要用到稳压电源，特点是输出电压相对稳定，不会随着输入电压、负载的改变而变化。

常用的稳压电路有简单的稳压二极管电路和集成稳压器等，稳压二极管电路比较简单，在前面二极管章节已给出电路和设计，这里不再讨论。目前国内外用得比较多的是集成线性稳压器，市场上品种多达数千种。线性稳压器因其工作于线性区而得名，产品主要分为固定输出式、可调输出式两种，其中三端固定式和三端可调式集成线性稳压器应用最为广泛。

1.　固定式线性稳压器

三端固定式集成线性稳压器主要是 LM78×× 和 LM79×× 系列，其中 LM78×× 系列为正电压输出，LM79×× 系列为负电压输出。每个系列都有不同输出电压型号，例如 LM7805 为+5V 电压输出，LM7915 系列为−15V 电压输出，以此类推。

图 1-61 所示是三端集成稳压器的封装形式和引脚功能，包括 LM78×× 系列和 LM79×× 系列，它们常用的是 TO-220 塑料封装。

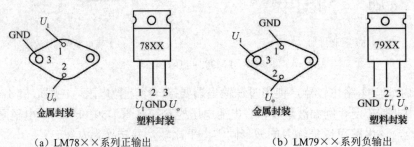

（a）LM78×× 系列正输出　　　　　　　　　（b）LM79×× 系列负输出

图 1-61　三端集成稳压器的封装形式和引脚功能

其中 U_I 为输入端，U_O 为输出端，GND 是公共端。为电路正常工作起见，U_I 应大于 U_O，且最小输入一输出电压差为 2V，为可靠起见，一般应选 4～6V，最大输入电压为 35V。

LM78×× 系列集成线性稳压器内部框图和应用如图 1-62 所示。主要包括启动电路，基准电压，恒流源，误差放大器，NPN 型调整管，调整管安全工作区保护电路，过流过热保护电路，以及取样电路。启动电路仅在刚通电时起作用，帮助恒流源建立工作点。LM78×× 系列采用带隙基准电压源。它首先获得取样电压，再经过比较放大器进行电压比较放大，输出误差电压，然后用误差电压去调节电路，从而实现稳压目的。LM78×× 系列外围电路很简单，只需在输入端、输出端各接一个电容即可工作。

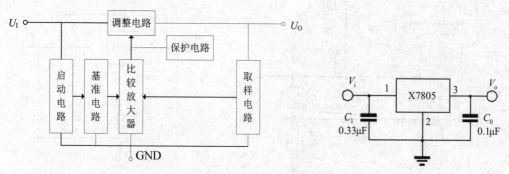

图 1-62　LM78×× 系列集成线性稳压器内部框图和应用

LM79×× 系列原理与 LM78×× 系列类似，只不过 LM79×× 系列输出负压。

2. 可调式线性稳压器

三端可调输出集成稳压器是在三端固定输出集成稳压器的基础上发展起来的，可以用少量的外部元件方便地组成精密可调的稳压电路，应用更为灵活。

常用的有正电源系列 LM317 和负电源系列 LM337。具有可调电压范围宽（1.25～35V），外围电路简单，输出电流大（最大 1.5A）等特点，从而得到了广泛地应用。图 1-63 所示是 LM317 和 LM337 三端可调稳压器的外形和管脚，有金属封装和塑料封装两种，共有 3 个引脚，分别是电压输入（U_i）、电压输出（U_o）和调节端（ADJ）。

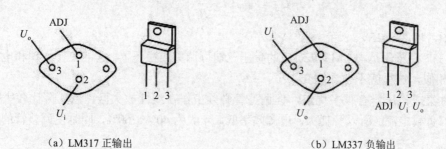

（a）LM317 正输出　　　　　　　　　（b）LM337 负输出

图 1-63　三端可调稳压器的外形与管脚

以 LM317 为例，图 1-64 所示是 LM317 内部框图和应用，它的内部电路有比较放大器、偏置电路（图中未画出）、恒流源电路和带隙基准电压 V_{REF} 等，它的公共端改接到输出端，器件本身无接地端。所以消耗的电流都从输出端流出，内部的基准电压（约 1.25V）接到比较放大器的同相端和调整端之间。与 78×× 系列产品相比，它把内部电路的接地端改接到输出端，使之在输入、输出压差下工作，因此没有接地端。此外，它们的 1.25V 基准电压源接在比较放大器同相输入端与 ADJ 之间。

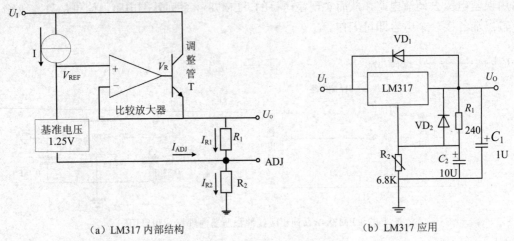

(a) LM317 内部结构　　　　　　　　　(b) LM317 应用

图 1-64　LM317 内部框图和应用

LM317 应用如图 1-64（b）所示。其中 R_1、R_2 为取样电阻。LM317 的最小负载电流 I_L=5mA，若为留出余量，也可取 I_L=10mA。图中，R_1=240Ω，R_2=6.8kΩ。调整 R_2 时一般可得到 1.25V～37V 的稳定电压。当稳压器的输出端接大容量负载电容时，二极管 VD$_1$ 防止输入端短路时负载电容反向放电损坏稳压器；VD$_2$ 防止输出端短路时，C_2 通过芯片内部放电损坏稳压器。C_2 用于减小输出纹波电压。正常情况下 VD$_1$ 不起作用。

通过调节 R_2，可改变取样比，即可调节输出电压 U_O 的大小。LM317 输出电压为：

$$U_o = V_{REF}\left(1 + \frac{R_2}{R_1}\right)$$

式中，V_{REF}=1.25V。

LM337 稳压器是与 LM317 对应的负压三端可调集成稳压器，它的工作原理和电路结构与 LM317 相似，这里就不做详细介绍了。

线性集成稳压器有很多优点，但调整管必须工作在线性放大区，管压降比较大，同时要通过全部负载电流，所以管耗大，电源效率低，一般为 40%～60%，同时使调整管的工作可靠性降低。

开关稳压电源的调整管工作在开关状态，依靠调节调整管导通时间来实现稳压。由于调整管主要工作在截止和饱和两种状态，管耗小，故效率明显提高，可达 80%～90%，而且不受输入电压影响，缺点是输出电压中含有较大的开关纹波。

3．LM2576 系列降压式开关稳压器

LM2576 系列降压式开关稳压器主要包括 LM2576、LM2576T（最高输入电压 40V）、LM2576HV、LM2576HVT（最高输入电压 60V）4 个子系列，每个子系列均有 3.3V、5V、12V、15V 和可调式（ADJ）5 种型号，LM2576 系列性能特点主要有：

（1）内部包含 52kHz 的固定频率振荡器和 1.23V 带隙基准电压源，只需简单的外围电路就可构成高效稳压电源，最大输出电流 3A。

（2）输入电压范围广。

（3）TTL 关断能力，低功耗待机模式。

（4）高效率，一般可达 75%以上。

（5）使用现成可用的标准电感。

（6）具有完善的保护电路。

LM2576 系列产品有 3 种封装形式：TO-220（直脚排列），TO-220（双排互相错位的直脚排列），TO-263（表面封装）。LM2576 引脚排列如图 1-65 所示。各引脚功能如下：1 为输入端 U_I；2 为输出端 U_O；3 为接地；4 为反馈端；5 为通断控制端。

（a）单排直插　　　　　　（b）双排直插　　　　　　（c）表面封装

图 1-65　LM2576 引脚排列

LM2576 内部框图原理及典型应用如图 1-66 所示。

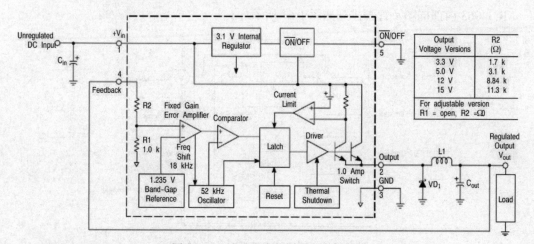

图 1-66　LM2576 内部框图及典型应用

电阻分压器 R_1 为 1kΩ，R_2 的阻值与输出电压有关，例如当固定输出为 5V 时，R_2 为 3.1kΩ。可调输出时，R_1 开路，$R_2=0$，改用外部电阻分压器调节输出电压。外围电路中的 C_{IN} 为输入端滤波电容。降压式输出电路由续流二极管 VD_1、储能电感 L_1 和输出端滤波电容 C_{OUT} 组成。

LM2576 的基本工作原理是，稳压器的支流输出电压 V_{OUT} 首先经过内部采样电阻 R_1、R_2 分压后得到取样电压、送至误差放大器的同相端，与基准电压进行比较并产生误差电压 U_r，再用 U_r 的幅度去控制 PWM 比较器输出的脉冲宽度，最后依次经过驱动器、功率开关管和降压式输出电路，使 U_O 保持不变。

需要注意的是，反馈线要远离电感，电路中输入/输出电容、续流二极管、接地端、控制器的连线要尽可能短而粗，最好用地线屏蔽。

4. MC34063 多模式开关稳压器

MC34063 是一种多模式开关稳压器芯片，包含了 DC/DC 变换器所需要的主要功能的单片控制电路。它由具有温度自动补偿功能的基准电压发生器、比较器、占空比可控的振荡器、R-S 触发器和大电流输出开关电路等组成。该器件可用于升压变换器、降压变换器、反向变换器的控制核心，由它构成的 DC/DC 变换器仅需少量的外部元器件。该芯片应用广泛、通用、廉价、易购。

MC34063 集成电路主要特性如下：

（1）输入电压范围：2.5～40V。

（2）输出电压可调范围：1.25～40V。

（3）输出电流：可达 1.5A。

（4）工作频率：最高可达 100kHz。

（5）低静态电流。

（6）短路电流限制。

（7）可实现升压、降压和反压电源变换器。

MC34063 内部框图及管脚排列如图 1-67 所示。

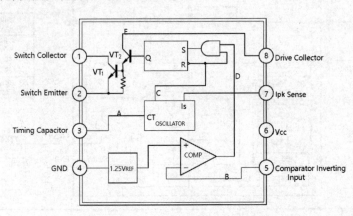

图 1-67　MC34063 内部框图及管脚排列

MC34063 的引脚定义如下：

（1）1 脚：开关管 VT_1 集电极引出端。

（2）2 脚：开关管 VT_1 发射极引出端。

（3）3 脚：定时电容 C_T 接线端；调节 C_T 可使工作频率在 100～100kHz 范围内变化。

（4）4 脚：电源地。

（5）5 脚：电压比较器反相输入端，同时也是输出电压取样端；使用时应外接两个精度不低于 1% 的精密电阻。

（6）6 脚：电源端。

（7）7 脚：负载峰值电流（I_{pk}）取样端；6、7 脚之间电压超过 300mV 时，芯片将启动内部过流保护功能。

（8）8 脚：驱动管 VT_2 集电极引出端。

MC3406 降压电路如图 1-68 所示。

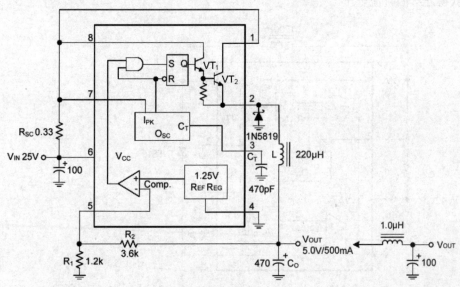

图 1-68　MC34063 降压电路

工作过程如下：

（1）比较器的反相输入端通过外接分压电阻 R_1、R_2 检测输出电压。其中输出电压 $V_{OUT}=1.25(1+R_2/R_1)$，由公式可知输出电压仅与 R_1、R_2 数值有关，因 1.25V 为基准电压，恒定不变。若 R_1、R_2 阻值稳定，V_{OUT} 亦稳定。

（2）5 脚电压与内部基准电压 1.25V 同时送入内部比较器进行电压比较。当 5 脚电压低于内部基准电压（1.25V）时，比较器输出为跳变电压，开启 R-S 触发器的 S 脚控制门，R-S 触发器在内部振荡器的驱动下，Q 端为 "1" 状态（高电平），驱动管 VT_2 导通，开关管 VT_1 亦导通，

使输入电压 V_{IN} 向输出滤波器电容 C_o 充电，以提高 V_{OUT}，达到自动控制 V_{OUT} 稳定的作用。

（3）当 5 脚的电压值高于内部基准电压（1.25V）时，R-S 触发器的 S 脚控制门被封锁，Q 端为"0"状态（低电平），VT_2 截止，VT_1 亦截止。

（4）振荡器的 I_{pk} 输入（7 脚）用于监视开关管 VT_1 的峰值电流，以控制振荡器的脉冲输出到 R-S 触发器的 Q 端。

（5）3 脚外接振荡器所需要的定时电容 Co 电容值的大小决定振荡器频率的高低，亦决定开关管 VT_1 的通断时间。

MC34063 升压电路如图 1-69 所示。当芯片内开关管（VT_1）导通时，电源经取样电阻 R_{sc}、电感 L、MC34063 的 1 脚和 2 脚接地，此时电感 L 开始存储能量，而由 C_o 对负载提供能量。当 VT_1 断开时，电源和电感同时给负载和电容 C_o 提供能量。电感在释放能量期间，由于其两端的电动势极性与电源极性相同，相当于两个电源串联，因而负载上得到的电压高于电源电压。开关管导通与关断的频率称为芯片的工作频率。只要此频率相对负载的时间常数足够高，负载上便可获得连续的直流电压。

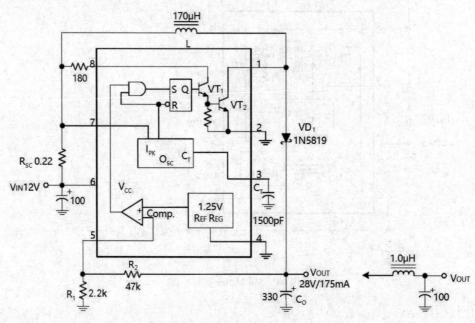

图 1-69　MC34063 升压电路

图 1-70 所示为 MC34063 反压电路，当输入正电压时，可产生一个反电压，可用在双电源工作场合，例如各种运放电路等。

电路工作过程如下：当芯片内部开关管 VT_1 导通时，电流经 MC34063 的 1 脚、2 脚和电感 L 流到地，电感 L 存储能量。此时由 C_o 向负载提供能量。当 VT_1 断开时，由于流经电感的电流不能突变，因此，续流二极管 VD_1 导通。此时，L 经 VD_1 向负载和 C_o 供电（经公共地），输出负电压。这样，只要芯片的工作频率相对负载的时间常数足够高，负载上便可获得连续直流电压。

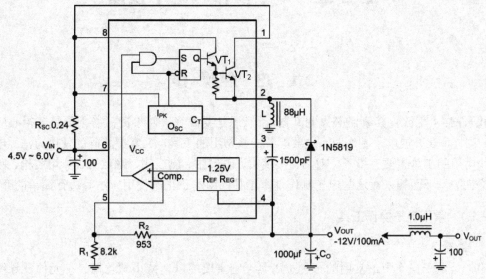

图 1-70　MC34063 反压电路

第2章　电子操作和电子仪器

2.1　电　子　操　作

孔子曰："工欲善其事，必先利其器"。意思是要做好一件事情，必须要具备得心应手的工具。同样，在开展电子制作时，也要配备一些常用的工具，并掌握正确的使用方法。电子焊接制作常用的工具主要有镊子、剪刀、尖嘴钳、斜口钳、剥线钳、螺丝刀、热熔胶枪、吸锡器和电烙铁等，下面就来对这些电子制作基本工具的用途、正确使用方法等进行简单的介绍。

2.1.1　常用电子操作工具

1. 镊子

镊子是电子操作中最常用的一种小工具，它主要用以夹持小螺丝帽、小元件及导线等，以便装配、拆卸或进行电路焊接。常用的镊子有直头镊子和弯头镊子两种，如图 2-1 所示。

由于电子元器件大多比较细小，装配的空间也比较狭小，因此，常常无法用手直接装配。这时，镊子就是手指的延伸，可帮助操作人在狭小的空间内灵活进行操作。

镊子还可用于焊接电子器件时帮助散热。例如，在焊接光敏电阻器、晶体二极管和晶体三极管等时，为了保护器件不因高温而损坏，可用镊子夹住元件管脚，帮助散热。

2. 剪刀

剪刀是大家所熟悉的家庭常用工具，如图 2-2 所示。在电子操作中，剪刀主要用来剪导线和元器件引脚、绝缘套管等。也可以用它来剥除导线的绝缘皮，起剥线钳的作用。

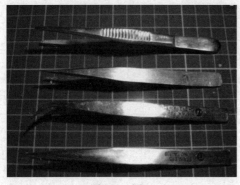

图 2-1　镊子

图 2-2　剪刀

建议购买采用优质钢材制造而成的剪刀，以便能够剪切一些较粗、较硬的材料。有种优质"钢线剪刀"，其刀口锋利并带有防滑牙，手柄带有使刀口自动张开的弹簧和关闭刀口的挂钩，可轻松剪切 1～2mm 厚的铁皮，手感省力自如，是电子制作中非常得力的助手。

3．尖嘴钳

尖嘴钳由钳头、钳柄和用来使尖嘴钳自动张开的弹簧（有的没有弹簧）三部分构成，如图 2-3 所示。与其他钳子相比，它的钳头细而尖，并带有刀口，钳柄上套有绝缘套。

尖嘴钳在使用时可以平握，也可以立握。由于尖嘴钳的钳头细而尖且长，所以适合在狭小的工作空间操作。一般主要用来取代手指折弯细金属丝，用来夹持螺丝母或其他小零件等，还可以用尖嘴钳剪断较硬的电线或细金属丝，但不能用于剪断较粗的金属丝，以防止将尖嘴钳损坏。

4．斜口钳

斜口钳如图 2-4 所示。它的钳头与尖嘴钳有较大差别，它的刀口和钳头的一侧基本在同一个平面上。斜口钳的主要功能跟剪刀差不多，也是剪切，但由于它的刀口比较短和厚，所以可以用来剪切比较坚硬的元件引脚和连接线等。有的斜口钳刀口处还留有小缺口，专门用来剥去电线外皮。

图 2-3　尖嘴钳　　　　　　　　　　　　图 2-4　斜口钳

在电子制作过程中，斜口钳主要用来剪断较粗的电线或细金属丝、修剪焊接后多余的线头、剥掉导线外层的绝缘皮等。在剥导线的绝缘外皮时，要控制好刀口的咬合力度，既要能咬住绝缘外皮，又不会剪伤绝缘层内的金属线芯。使用斜口钳时，还要注意不可用于剪断硬度较大的金属丝，以防止钳头变形或断裂。

5．剥线钳

剥线钳是专门用于剥除电线端部绝缘层的专用工具，如图 2-5 所示。剥线钳主要由钳头和手柄两大部分组成，它的结构较复杂，在钳头刀口处有口径为 0.5～3mm 的多个切口，使用时应根据电线直径的不同选择合适的切口，使用很方便。

6．热熔胶枪

热熔胶枪是一种专门用来加热熔化热熔胶棒的专用工具，如图 2-6 所示。热熔胶枪内部采用居里点大于 280℃ 的 PTC 陶瓷发热元件，并配设紧固导热结构，当热熔胶棒在加热腔中被迅速加热熔化为胶浆后，用手扣动扳机，即从喷嘴中挤出胶浆，供直接黏固用。

图 2-5　剥线钳

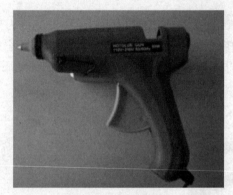

图 2-6　热熔胶枪

　　热熔胶是一种黏附力强、高度绝缘、防水、抗震的黏固材料，使用时不会造成任何环境污染，个人组装各种电子小制作时首选的粘固材料应该为热熔胶。无论采用热熔胶粘固机壳、还是将印制电路板粘固在机壳内部、将电子元器件粘固在绝缘板上等，均显得灵活快捷，省时省力，装拆方便。

　　按使用场合的不同，热熔胶枪分为大、中、小号三种规格，并且喷嘴可做成各种各样的形状。电子制作时采用普通小号热熔胶枪，即可满足各种粘固要求。

　　7. 电烙铁

　　用电做能源，以电热材料做热源的烙铁叫作电烙铁，如图 2-7 所示。电烙铁是手工施焊的主要工具，它是用电来加热电阻丝或 PTC 加热元件，并将热量传送给烙铁头来实现焊接的。

　　电烙铁主要由烙铁头、金属外壳、发热芯子、绝缘手柄、电源线和电源插头等部分组成。常见的电烙铁有外热式、内热式等多种，区分方法是烙铁的发热芯子安装在烙铁头里面的称为内热式电烙铁，反之烙铁的发热芯子安装在烙铁头外面的称为外热式电烙铁。

　　电烙铁是电子制作中必备的工具，元器件的安装和拆卸都需要用到它。常用的功率有 20W、30W、50W 等规格。同一种类的电烙铁，功率越大，体积也越大。电烙铁的功率越大，可焊接的元器件体积也越大。电子制作以选用 20W 或 30W 功率的电烙铁比较合适。但应注意，电烙铁在初次使用时，不能用砂纸或钢锉打磨烙铁头，如将其表面的镀层打磨掉，就会使烙铁头使用寿命大大减少。

图 2-7 电烙铁

8. 吸锡器

吸锡器是一种修理电器用的工具，用于收集拆卸焊盘电子元件时熔化的焊锡。有手动和电动两种。维修拆卸零件需要使用吸锡器，尤其是大规模集成电路，更为难拆，拆不好容易破坏印制电路板，造成不必要的损失。简单的吸锡器是手动式的，且大部分是塑料制品，它的头部由于常常接触高温，因此通常都采用耐高温塑料制成，吸锡器如图 2-8 所示。

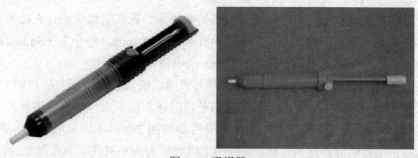

图 2-8 吸锡器

常见的吸锡器有吸锡球、手动吸锡器、电热吸锡器、防静电吸锡器、电动吸锡枪以及双用吸锡电烙铁等。

吸锡器大部分为活塞式，按照吸筒壁材料，可分为塑料吸锡器和铝合金吸锡器，塑料吸锡器轻巧，做工一般，价格便宜，长型塑料吸锡器吸力较强；铝合金吸锡器外观漂亮，吸筒密闭性好，一般可以单手操作，更加方便。

按照是否可以电加热，可以分为普通吸锡器和电热吸锡器。普通吸锡器使用时配合电烙铁一起使用，电热吸锡器直接可以拆焊，部分电热吸锡器还附带烙铁头，换上后可以作为烙铁焊接用。

（1）手动吸锡器的使用。吸锡器使用步骤如下：

1）把吸锡器活塞向下压至卡住。

2）用电烙铁加热焊点至焊料熔化。

3）移开电烙铁的同时，迅速把吸锡器嘴贴上焊点，并按动吸锡器按钮。

4）一次吸不干净，可重复操作多次。

在电子操作中手动吸锡器是最常用的，在使用前，要确保吸锡器活塞密封良好，方法是用手指堵住吸锡器头的小孔，按下按钮，如活塞不易弹出到位，说明密封是好的。

（2）电动吸锡器的使用。电动真空吸锡枪的外观呈手枪式结构，主要由真空泵、加热器、吸锡头及熔锡室组成，是集电动、电热吸锡于一体的新型除锡工具。电动真空吸锡枪具有吸力强、能连续吸锡等特点，且操作方便、工作效率高。工作时，加热器使吸锡头的温度达 350℃以上。当焊锡熔化后，扣动扳机，真空枪产生负气压将焊锡瞬间吸入熔锡室。因此，吸锡头温度和吸力是影响吸锡效果的两个因素。

电动真空吸锡枪的使用步骤是，吸锡枪接通电源后，经过 5～10min 预热，当吸锡头的温度升至最高时，用吸锡头贴紧焊点使焊锡熔化，同时将吸锡头内孔一侧贴在引脚上，并轻轻拨动引脚，待引脚松动、焊锡充分熔化后，扣动扳机吸锡即可。电动真空吸锡枪若吸锡时焊锡尚未充分熔化，则可能会造成引脚处有残留焊锡。遇到此类情况时，应在该引脚处补上少许焊锡，然后再用吸锡枪吸锡，从而将残留的焊锡清除。

根据元器件引脚的粗细，可选用不同规格的吸锡头。标准吸锡头内孔直径为 1mm，外径为 2.5mm。若元器件引脚间距较小，应选用内孔直径为 0.8mm，外径为 1.8mm 的吸锡头；若焊点大、引脚粗，可选用内孔直径为 1.5～2mm 的吸锡头。

吸锡器在使用一段时间后必须清理，否则内部活动的部分或头部会被焊锡卡住。清理的方式随着吸锡器的不同而不同，不过大部分都是将吸锡头拆下来，再分别清理。

（3）热风型吸锡器的工作原理。热风型吸锡器如图 2-9 所示，利用热风将焊锡熔化，同时用特殊的吸锡装置吸除熔化的焊锡。系统的出风和吸力大小取决于两台风泵的设置，出风量和吸风量均可以连续调节。出风泵与加热系统联动，可设定出风口温度，设定温度及实际温度液晶显示，吸风泵可单独开启或关闭。利用热风将焊点（焊锡）熔化，同时利用特殊的吸锡装置将熔化的焊锡吸除。并且熔化吸锡过程同时进行，不用接触电路板，快捷无损地摘除电路板上的各类元器件。根据需要调节热风的温度、风速和吸锡的吸力大小。可以选用各类型的风嘴、吸锡嘴用于各类型元器件的拆焊。

（4）拆卸集成块。使用吸锡器拆卸集成块，这是一种常用的专业方法，使用工具为普通吸焊两用电烙铁，功率在 35W 以上。拆卸集成块时，只要将加热后的两用电烙铁头放在要拆卸的集成块引脚上，待焊点锡融化后被吸入吸锡器内，全部引脚的焊锡吸完后，集成块即可拿掉。另外还有其他一些方法，例如用吸锡带（铜编织线）进行拆焊。几种方法具体操作如下：

图 2-9 热风型吸锡器

1）用吸锡器进行拆焊：先将吸锡器里面的空气压出并卡住，再将被拆的焊点加热，使焊料熔化，然后把吸锡器的吸嘴对准熔化的焊料，按一下吸锡器上的小凸点，焊料就被吸进吸锡器内了。

2）用吸锡电烙铁（电热吸锡器）拆焊：吸锡电烙铁也是一种专用拆焊烙铁，它能在对焊点加热的同时，把锡吸入内腔，从而完成拆焊。拆焊是一件细致的工作，不能马虎从事，否则将造成元器件的损坏、印制导线的断裂、焊盘的脱落等各类不应有的损失。

3）用吸锡带（铜编织线）进行拆焊：将吸锡带前端涂上松香，放在将要拆焊的焊点上，再把电烙铁放在吸锡带上加热焊点，待焊锡熔化后，就会被吸锡带吸去，如焊点上的焊料一次没有被吸完，可重复操作，直到吸完。将吸锡带吸满焊料的部分剪去。

9. 热风枪

热风枪主要是利用发热电阻丝的枪芯吹出的热风，来对元件进行焊接与摘取的工具，如图 2-10 所示。

图 2-10 热风枪

根据热风枪的工作原理，热风枪控制电路的主体部分应包括温度信号放大电路、比较电路、可控硅控制电路、传感器、风控电路等。另外，为了提高电路的整体性能，还应设置一些辅助电路，如温度显示电路、关机延时电路和过零检测电路。设置温度显示电路是为了便于调温。温度显示电路显示的温度为电路的实际温度，操作人在操作过程中可以依照显示屏上显示的温度来手动调节。

热风枪是手机维修中用得最多的工具之一，使用的工艺要求也很高。取下或安装小元件

第 2 章

69

到大片的集成电路都要用到热风枪。在不同的场合，对热风枪的温度和风量等有特殊要求，温度过低会造成元件虚焊，温度过高会损坏元件及线路板。风量过大会吹跑小元件，同时对热风枪的选择也很重要，不要因为价格便宜去选择低档次的热风枪。

普通型热风枪价格一般为200~300元，此种热风枪的主要问题是温度不稳，忽高忽低，风量也不稳。这种的风枪的刻度只是调整它的功率大小，所以开机时温度升得很慢，需要好几分钟，而后温度直线上升，稍不留心就可能会烧坏元器件，比如功放、CPU、线路板等。建议读者选用带数字温度显示的热风枪。

下面介绍热风枪的使用技巧和使用方法：

（1）拆CPU。在拆CPU时把风枪的枪嘴去掉，热风枪的温度调到6挡左右，风量调到7~8挡，实际温度是280~290℃度时，风枪嘴离CPU表面的高度是30mm左右；另外风枪可以斜着去吹CPU四边，尽量把热风吹进CPU下面，这样就很容易完好无损地吹下CPU了。

（2）主板断线处理方法。主板断线和掉点大多是操作不当造成的，特别是带胶CPU最容易因操作不当造成主板下面断线和掉点，出现断线和掉点是因为没有加热均匀，CPU下面大部分的锡融化了，但还有部分焊锡没有完全融化，正确的操作方法是，热风枪的温度调到270~280℃，刻度风量调到6.5~7挡。

首先把CPU四周的胶加热并清除干净，然后再加热CPU。给CPU加热时要均匀，让CPU下面的锡全部熔化在一起，这样就不会出现断线和掉点的情况了；当观察到CPU下面的锡都熔化了，再用一字螺丝刀，把螺丝刀刀口插在CPU下面就可以把CPU撬起来了。注意，一字螺丝刀刀口建议打磨得薄一点，方便插入CPU下面。

（3）拆多脚元件。有一些有多个管脚的元件，例如排线座、集成芯片插座、元件阵列，以及那种有很多脚的功放芯片，拆卸时主要掌握热风枪的热度和风量即可。

（4）吹焊。在吹焊CPU操作中，常常会出现管脚短路问题，主要原因是焊锡没有充分流动开，造成相邻管脚的短路。

在吹焊CPU或其他BGA的IC时，在主板BGA的IC位置，一定要把主板下面用电路板清洗剂或酒精等清洗干净，然后再涂上助焊剂；被焊的IC也一样清洗干净。

要特别注意IC在主板的位置一定要准，否则很容易因错位造成焊锡流动出现问题，造成短路。使用热风枪风量要适中，温度在270~280℃即可。

2.1.2 电子焊接方法

在电子产品的制作与调试过程中，焊接是非常重要的一个环节，焊接质量将直接影响到电路工作的可靠性。因此，只有熟练掌握焊接技术，才能保证电路的焊接质量，从而减少电路调试过程中不必要的故障隐患。

1. 焊接工具与焊接材料

电烙铁是手工焊接的重要工具，是根据电流通过发热元件产生热量的原理制成的。常见的电烙铁有外热式、内热式、恒温式等。

（1）外热式电烙铁。外热式电烙铁是应用最为广泛的普通型电烙铁，其外形如图 2-11 所示。它的烙铁头安装在烙铁芯里面，故称外热式电烙铁。

电源线　塑料手柄　　　　　金属外壳　烙铁头

图 2-11　外热式电烙铁

电烙铁芯是电烙铁的核心部件，它的结构是将电热丝平行地绕制在一根空心瓷管上，中间由云母片绝缘，引出两根导线与 220V 交流电连接。外热式电烙铁的特点是构造简单、价格便宜，但热效应低、升温慢、体积较大。烙铁头的长短和形状对烙铁的温度有一定影响。

外热式电烙铁一般有 20W、30W、50W、75W、100W、150W、300W 等多种规格。功率越大，烙铁头的温度越高。

（2）内热式电烙铁。其外形如图 2-12 所示，因其烙铁芯装在烙铁头的里面，故称内热式电烙铁。

图 2-12　内热式电烙铁

内热式电烙铁的规格有 20W、30W、50W 等。它的特点是：体积小、重量轻、升温快，耗电相对较低，热效率高，但因烙铁芯内缠绕在密闭陶瓷管上的加热用镍铬电阻丝较细，很容易烧断。内热式电烙铁热效率高达 85%～90%，烙铁头的温度可达 350℃左右。20W 的内热式电烙铁的实际功率相当于 25～40W 的外热式电烙铁。

（3）恒温式电烙铁。恒温式电烙铁如图 2-13 所示，恒温式电烙铁的种类较多，烙铁芯一般采用 PTC 元件。此类型的烙铁头不仅能恒温，而且可以防静电、防感应电，能直接焊 CMOS 器件。

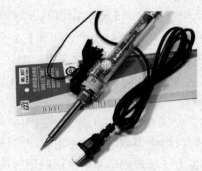

图 2-13　恒温式电烙铁

高档的恒温式电烙铁，其附加的控制装置上带有烙铁头温度的数字显示装置，显示温度最高达 400℃。烙铁头带有温度传感器，在控制器上可由人工改变焊接时的温度。若改变恒温点，烙铁头很快就可达到新的设置温度。

2．焊接材料

（1）焊料。凡是用来焊接两种或两种以上的金属，使之成为一个整体的金属或合金都叫焊料。焊接不同的金属使用不同的焊料。焊料要求具有良好的导电性、一定的机械强度、较低的熔点。电子产品装配中，一般选用熔点低于 200℃的锡铅焊料。

焊料成分一般是含锡量 60%～65%的铅锡合金，锡铅含量比为 63%:37%时，是一种比较理想的"共晶焊锡"。"共晶焊锡"具有熔点最低，熔流点一致，流动性好，表面张力小，抗拉强度和剪切强度高，导电性能好，电阻率低，抗腐蚀性好等优点。在手工焊接时，一般使用如图 2-14 所示的管状焊锡丝。生产厂家将焊锡丝制成管状，中空部分注入由松香和少量活化剂组成的助焊剂。

图 2-14　管状焊锡丝

（2）助焊剂。助焊剂是进行锡铅焊时所必需的辅助材料，是焊接时添加在焊点上的化合物，参与焊接的整个过程，具有以下作用：①去除氧化层；②防止被焊件和焊料加热时氧化；③降低焊料表面的张力；④使焊点美观。

常用的助焊剂有松香、松香酒精助焊剂，中性助焊剂，波峰焊防氧化剂，焊锡膏、焊油等。在手工焊接中一般使用松香、松香酒精助焊剂。

3．准备工作

一般的焊接优选 20W 内热式电烙铁，当然 30W 外热式亦可。对大型元器件及较粗导线可选较大功率外热式；对工作时间长、被焊器件少的，可选长寿命恒温式，如贴片元件。

为了防止电烙铁烫坏桌面等，必须将电烙铁放在专门的烙铁架上。烙铁架的底座上配有一块耐热且吸水性好的圆形海绵体，使用时加上适量的水，可以随时用于擦洗烙铁头上的污物等，保持烙铁头的光亮。

新买来的电烙铁在使用前，必须先给烙铁头挂上一层锡，俗称"吃锡"。具体方法是：先接通电烙铁的电源，待烙铁头可以熔化焊锡时，用湿毛巾将烙铁头上的漆擦掉，再用焊锡丝在烙铁头的头部涂抹，使尖头覆盖上一层焊锡即可。也可以把加热的烙铁头插入松香中，靠松香除去尖头上的漆，再挂焊锡。

给烙铁头挂锡的好处是保护烙铁头不被氧化，并使烙铁头更容易焊接元器件。一旦烙铁头"烧死"，即烙铁头温度过高使烙铁头上的焊锡蒸发掉，烙铁头被烧黑氧化，焊接元器件就很难进行，这时需要用小刀刮掉氧化层，再重新挂锡后才能使用。所以当电烙铁较长时间不使用时，应拔掉电源防止电烙铁"烧死"。

4. 焊接姿势

焊料加热时产生的气体对人体有害，如果操作时距电烙铁较近，易将有害的物质吸入体内。焊接时一般距电烙铁不小于30cm，通常以40cm左右为宜。

电烙铁握法如图 2-15 所示。反握法的动作稳定，长时间操作不易疲劳，适合大功率烙铁的操作；正握法适合中等功率烙铁的操作；一般在操作台上焊接印制板等焊件时，多采用握笔法。电烙铁使用后，一定要稳妥地放在烙铁架上，并注意电源线、导线等物不要碰到烙铁头，以免烫坏电源线，造成漏电等事故。由于焊锡丝成分中铅占一定比例，而铅是对人体有害的重金属，因此操作时应戴手套或操作后洗手，避免食入。

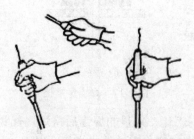

图 2-15　电烙铁握法

5. 焊接步骤

元件焊接操作基本步骤如图 2-16 所示。注意，焊接时要经常保持烙铁头的清洁。因为焊接时烙铁头长期处于高温状态，又接触焊剂等杂质，其表面很容易氧化并沾上一层黑色杂质，这些杂质几乎形成隔热层，使烙铁头失去加热作用。

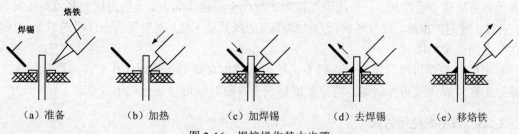

（a）准备　　　（b）加热　　　（c）加焊锡　　　（d）去焊锡　　　（e）移烙铁

图 2-16　焊接操作基本步骤

另外对明显受到氧化和存在污渍的元件管脚或线路板受焊点应进行清洁处理，以防造成焊点质量问题，一般可用酒精进行擦拭，或用细砂纸轻轻打磨，去掉元件管脚或线路板受焊点上的氧化层或污渍。

（1）施焊准备。左手拿焊锡丝，右手握烙铁，准备焊接。要求烙铁头和施焊对象表面保持干净，能够沾上焊锡。

（2）加热焊件。以一定的角度送电烙铁头与焊盘、元器件引脚接触处加热一定时间（能熔化焊锡）。掌握好焊接时间与温度。烙铁温度低、焊接时间短，焊点易"拉毛"或"虚焊"；烙铁温度高、焊接时间长，容易引起元器件过热损坏，印刷电路板铜箔脱落，开关等元件塑料变形，焊点虚焊、无光泽。

（3）加焊料。当焊件加热到能熔化焊料的温度后将焊锡丝置于焊点。焊锡量掌握要适当，如图 2-17 所示，过量的焊锡既浪费材料，增加焊接时间和焊点过热的可能性，又可能造成隐性短路；焊锡太少不仅使焊点机械强度不够，还可能造成虚焊。

（a）标准焊点　　　　　　　　　（b）焊料过多　　　　　　　　　（c）焊料不足

图 2-17　焊锡量掌握

（4）移开焊锡和电烙铁。熔化一定量的焊锡后将焊锡丝移开。在焊锡凝固前必须保持元件不动。摇晃或抖动将造成焊点变形或直接造成虚焊。焊锡丝移开大约 1～2s 后，焊锡完全润湿后移开电烙铁。

6. 焊点的质量要求

焊点的机械强度要足够。元器件管脚与电路板焊盘之间要有足够的焊锡连接面，甚至可采用把被焊元器件的引线端子打弯后再焊接的方法，以保证机械连接强度。

焊接可靠，保证导电性能。焊接点的质量将会直接影响导电性能。虚焊是指焊料与被焊物表面没有形成合金结构，只是简单地依附在被焊金属的表面上。一般用仪表测量很难发现虚焊，但随着时间的推移，没有形成合金的虚焊表面就要被氧化，之后便会出现时通时断的现象，造成产品的质量问题。

导电性能与焊料选择也有一定联系。不当的焊料可能导致电路工作时焊点阻抗过大，进而导致工作时焊点过热等问题。特定要求情况下导电特性可以进行通电检查。

2.1.3　万用表使用方法

万用表也称多用表，具有用途多、量程广、使用方便等优点，是电子测量中最常用的工具。万用表分为指针式、数字式两种。目前数字式万用表用得最为广泛，如图 2-18 所示。

图 2-18　数字式万用表

数字式万用表具有准确度高、测量范围宽、测量速度快、体积小、抗干扰能力强、使用方便等特点。测量值由液晶显示屏直接以数字的形式显示，读取方便，有些还带有语音提示功能。

数字万用表一般都能实现交直流电压、电流和电阻的测量，有的还能进行电容、频率、波形占空比、三极管参数等的测量。由于数字化的特点，数字万用表还可有针对一种类型待测量自动量程功能、数据保持锁定功能等，使得测量方便、安全、迅速，并提高了准确度和分辨率。

普通数字万用表以数字显示位数衡量表的测量精度。3½（俗称三位半）数字表的显示字为（0.000～±1999），特定量程下其显示分辨率为 0.05%；4½（俗称四位半）数字万用表的显示字为（0.0000～±19999），特定量程下其显示分辨率为 0.005%。数字万用表有很多量程，但其基本量程准确度最高。

1. 直流电压的测量

首先将黑表笔插进"COM"孔，红表笔插进"VΩ"孔。把旋钮旋到比估计值大的量程（注意：表盘上的数值均为最大量程，"V－"表示直流电压挡，"V～"表示交流电压挡，"A"是电流挡），接着把表笔接电源或电池两端；保持接触稳定。数值可以直接从显示屏上读取，若显示为"1."，则表明量程太小，那么就要加大量程后再测量。如果在数值左边出现"-"，则表明表笔极性与实际电源极性相反，此时红表笔接的是负极。

2. 交流电压的测量

表笔插孔与直流电压的测量一样，不过应该将旋钮旋到交流挡"V～"所需的量程。交流电压无正负之分，测量方法跟前面相同。无论是测交流还是直流电压，都要注意人身安全，不要随便用手触摸表笔的金属部分。

3. 直流电流的测量

（1）先将黑表笔插入"COM"孔。若测量大于 200mA 的电流，则要将红表笔插入"10A"插孔并将旋钮旋到直流"10A"挡；若测量小于 200mA 的电流，则将红表笔插入"200mA"插孔，将旋钮旋到直流 200mA 以内的合适量程。调整好后，就可以测量了。将万用表串进电路中，保持稳定，即可读数。若显示为"1."，那么就要加大量程；如果在数值左边出现"-"，则表明电流从黑表笔流进万用表。

（2）交流电流的测量。测量方法与（1）相同，不过应调至交流挡位，电流测量完毕后应将红笔插回"VΩ"孔。

4. 电阻的测量

将表笔插进"COM"和"VΩ"孔中，把旋钮旋到"Ω"中所需的量程，用表笔接在电阻两端金属部位，显示屏显示值为被测电阻 R 的阻值，如显示"000"（短路）、显示"1."（断路）。测量中可以用手接触电阻，但不要让手同时接触电阻两端，这样会影响测量精确度——人体是电阻很大但是有限大的导体。读数时，要保持表笔和电阻有良好的接触；注意：单位在"200"挡时单位是"Ω"，在"2K"挡到"200K"挡时单位为"kΩ"，"2M"挡以上的单位是"MΩ"。

5. 二极管的测量

数字万用表可以测量发光二极管、整流二极管等，测量时，表笔位置与电压测量一样，将旋钮旋到二极管挡（有二极管符号）；用红表笔接二极管的正极，黑表笔接负极，这时会显示二极管的正向压降。肖特基二极管的压降是 0.2V 左右，普通硅整流管（1N4000、1N5400系列等）约为 0.7V，发光二极管约为 1.8～2.3V。调换表笔，显示屏显示"1"则为正常，因为二极管的反向电阻很大，否则表明此管已被击穿。

6. 三极管的测量

表笔插位同上；其原理同二极管。先假定 A 脚为基极，用黑表笔与该脚相接，红表笔与其他两脚分别接触其他两脚；若两次读数均为 0.7V 左右，再用红笔接 A 脚，黑笔接触其他两脚，若均显示"1"，则 A 脚为基极，否则需要重新测量，且此管为 PNP 管。那么集电极和发射极如何判断呢？数字表不能像指针表利用指针摆幅来判断，那怎么办呢？可以利用"h_{FE}"挡来判断：先将挡位打到"h_{FE}"挡，可以看到挡位旁有一排小插孔，分为 PNP 和 NPN 管的测量。前面已经判断出管型，将基极插入对应管型"B"孔，其余两脚分别插入"C""E"孔，此时可以读取数值，即 β 值；再固定基极，其余两脚对调；比较两次读数，读数较大的那次三极管管脚位置与插孔标注（C、E）相符合。

2.2　电路板基础及制作

电路板，也称为印刷电路板或 PCB，可以在当今世界的每个电子设备中找到。实际上，电路板被认为是电子设备的基础,因为它是将各个组件固定在适当位置并相互连接以使电子设备按预期工作的地方。电路板的主要作用是连接电路中的各种元件，电路板主要由绝缘层和导电层组成，下面介绍在电子实验中常用的电路板类型和使用方法。

2.2.1　面包板

面包板的得名可以追溯到真空管电路的年代，当时的电路元器件大都体积较大，人们通常通过螺丝和钉子将它们固定在一块切面包用的木板上进行连接,后来电路元器件体积越来越小，但面包板的名称沿用了下来。

面包板的特点是板子上有很多小插孔，可以插入元件和导线，专为电子电路的无焊接实验设计制造。由于各种电子元器件可根据需要随意插入或拔出，免去了焊接步骤，节省了电路的组装时间，而且元件可以重复使用，同时也非常安全，所以非常适合初学者学习电子电路的组装、调试和训练。

面包板外形如图 2-19 所示，常见的最小单元面包板分上、中、下三部分，上面和下面部分一般是由一行或两行的插孔构成的窄条，中间部分是由中间一条隔离凹槽和上下各 5 行的插孔构成的条。

面包板插孔每 5 个孔为一组，内部是通过一个金属条连通的，如图 2-20 所示。

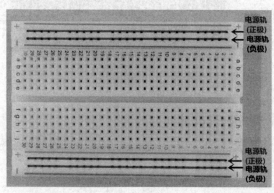

图 2-19　面包板外形

图 2-20　金属条

1. 面包板结构及内部构造

面包板使用热固性酚醛树脂制造，板底有金属条，在板上对应位置打孔使得元件插入孔中时能够与金属条接触，从而达到导电目的，一般将每 5 个孔用一根金属条连接。板子中央一般有一条凹槽，这是针对需要集成电路、芯片试验的电路而设计的。板子两侧有两排竖着的插孔（电源轨），也是 5 个一组，为板子上的元件提供电源。

图 2-21 所示是面包板原理。在面包板的上下两侧分别有两列插孔，一般是作为电源引入的通路，叫作电源轨，见图 2-21（b）箭头处。上方第一行标有"+"的一列有 5 组插孔，每组 5 个（内部 5 个孔连通），均为正极。上方第二行标有"-"的一列有 5 组插孔，每组 5 个（内部 5 个孔连通），均为接地。面包板下方第一行与第二行结构同上。如需用到整个面包板，通常将"+"与"+"用导线连接起来，"-"与"-"用导线连接起来。

接线轨分为上下两部分，是主工作区，如图 2-21（a）所示，接线轨用来插接元件和跳线。在同一列中的 5 个插孔（即 a—b—c—d—e，f—g—h—i—j）是互相连通的；列和列（即 1～30）之间以及凹槽上下部分（即 e～f）是不连通的。

2. 在面包板上搭建电路的方法

面包板搭建电路，要充分利用电源轨和接线轨的特性。一般电源轨作为电源引入的通路，电路中所有接电源的器件，都插到电源轨的插孔里。接线轨作为电路元件之间的连接，用来插接芯片、电阻和电容等元件，插接时，要充分利用接线轨同一列中的 5 个插孔互相连通的特点，把有相互连接关系的元件引脚插到同一列中去，这样就连接起来了。

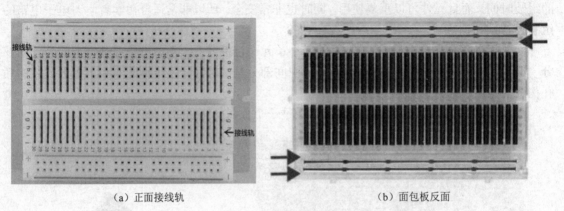

（a）正面接线轨 　　　　　　　　　　　　　　　（b）面包板反面

图 2-21　面包板原理

有时候要连接的元件距离比较远，就需要用到导线连接了。

下面以一个串联电路（图 2-22）和一个并联电路（图 2-23）为例来说明面包板的使用方法。

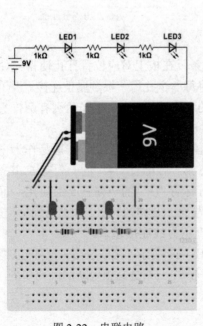

图 2-22　串联电路

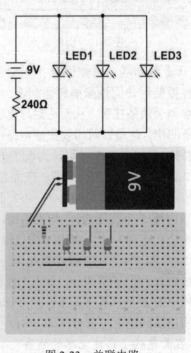

图 2-23　并联电路

3．使用及注意事项

（1）安装分立元件时，应便于看到其极性和标志，将元件引脚理直后，在需要的地方折弯。为了防止裸露的引线短路，必须使用带套管的导线，一般不剪断元件引脚，以便于重复使用。一般不要插入引脚直径大于 0.8mm 的元器件，以免破坏插座内部接触片的弹性。

（2）对多次使用过的集成电路的引脚，必须修理整齐，引脚不能弯曲，所有的引脚应稍向外偏，这样能使引脚与插孔可靠接触。要根据电路图确定元器件在面包板上的排列方式，目的是走线方便。为了能够正确布线并便于查线，所有集成电路的插入方向要保持一致，不能为了临时走线方便或缩短导线长度而把集成电路倒插。

（3）根据信号流程的顺序，采用边安装边调试的方法。元器件安装之后，先连接电源线和地线。为了查线方便，连线尽量采用不同颜色。例如正电源一般采用红色导线。面包板如使用负电源用蓝色导线，地线用黑线，信号线用黄色，也可根据条件选用其他颜色。

（4）面包板宜使用直径为 0.6mm 左右的单股导线。根据导线的距离以及插孔的长度剪断导线，要求线头剪成 45°斜口，线头剥离长度约为 6mm，要求全部插入底板以保证接触良好。裸线不宜露在外面，防止与其他导线短路。

（5）连线要求紧贴在面包板上，以免碰撞弹出面包板，造成接触不良。必须使连线在集成电路周围通过，不允许跨接在集成电路上，也不得使导线互相重叠在一起，尽量做到横平竖直，这样有利于查线，更换元器件及连线。

（6）最好在各电源的输入端和地之间并联一个容量为几十微法的电容，这样可以减少瞬变过程中电流的影响。为了更好地抑制电源中的高频分量，应在该电容两端再并联一个高频去耦电容，一般取 $0.01 \sim 0.1 \mu F$ 的独石电容。

（7）在布线过程中，要求把各元器件放置在面包板上的相应位置以及所用的引脚号标在电路图上，保证调试和查找故障的顺利进行。

（8）所有的地线必须连接在一起，形成一个公共参考点。

（9）布局尽量与原理图近似。这样有助于在查找故障时，尽快找到元器件位置。

图 2-24 给出一个面包板元件放置的参考接法。

图 2-24　面包板元件放置的参考接法

2.2.2 万能电路板

万能电路板简称万能板，是一种按照标准 IC 间距（2.54mm）布满焊盘、可按自己的意愿插装元器件及连线的印制电路板。因为它使用方便、灵活，故称为万能电路板，又有通用板、实验板、万用板、洞洞板、点阵板等名称。万能板具有以下优势：使用门槛低、成本低廉、使用方便和扩展灵活。

在设计开发电子产品的时候，由于电路的不确定性，需要做一些实验，让厂家打印印刷电路板（PCB）板太慢，而且实验阶段经常改动也不方便，所以就诞生了万能板。再比如在学生电子设计竞赛中，作品通常需要在几天时间内争分夺秒地完成，所以大多使用万能板。

1. 万能板的种类

市场上出售的万能板主要有两种，一种焊盘各自独立，叫洞洞板或单孔板；另一种是多个焊洞连接在一起，叫连孔板，其中 2 个孔连在一起的叫双连孔板，3 个孔连在一起的叫三连孔板，还有四连孔板和五连孔板等。常用万能板如图 2-25 所示，分别是单孔板和双连孔板。

（a）单孔板　　　　　　　　　　　　　（b）双连孔板

图 2-25　万能板

单孔板较适合电路规则的数字电路和单片机电路，而模拟电路往往较不规则，引脚常常需要连接很多根线，连孔板则更适合模拟电路。

2. 万能板的焊接

万能板使用的时候，把器件焊接在万能板上面，然后用电烙铁把需要连接的管脚连接起来，这样就组成了一个电路，万能板焊接如图 2-26 所示。

（1）元器件布局要合理，事先一定要规划好，建议在纸上先画图，模拟走线的过程。或者下载一个洞洞板绘图软件，在软件上画好图。电流较大的信号要考虑接触电阻、地线回路、导线容量等方面的影响。

（2）焊接时用不同颜色的导线表示不同的信号（同一个信号最好用一种颜色）。

（3）按照电路原理，分步进行制作调试。做好一部分就可以进行调试，不要等到全部电路都制作完成后再调试，这样不利于调试和排错。

（a）正面布局

（b）反面焊接

图 2-26　万能板焊接

（4）走线要规整；边焊接边在原理图上做出标记。

（5）注意焊接工艺。尤其是待焊引脚的镀锡处理。

（6）假如万能板的焊盘上面已经氧化，那么需要用厨用钢丝球蘸水打磨表面，直到光亮为止，吹干后，涂抹酒精松香溶液，晾干后待用。

只要多焊几次，焊接时仔细，元件参数不要搞错，元件位置不要焊错，不要虚焊漏焊，对于一些有极性的元件，例如二极管、电解电容等不要焊反，一定能顺利成功。

2.2.3　印刷电路板

在印制电路板出现之前，电子元件之间的互连都是依靠电线直接连接而组成完整的线路。在当代，随着元件体积的大幅度减小，电路密度的提高，传统的连接方法已无法满足要求，这就要求有一种新型的电路连接方法，这就是印刷电路板，目前在电子工业中已经占据了绝对统治的地位，常见印刷电路板如图 2-27 所示。

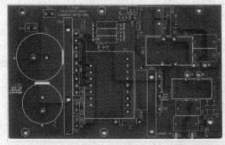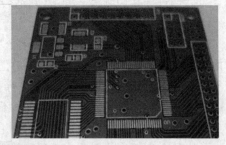

图 2-27　印刷电路板

20 世纪初，人们为了简化电子机器的制作、减少电子零件间的配线、降低制作成本等，开始钻研以印刷的方式取代配线的方法。30 年间，不断有工程师提出在绝缘的基板上加以金

第 2 章

属导体作配线。而最成功的是 1925 年，美国的查尔斯·杜卡斯（Charles Ducas）在绝缘的基板上印刷出线路图案，再以电镀的方式，成功建立导体作配线。

直至 1936 年，奥地利人保罗·爱斯勒（Paul Eisler）在英国研究出了箔膜技术，他在一个收音机装置内采用了印刷电路板；而在日本，宫本喜之助以喷附配线法成功申请专利。而两者中 Paul Eisler 的方法与现今的印制电路板最为相似，这类做法称为减去法，是把不需要的金属除去；而 Charles Ducas、宫本喜之助的做法是只加上所需的配线，称为加成法。

近十几年来，我国印制电路板制造行业发展迅速，总产值、总产量双双位居世界第一。由于电子产品日新月异，价格战改变了供应链的结构，中国兼具产业分布、成本和市场优势，已经成为全球最重要的印制电路板生产基地。

印制电路板从单层发展到双面板、多层板和挠性板，并不断地向高精度、高密度和高可靠性方向发展。不断缩小体积、减少成本、提高性能，使得印制电路板在未来电子产品的发展过程中，仍然保持强大的生命力。

未来印制电路板生产制造技术发展趋势是在向高密度、高精度、细孔径、细导线、小间距、高可靠、多层化、高速传输、轻量、薄型方向发展。

印制电路板按走线层数，可以分为单面板、双面板和多层板。

1. 单面板

在最基本的 PCB 上，零件集中在其中一面，导线则集中在另一面上。因为导线只出现在其中一面，所以这种 PCB 叫作单面板（Single-sided）。因为单面板在设计线路上有许多严格的限制（只有一面，布线间不能交叉而必须有独自的路径），所以只有早期的电路才使用这类面板。

2. 双面板

这种电路板的两面都有布线，不过要用上两面的导线，必须在两面间有适当的电路连接。这种电路间的"桥梁"叫作导孔（via）。导孔是在 PCB 上充满或涂上金属的小洞，它可以与两面的导线相连接。双面板的面积比单面板大了一倍，解决了单面板中因为布线不能交错产生的难点（可以通过导孔通到另一面），它适合用在比单面版更复杂的电路上。

3. 多层板

为了增加可以布线的面积，多层板用上了更多单或双面的布线板。用一块双面作内层、二块单面作外层或二块双面作内层、二块单面作外层的印刷线路板，通过定位系统及绝缘粘结材料交替在一起且导电图形按设计要求进行互连的印刷线路板就成为四层、六层印刷电路板了，也称为多层印刷线路板。板子的层数并不代表有几层独立的布线层，在特殊情况下会加入空层来控制板厚，通常层数都是偶数，并且包含最外侧的两层。大部分的主机板都是 4~8 层的结构，不过理论上可以做到近 100 层。大型的超级计算机大多使用相当多层的主机板，不过因为这类计算机已经可以用许多普通计算机的集群代替，超多层板已经渐渐不被使用了。因为PCB 中的各层都紧密地结合，一般不太容易看出实际数目，不过如果仔细观察主机板，还是可以看出来。

印刷电路板本身的基板是由绝缘隔热、并不易弯曲的材质所制作成的。在表面可以看到的细小线路材料是铜箔,原本铜箔是覆盖在整个板子上的,而在制造过程中部分被蚀刻处理掉,留下来的部分就变成网状的细小线路了。这些线路被称作导线或布线,用来提供 PCB 上零件的电路连接。

通常 PCB 的颜色都是绿色或是棕色,这是阻焊(solder mask)的颜色。是一种起到电气绝缘作用的防护层,可以保护铜线,也防止波焊时造成短路,并节省焊锡使用量。

在阻焊层上还会印刷上一层丝网印刷面(silk screen)。通常在这上面会印上文字与符号(大多是白色的),以标示出各零件在板子上的位置。丝网印刷面也被称作图标面(legend)。

在制成最终产品时,其上会安装集成电路、电晶体、二极管、被动元件(如电阻、电容、连接器等)及其他各种各样的电子零件。借着导线连通,可以形成电子信号连接及应有机能。

2.2.4　转印法自制电路板

以上几种电路板,面包板虽然简单方便,但因受结构限制,只能进行较简单的、临时性的电路实验,并且插接的方法长时间使用会让面包板接触不良。万能板虽然使用灵活,但制作复杂的电路时工作量很大,且容易焊错;而采用工厂加工的印刷电路板虽然加工的板子质量好,但存在加工周期长、费用高等缺点,一般用于电路定型的情况。

有时实验室做电子电路实验或者是学生参加电子竞赛或老师从事科研的需要,往往要求能快速验证电路,同时电路又比较复杂,不能用面包板或万用板实现,这个时候可以采用转印法自制电路板,下面是具体过程。

1. 绘图

绘图用 AD 电路板软件或立创 EDA 软件,具体方法参考有关资料,这里因篇幅有限不加以讨论。绘图时为了保证最后的制作质量,焊盘直径一般设置为 1.8~2.0mm;线条宽度设置为 0.6~0.8mm,电源和地线宽度设置为 1~1.2mm;绘图时无法走线可用跳线代替。

因转印法自制电路板精度有限,只能制作单面板。

2. 打印图纸

图纸的打印需要专用的转印纸。打印需要注意以下几点:一是要选择 1:1 的比例打印;二是选择单色打印;三是把不需要的绘图层去除;四是要把焊盘层移到最上面;五是把孔打印出来;六是打印在转印纸的光滑面上。为了防止制作失败浪费纸张,在打印纸大小允许的情况下,在一张纸上多打几份图纸。

图 2-28 说明了打印图纸的设置。打印时要对页面进行设置,例如打印比例、打印颜色、打印层和打印孔等。打印时要设置为黑白格式,要把丝印层 TopOverlay 去掉,只保留底层、焊盘层和边界层,其中打印优先层设置为焊盘层优先,否则焊孔无法显示,无法打孔。图 2-29 说明了需要打印的层和孔。

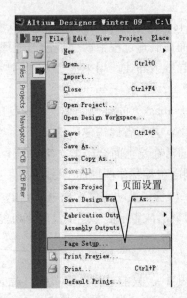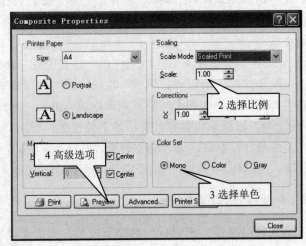

图 2-28　打印图纸的设置

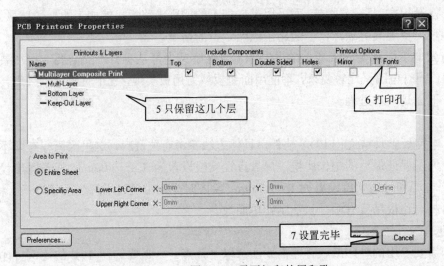

图 2-29　需要打印的层和孔

对于元件比较多的电路，为了方便焊接，还需要选择打印丝印层，方法同上。设置完打印参数以后，就可以开始打印了，热转印需要用专用的热转印纸，一般是白色的或黄色的，热转印纸其中有一面是比较光滑的，电路图就打印在光滑的这一面上。打印好的线路图如图 2-30 所示，打印好的丝印层如图 2-31 所示，可见上面出现了电路的走线和元件的安装位置。

3. 转印图纸

单面板的制作选择单面覆铜板，转印的作用是在高温下把打印出来的黑色线条转移到覆铜板的铜面上，把打印出来的丝印层转移到覆铜板的另外一面上。用黑色的墨把下面的铜覆盖住,其他没有线条的覆铜裸露在外面,转印电路板如图 2-32 所示。转印之前应把覆铜板清洗干净,仔细裁剪打印出来的图纸,裁剪时四周留取 1cm 左右的余量,把裁剪好的图纸用纸质胶布粘在覆铜板上,开始准备转印。

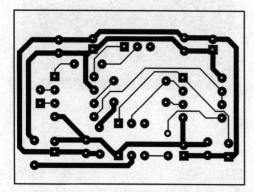

图 2-30 打印好的线路图

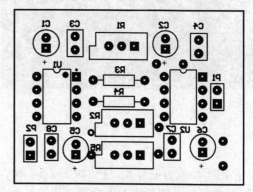

图 2-31 打印好的丝印层

(a)贴转印纸

(b)转印完成(覆铜面)

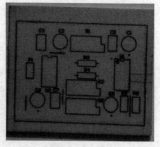

(c)转印完成(元件面)

图 2-32 转印电路板

转印时用专用的转印机,例如文印店使用的照相覆膜机,或者用电熨斗代替。转印机温度设置为 150℃左右,温度达到后,将电路板从转印机前方缝隙轻轻推入,电路板应会移动,最后从后方取出;等电路板冷却后,可轻轻揭去转印纸,电路线条应覆盖在电路板上,若有断线现象,可用记号笔修补。

4. 腐蚀

腐蚀时用塑料盒,腐蚀液采用市售环保腐蚀粉,需加水溶解后使用,配制比例为腐蚀粉:水=1:4,用 50～60℃的热水配制,腐蚀液不要放太多(深度一般为 1～1.5cm),并盖上盖子不断摇晃塑料盒,可大大加快腐蚀速度(5～10min)。

腐蚀完后,铜箔板上的黑色保护层可用湿布蘸取去污粉用力擦除,或用化学溶剂例如松香水擦除;并用棉签蘸取松香酒精溶液,或其他助焊剂涂抹在铜箔板表面,起到抗氧化作用;另外注意腐蚀的时间不能太长,以免把线路腐蚀断。腐蚀电路板如图 2-33 所示。

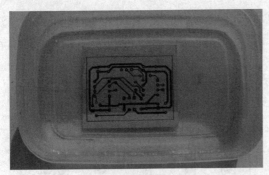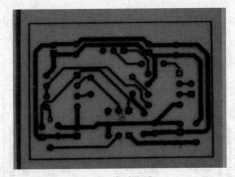

（a）腐蚀过程   （b）腐蚀完成

图 2-33   腐蚀电路板

5. 打孔

采用手钻或台钻打孔，打孔如图 2-34 所示。注意打孔时钻头的选择，一般选择直径为 0.6～0.8mm 的钻头，接插件、大功率三极管、电源芯片、变压器等根据实际情况可以选择直径为 1.2～2mm 的钻头。用手钻打孔时要注意钻头与电路板垂直。孔打完，需要拿细砂纸把毛刺打磨光滑。

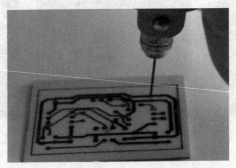

图 2-34   打孔

6. 清洗及涂助焊剂

打完孔的电路板，用刮板把毛刺刮干净，同时把黑色的墨刮干净。放在清水中清洗，适当加些去污粉。清洗完毕的电路板用纸巾擦干，马上涂助焊剂。

2.2.5   电路制作要点

模拟电路的布局非常重要，同时也是比较难以把握的地方。不合理的电路布局容易导致干扰，使电路的性能指标下降，甚至电路不工作，下面对此进行简单的分析。

（1）元件安装就近，例如集成电路某管脚连接的元件，就应该安装在该管脚附近。

（2）布线简洁，两点间的连线直接连通即可，无须一段一段连，电路板上相邻铜箔的连通无须用引线，直接在相邻两个铜箔上堆焊锡即可，以提高效率。

（3）信号的输入和输出线要短，以减少干扰；如果信号线太长，就变成了一根良好的天线，会辐射或接收到很多干扰，导致电路工作不正常。

（4）对于参数不确定的元件，例如放大器放大倍数不确定，需要通过调试决定，焊接时相关元件例如反馈电阻，可用排母代替，调试时选择合适元件插到排母上，这样便于更换不同参数的元件。

（5）对于级联电路布局，如图 2-35 所示，有放大、滤波电路等，地线要遵循一点接地的规则，利用通用板上的长导线作为公共地线，所有要接地的元件尽量接到一根地线上去，同时为了便于测试，要用一个排针作为测试点，电源负极要接在电路末级。

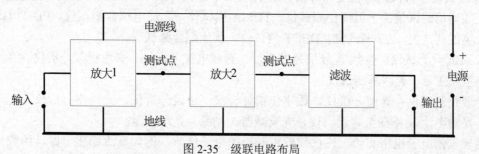

图 2-35　级联电路布局

（6）对于复杂电路布局，如图 2-36 中的超声测距电路，由发射电路和接收电路组成，这两个电路在电气上没有关联，为了避免相互间的干扰，不能共用一根地线，应彼此分开，最后在电源供电端才能连通。

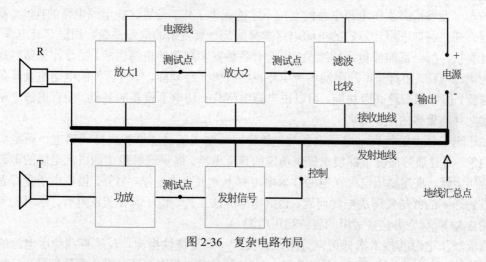

图 2-36　复杂电路布局

（7）每个集成电路的电源管脚要加退耦电容（0.1μF）电路方能正常工作。

2.3 常用电子仪器简介

电子仪器是指检测、分析、测试电子产品性能、质量、安全的装置。大体可以概括为电子测量仪器、电子分析仪器和应用仪器三大块，主要有以下几种细分类。

通用仪器：示波器、逻辑分析仪、动态信号分析仪、交流/直流电源分析仪、函数信号发生器、波形监视器、电子负载、波形脉冲发生器、电源、万用表。

射频与微波仪器：频谱分析仪、网络分析仪、阻抗分析仪、信号发生器、噪声系数分析仪、电缆/天线分析仪、调制度分析仪、功率计/功率探头、频率计、LCR 表、测量接收机。

无线通信测试仪：手机综合测试仪、TDMA 测试仪、无线电综合测试仪、PDC/PHS 测试仪、天馈线测试仪、3G 测试仪、DECT 测试仪、蓝牙综合测试仪。

音频/视频测试仪：音频/视频信号发生器、有线电视分析仪、彩色视频分析仪、音频分析仪、码型发生器、误码率测试仪。

光通信测试仪：光谱分析仪、数字传输分析仪、协议分析仪、光网络分析仪、光时域反射计、光功率计/功率探头、误码仪、光衰减器、光源、光示波器。

实验室做电子电路实验，往往需要用到一些电子仪器，例如直流稳压电源、函数信号发生器和数字示波器等，下面就对这些仪器的使用进行简单介绍。

2.3.1 直流稳压电源

任何电子设备都有一个共同的电路——电源电路。大到超级计算机、小到袖珍计算器，所有的电子设备都必须在电源电路的支持下才能正常工作。当然这些电源电路的样式、复杂程度千差万别。例如家用计算机的电源电路本身就是一套复杂的电源系统，通过这套电源系统，超级计算机各部分都能够得到持续稳定、符合各种复杂规范的电源供应。袖珍计算器则是简单的电池电源电路。相对简单的电池电源电路也能提供高级功能，比较新型的电路完全具备电池能量提醒、掉电保护等高级功能。可以说电源电路是一切电子设备的基础，没有电源电路就不会有如此种类繁多的电子设备。

由于电子技术的特性，电子设备对电源电路的要求就是能够提供持续稳定、满足负载要求的电能，而且通常情况下都要求提供稳定的直流电能。提供这种稳定的直流电能的电源就是直流稳压电源。直流稳压电源在电源技术中占有十分重要的地位。另外，很多电子爱好者初学阶段首先遇到的就是要解决电源问题，否则电路无法工作、电子制作无法进行，学习就无从谈起。图 2-37 所示是实验室常用的直流稳压电源。

直流稳压电源的技术指标可以分为两大类：一类是特性指标，反映直流稳压电源的固有特性，如输入电压、输出电压、输出电流、输出电压调节范围；另一类是质量指标，反映直流稳压电源的优劣，包括稳定度、等效内阻（输出电阻）、纹波电压及温度系数等。

图 2-37　直流稳压电源

1. 特性指标

（1）输出电压范围。符合直流稳压电源工作条件情况下，能够正常工作的输出电压范围。该指标的上限是由最大输入电压和最小输入－输出电压差所规定的，而其下限由直流稳压电源内部的基准电压值决定。

（2）最大输入－输出电压差。该指标表征在保证直流稳压电源正常工作条件下，所允许的最大输入－输出之间的电压差值，其值主要取决于直流稳压电源内部调整晶体管的耐压指标。

（3）最小输入－输出电压差。该指标表征在直流稳压电源正常工作条件下，所需的最小输入－输出之间的电压差值。

（4）输出负载电流范围。输出负载电流范围又称为输出电流范围，在这一电流范围内，直流稳压电源应能保证符合指标规范所给出的指标。

2. 质量指标

（1）电压调整率 S_V。电压调整率是表征直流稳压电源稳压性能的优劣的重要指标，又称为稳压系数或稳定系数，它表征当输入电压 V_I 变化时直流稳压电源输出电压 V_o 稳定的程度，通常以单位输出电压下的输入和输出电压的相对变化的百分比表示。

（2）电流调整率 S_I。电流调整率是反映直流稳压电源负载能力的一项主要指标，又称为电流稳定系数。它表征当输入电压不变时，直流稳压电源对由于负载电流（输出电流）变化而引起的输出电压的波动的抑制能力，在规定的负载电流变化的条件下，通常以单位输出电压下的输出电压变化值的百分比表示。

（3）纹波抑制比 PSRR。纹波抑制比反映了直流稳压电源对输入端引入的市电电压的抑制能力，当直流稳压电源输入和输出条件保持不变时，纹波抑制比常以输入纹波电压峰－峰值与输出纹波电压峰－峰值之比表示，一般用分贝数表示，但是有时也可以用百分数表示，或直接用两者的比值表示。

（4）温度稳定性 K。集成直流稳压电源的温度稳定性是在所规定的直流稳压电源工作温度 T_i 最大变化范围内，直流稳压电源输出电压的相对变化的百分比值。

下面以 DP831 直流稳压电源为例，说明它的使用方法。

DP831 直流稳压电源是一种高精度的数字程控线性电源，有 3 个通道输出，其中 2 个通道是可调输出，输出为 0～30V、3A，另一个通道输出为固定 5V、3A，每通道电压、电流均有显示。

产品特点如下：

（1）3 路输出，总功率达 160W。

（2）低纹波噪声：$<350\mu V_{rms} / 2mV_{pp}$。

（3）出色的电源调节率和负载调节率。

（4）快速的瞬态响应时间：$< 50\mu s$。

（5）标配过压/过流/过温保护。

（6）标配有输出定时、开关延迟、分析器、监视器、设置预设、触发同步等先进功能。

（7）内置伏特、安培、瓦数测量和波形显示功能。

（8）丰富的接口：USB Host&Device（标配）、GPIB、LAN、RS232、数字 IO 等。

DP831 直流稳压电源如图 2-38 所示。

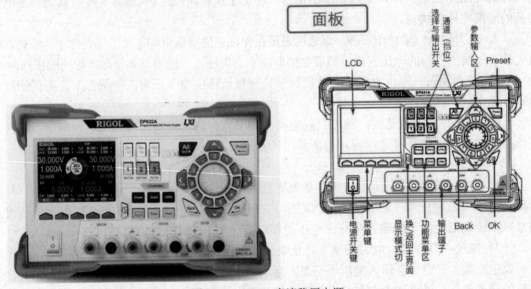

图 2-38　DP831 直流稳压电源

3．使用方法

（1）通电前检查电源后面板开关设置，电源选择开关务必调至"220V"的位置，否则通电会损坏电源。打开面板左下方的电源开关键，电源进入待机状态，此时电源没有输出，但屏幕应该点亮。

（2）面板中间上方是通道选择与输出开关，其中有 3 个 ON/OFF 键，是输出控制开关，例如要使用通道 1，则按下键"1"上方的 ON/OFF 键即可，此时通道 1 有输出。

（3）输出电压和电流调节在面板右方参数输入区，首先要选择通道，例如要改变通道 1 的输出电压，先按"1"键，然后在参数输入区中输入需要的电压值，最后按 OK 键；需要改变电流，在屏幕下方菜单键进行切换即可。

（4）面板下方一排接线柱是电源输出，共有 3 组输出（红正黑负），另有一个绿色接线柱（GND）是地线，使用时电路的公共端（单电源一般是负极）要和绿色接线柱连接，起到安全、防干扰的目的。

（5）在运放实验中需要正负双电源，需要用到两个通道，方法是一个通道的负和另一个通道的正接绿色接线柱（GND）作为公共端，剩下的一个是正输出，另一个是负输出。

2.3.2 函数信号发生器

信号发生器可用于电路性能试验、分析，也可为某些器件的工作提供驱动。它一般可以产生不同频率、幅度的波形信号。目前，信号发生器正向着多功能、数字化、自动化发展。

1. 分类特点与主要指标

信号发生器按频率和波段可分为低频、高频、脉冲信号发生器等。

低频信号发生器由振荡器、放大器、衰减器、指示器和电源等部分构成，频率范围通常为赫兹（Hz）级至兆赫兹（MHz）级。可用于测量或检修电子仪器及家电等的低频放大电路，也可用于测量传声器、扬声器、低频滤波器等的频率特性，用作校准电子电压表的基准电压源。

低频信号发生器频率稳定度一般应在±1%左右，输出电压不均匀性在±1dB 左右，标准输出阻抗为 600Ω（有的配有 8Ω、50Ω、5kΩ）。非线性失真＜1%～3%。

高频信号发生器用来产生几十千赫兹（kHz）至几百兆赫兹（MHz）的高频正弦波信号，一般还具有调幅和调频功能，这种信号发生器有较高的频率准确度和稳定度，通常输出幅度可在几微伏至 1V 范围内调节，输出阻抗为 50Ω 或 75Ω。

函数信号发生器也称为任意信号发生器，能在很宽的频率范围内产生正弦波、方波、三角波、锯齿波和脉冲波等多种波形，有的还能产生阶梯波、斜波和梯形波等，通常还具有触发、锁相、扫描、调频、调幅或脉冲调制等多种功能。函数信号发生器广泛应用于自动测试系统、音频放大器、滤波器等方面的分析研究。

表 2-1 给出了 DG1022 函数信号发生器的主要性能指标。

表 2-1　DG1022 函数信号发生器的主要性能指标

项目		技术指标	项目		技术指标
频率特性	正弦波	1μHz～20MHz	幅度范围	50Ω	$2mV_{PP}$～$10V_{PP}$
	方波	1μHz～5MHz		高阻	$4mV_{PP}$～$20V_{PP}$
	锯齿波	1μHz～150kHz	分辨率		1μHz
	脉冲波	500μHz～3MHz	准确度		90 天内±50ppm（part per million）；1 年内±100ppm，18～28℃
频率特性	白噪声	5MHz 带宽（−3dB）	温度系数		＜5ppm/℃
	任意波形	1μHz～5MHz	输入电压		AC100～240V　45～65Hz

零基础学电子系统设计——从电子电路基础到 Arduino 单片机项目开发

2. 操作面板及用户界面

DG1022 函数信号发生器的操作面板如图 2-39 所示。

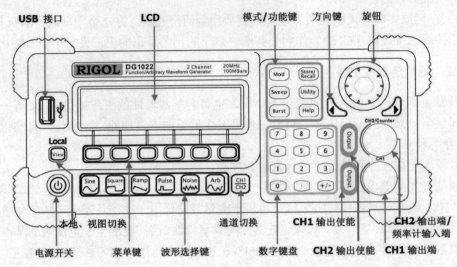

图 2-39　DG1022 函数信号发生器的操作面板

DG1022 函数信号发生器提供了 3 种界面显示模式：单通道常规模式（图 2-40）、单通道图形模式（图 2-41）和双通道常规模式（图 2-42）。这 3 种显示模式可通过前面板左侧的 View 按键切换，可通过通道切换键来切换活动通道，以便于设定每通道的参数及观察、比较波形。

图 2-40　单通道常规显示模式

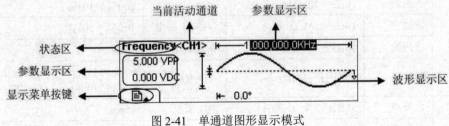

图 2-41　单通道图形显示模式

92

图 2-42　双通道常规显示模式

3. 函数信号发生器使用

使用波形选择键选择所需要的信号类型。如按下 Sine 键选择正弦波信号，通过相应的功能键选择频率/周期、幅值/高电平、偏移/低电平、相位，选中后使用数字键输入大小，确定单位，可以得到不同参数值的正弦波。例如输出一个频率为 20kHz，幅值为 2.5V_{PP}，偏移量为 500mV_{DC}，初始相位为 10°的正弦波。

步骤如下：①按 Sine 键选择波形，按"频率/周期"软键切换为频率，使用数字键输入 20，选择单位 kHz；②按"幅值/高电平"软键切换出幅值，使用数字键盘输入 2.5，选择单位 V_{PP}；③按"偏移/低电平"软键切换出低电平，输入相应数值；④按"相位"软键输入相应数值。上述设置完成后，按 View 键切换出图形显示模式，信号发生器输出如图 2-43 所示正弦波。

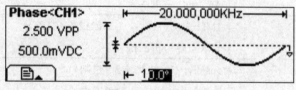

图 2-43　正弦波

同理，按上述方法亦可设置方波、三角波、脉冲波等信号。需要注意的是，输出波形时，必须按下通道旁的 Output 软键后，波形才能真正输出。图 2-44 所示为通道按键，图 2-45 所示为通道输出状态。

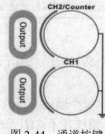

图 2-44　通道按键

图 2-45　通道输出状态

2.3.3 示波器

示波器是现代电子技术中必不可少的常用测量仪器。利用它能够直接观察信号的时间和电压值、振荡信号的频率、信号是否存在失真、信号的直流成分（DC）和交流成分（AC）、信号的噪声值和噪声随时间变化的情况、比较多个波形信号等等，有的新型数字示波器还有很强的波形分析和记录功能。它具有输入阻抗高、频带宽、灵敏度高等优点，被广泛应用于测量技术中。示波器有多种型号，性能指标各不相同，应根据测量信号选择不同的型号。各种示波器的工作原理和操作方法基本相同。

下面以普源 DS1062 型示波器为例来介绍示波器的各项技术指标和使用方法。

1. 主要技术指标

DS1062 型示波器是一种便携式通用示波器。它有两个独立的通道，可同时观测两个信号波形，被观测信号的频率范围为 0～60MHz。DS1062 型示波器的主要技术指标见表 2-2。

表 2-2　DS1062 型示波器的主要技术指标

项目		技术指标
采样率	实时采样率	1GSa/s
	等效采样率	10GSa/s
输入耦合		AC、DC、GND
输入阻抗		1MΩ±2%（直流），1.2MΩ±2%（交流） 输入电容 18pF±3pF
扫描速度		5ns/div～50s/div（1-2-5 进制）
灵敏度		2mV/div～10V/div（1-2-5 进制）
带宽		60MHz
自动测量		峰峰值、幅值、最大最小值、顶端底端至有效值、周期等
电源电压		45～440Hz　AC100～240V
温度范围		操作：10～40℃；非操作：−20～60℃
湿度范围		35℃以下：≤90%相对湿度；35～40℃：≤60%相对湿度

2. 面板及按钮的作用

DS1062E 为双通道加一个外部触发输入通道的数字示波器。DS1062E 双踪示波器面板如图 2-46 所示，DS1062E 双踪示波器显示区域如图 2-47 所示。

（1）垂直控制区介绍。垂直控制区按钮示意如图 2-48 所示。每个通道都有独立的垂直控制菜单，每个项目都按不同的通道单独设置。按 CH1 功能按键，系统显示 CH1 通道的操作菜单，如图 2-49 所示，CH1 通道的操作菜单说明见表 2-3。

多功能旋钮 常用菜单 运行控制

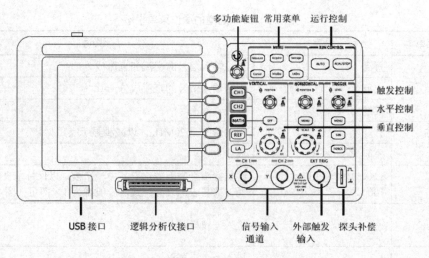

触发控制

水平控制

垂直控制

USB 接口   逻辑分析仪接口   信号输入   外部触发   探头补偿
通道   输入

图 2-46   DS1062E 双踪示波器面板

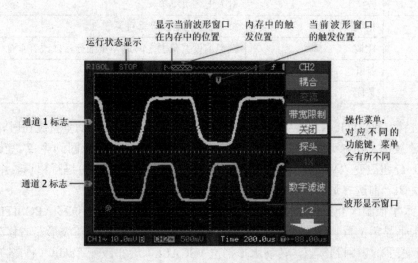

运行状态显示   显示当前波形窗口 内存中的触 当前波形窗口
在内存中的位置 发位置 的触发位置

通道 1 标志

操作菜单:
对应不同的
功能键,菜单
会有所不同

通道 2 标志

波形显示窗口

图 2-47   DS1062E 双踪示波器显示区域

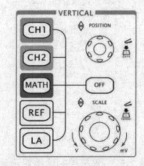

图 2-48   垂直控制区按钮示意

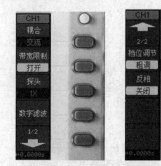

图 2-49   CH1 通道的操作菜单

第 2 章

表 2-3　CH1 通道的操作菜单说明

功能菜单	设定	说明
耦合	直流	通过输入信号的交流和直流成分
	交流	阻挡输入信号的直流成分
	接地	断开输入信号
带宽限制	打开	限制带宽至 20MHz，以减少显示噪声
	关闭	满带宽
探头	1×、10×、100×、1000×	根据探头衰减因数选取其中一个值，以保持垂直方向读数准确。需与表笔衰减一致，一般都为 1×即可（图 2-50）
数字滤波		进入滤波模式
↓	1/2	进入下一页菜单
↑	2/2	进入上一页菜单
挡位调节	粗调	按 1-2-5 进制设定垂直灵敏度
	微调	在粗调设置范围之间进一步细分，以改善垂直分辨率
反向	打开	打开波形反向功能
	关闭	波形正常显示

垂直位移（POSITION）旋钮控制信号的垂直显示位置。当转动垂直旋钮时，指示该通道号的标识随波形上下移动。按下垂直旋钮，指示该通道号的标识回到零点。转动垂直挡位（SCALL）旋钮改变"V/div（伏/格）"垂直挡位，按下该按钮亦可进行粗调、细调切换。按 OFF 键可关闭当前选择通道。CH2 通道设置方式与 CH1 一致。

（2）水平控制区介绍。水平控制区按钮如图 2-51 所示，水平位移（POSITION）旋钮控制信号的水平显示位置。当转动垂直旋钮时，指示该通道号的标识随波形左右移动。按下水平旋钮，指示水平标识回到零点。转动水平挡位（SCALL）旋钮改变"s/div（秒/格）"水平挡位。

图 2-50　探头衰减系数设定

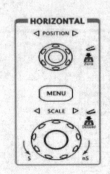

图 2-51　水平控制区按钮示意

3. DS1062E 双踪示波器的使用方法

DS1062E 系列数字示波器具有自动设置的功能。根据输入的信号，可自动调整电压倍率、时基以及触发方式，使波形显示达到最佳状态。应用自动设置要求被测信号的频率大于或等于 50Hz，占空比大于 1%。

使用自动设置：①将被测信号连接到信号输入通道；②选择好耦合方式；③按下示波器运行控制区域的 AUTO 按钮。示波器将自动设置垂直、水平和触发控制。如需要，可手工调整这些控制使波形显示达到最佳。亦可按下运行控制区域的 RUN/STOP 按钮使波形驻留在显示器上。

使用自动测量数据：示波器常用菜单区域中的 MEASURE 按钮为自动测量功能按键。按下该键后，选择好信源通道，按下全部测量按键，将显示全部测量参数，如图 2-52 所示，根据需要读取数据。

图 2-52　全部测量参数

参数说明含义如下：

最大值（V_{max}）：波形最高点至 GND（地）的电压值。

最小值（V_{min}）：波形最低点至 GND（地）的电压值。

峰峰值（V_{pp}）：波形最高点至最低点的电压值。

顶端值（V_{top}）：波形平顶至 GND（地）的电压值。

底端值（V_{bas}）：波形平底至 GND（地）的电压值。

幅值（V_{amp}）：波形顶端至底端的电压值。

平均值（V_{ave}）：整个波形或选通区域上的算术平均值。

均方根值（V_{rms}）：整个波形或选通区域上的精确均方根电压。

过冲（V_{ovr}）：波形最大值与顶端值之差与幅值的比值。

预冲（V_{pre}）：波形最小值与底端值之差与幅值的比值。

周期（Prd）。

频率（Freq）。

上升时间（Rise）：波形幅度从 10%上升至 90%所经历的时间。

下降时间（Fall）：波形幅度从 90%下降至 10%所经历的时间。

正脉宽（+Wid）：正脉冲在 50%幅度时的脉冲宽度。

负脉宽（−Wid）：负脉冲在 50%幅度时的脉冲宽度。

正占空比（+Duty）：正脉宽与周期的比值。

负占空比（–Duty）：负脉宽与周期的比值。

下面以 DS1102 示波器为例说明，使用方法如下：

（1）打开面板上方的开关，显示屏中间应有一条横线显示；若没有，可把示波器探针和地线夹短接，然后按 Autoset 按钮即可。

（2）被测波形由 CH1、CH2 插座输入，按钮 CH1 和 CH2 用于通道选择，使用哪个通道，就按下对应键。

（3）下方的 VOLTS/DIV 和 TIME/DIV 大旋钮分别可调整幅度和时间，屏幕下方会有显示，例如图中旋钮设置幅度是 2mV/div、时间是 2μs/div，可读出三角波参数如下：

幅度=2div×2mV/div=4mV，周期=3.2div×2μs/div=6.4μs。

所以这 2 个旋钮的调节，需要结合波形的参数，才会有好的显示效果。一般旋钮调节的数据是被测波形参数的 1/3～1/2，例如某波形幅度约为 5V，频率约为 1kHz（周期 1ms），则 VOLTS/DIV 和 TIME/DIV 旋钮分别可调整为 2V/div 和 500μs/div 左右。

（4）VERTICAL 旋钮可调整波形的上下位移，HORIZONTAL 旋钮可调整波形的左右位移；TRIGGER 旋钮可使波形稳定。

（5）此外 AUTOSET 按钮在测量未知波形时用于快速显示，RUN/STOP 按钮可固定波形便于仔细观察。其他功能参照说明书。

2.3.4　如何使用仪器进行电路调试

电路调试前首先要了解电路的特征，例如是放大还是滤波，或是比较，根据电路特征，利用实验室仪器进行调试。

如果电路不能工作，首先用万用表检查集成电路电源管脚有无上电，再优秀的电路没上电也不可能工作。

如果已上电，但电路还不能工作，应该用仪器例如示波器，从电路第 1 级开始，测量每个电路输出的波形看是否正常，查到哪级没有波形，那问题就找到了；要知道电路输出应该是什么波形，然后用仪器测量验证，这就是调试；例如一个放大 10 倍的放大器，输入是 0.1V，那么输出应该是 1V，要用示波器去观察这个输出是不是 1V。

模拟电路测试时，测试仪器的位置极其讲究，尤其在高频放大的（10kHz 以上）情况下，正确的测试仪器位置如图 2-53 所示。

图 2-53　测试仪器位置

信号源的地应加在第一级放大电路接地处（非常重要），示波器地要测哪里就加在哪里，电源地加在电路末级。

有的实验者把电路板的底线焊上一根长导线，然后把信号源地、示波器地和电源地都接在这根导线上，这是不允许的，会带来寄生干扰，表现为电路出现振荡无法工作，尤其是在高频放大的（10kHz 以上）情况下。

第3章　趣味电子制作实例

前面介绍了常用电子元器件的知识，例如电阻、电容、二极管、三极管和集成电路等。本章将介绍几个使用分立元件、集成电路和面包板的趣味小制作实例，这些趣味小制作均来源于日常生活，电路简单生动有趣，主要包括灯光照明类、音乐音响类、生活娱乐类和科学探究类。

在动手制作前，建议读者首先仔细阅读原理简介和装调提示说明，心里有个大致印象后再开始动手制作。另外要注意，元件要先辨认清楚，如型号、参数和方向等，确保无误后再安插在面包板上，通电前还应做最终检查。这些电路的制作难度总体上来说不算高，但要想能正常工作，电路装配一定要完全正确才行。通电后如果发现电路工作不正常，出现电池、元件发热等情形，应立即断电，检查装配情况，检测元件是否存在损坏的情形。

另外，为了方便做实验，读者需准备一块面包板、USB 转鳄鱼夹线和充电宝，这里充电宝用于给电路供电，然后用 USB 转鳄鱼夹线把充电宝的 5V 电压加载到面包板上。

充电宝的供电电压一般只有 5V，在很多应用场合电压太低，电路工作受到限制，因而有条件的读者可以购买一个小型实验电源，另外还可以购买一个示波器，用于观察电路波形，这样也便于电路制作。

3.1　灯光照明类

3.1.1　电子萤火虫

1. 电路原理

萤火虫是一种发光昆虫。它们在夜晚飞舞着，散发出美丽的绿色荧光。泰戈尔的《萤火虫》赞美到：在墨黑的夜空点燃自己，为远方的你送去一丝光明。那全部的幸福，都源自燃烧的我，暗夜中模糊的你。由此表达了诗人积极乐观的人生态度和对自由的渴望。

下面就来做一个电子萤火虫，它通过发光二极管，模拟萤火虫发光的效果。由于萤火虫的闪光特性是由强逐渐到弱，因此电路中在输出部分增加了电容和二极管，这样电路模拟的效果就比较接近萤火虫的发光特性。电子萤火虫原理如图 3-1 所示❶。

---

❶ 此处原理图按照立创 EDA 软件格式绘制，图中的 R1 即电阻 R_1，电容的 470u 即 470μF，Q1 所指为三极管，4148 指二极管 D2 的型号 IN4148，等等。后文不再一一注出。

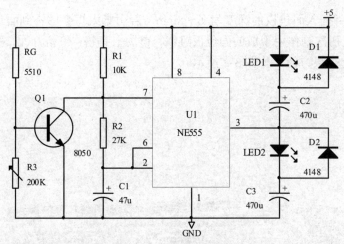

图 3-1　电子萤火虫原理

电子萤火虫工作原理如下：

电路分为两部分，一部分是光控电路，作用是模拟萤火虫特性，白天不发光晚上发光。光控电路由光敏电阻 R_G、三极管 Q_1 和可变电阻 R_3 组成，控制电路仅在夜间工作。光敏电阻是利用半导体的光电导效应制成的，它的电阻值会随入射光的强弱而改变；一般来说，入射光强，电阻减小，入射光弱，电阻增大。

白天光敏电阻 R_G 受光照，阻值变小，根据分压关系，图 3-1 中 Q_1 基板的电压升高，当升高并大于 0.65V 左右时，三极管 Q_1 导通（相当于三极管 c、e 短路），时基振荡芯片 NE555（U1）第 7 脚被拉低，U1 振荡电路停振不工作，电路不闪光。而在夜间，光敏电阻 R_G 阻值变大，Q_1 基板点的电压降低且小于 0.65V，此时三极管 Q_1 截止，U1 的第 7 脚变为高电平，振荡电路工作，LED_1 和 LED_2 工作闪光。

电路第二部分是由时基振荡芯片 NE555（U1）及外围元件组成的振荡器，当 U1 的第 3 脚输出脉冲为低电平时，电源+5V 通过 LED_1、C_2 和 U1 第 3 脚构成回路，LED_1 发光，但由于 C_2 电容电压不能突变的特性，LED_1 的发光由强到弱逐渐变化，直至熄灭。当 U1 的第 3 脚输出脉冲为高电平时，C_2 通过 D_1 到电源放电，同时 LED_2、C_3 和地间构成回路，使 LED_2 闪光。由于 C_3 的存在，LED_2 的闪光也由强到弱变化，直至熄灭。当 U1 的第 3 脚再次输出低电平时，C_3 通过 D_2 到 U1 的第 3 脚放电，接着使 LED_1 再次发光，如此循环，两个 LED 灯交替渐暗，模拟萤火虫发光的效果。

2. **电路调试**

建议初学者第一次做电路时，使用面包板制作，第 2 章对面包板有详细介绍。使用面包板制作电路比较简单，成功率高，为提高布线成功率，进行元件布局和布线的注意事项具体如下：

（1）二极管、三极管、电解电容和芯片等，要注意极性和方向不能搞错；元件参数不能搞错，电阻等元件安装前用万用表检查一下阻值是否正确。

（2）元件引脚插入面包板的深度为 6～8mm，若引脚太短会够不到面包板内部，从而造成接触不良，建议初次制作用现成的面包板跳线，市场上有售，价格几元，里面有各种长度的定制导线，使用起来很方便，如图 3-2 所示。

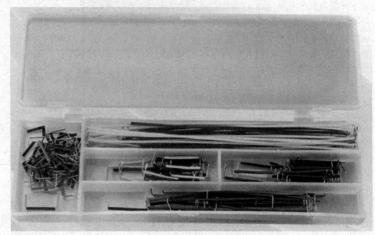

图 3-2　面包板跳线

（3）元件布局布线尽量美观，元件都要贴着面包板放置，不要凌空和导线交叉。

（4）通电后先观察电源指示灯是否亮。若没问题，电路应能正常工作，若不能工作，请对照以上几个事项认真检查，例如电源是否正确并连接电路、元件极性和方向、元件参数、连接是否正确、有没有漏掉元件或导线等。

（5）调整 R_2 和 C_1 的值可以改变 LED_1 和 LED_2 的发光频率；调整 R_3 的阻值（先把 R_3 阻值调到 0）可以调整光控的灵敏度。

3.1.2　双色爆闪灯

爆闪灯又被称为频闪灯，利用电子手段（比如用芯片、单片机编程等）使光源慢速或快速闪烁，起到警示的作用。随着 LED 技术的不断成熟，爆闪灯都采用了大功率 LED 光源，这种光源的显著特点是效率高，节省电力，配合设计良好的透镜可获得极佳的亮度。

爆闪的作用就是提醒，警示比如有紧急情况需要引起注意。例如高速公路上汽车夜间出故障，可以靠边停车后打开爆闪灯警示后面的汽车，当然不能直射司机的驾驶室；火灾时被困在屋中打开爆闪灯提醒外面的人来营救。爆闪还能使人产生眩晕，有一定的防身自救功能。日常使用爆闪的机会不多，关键时刻爆闪很有用。

现在市场上有很多具有爆闪功能的 LED 袖珍型手电筒，其外壳由金属合金制成，有强光、工作光、爆闪的功能，节能、环保、寿命长，使用起来很方便，并且这种电筒的连续照明时间很长，强光都能达到 8 小时，工作光 19 小时，且工作光亮度很强，非常适合野外活动爱好者。

1. 电路原理

利用普通的 LED 灯制作一个双色爆闪灯,虽然灯的功率不大,但是在夜间可以取得很好的爆闪效果。爆闪灯利用 NE555 多谐振荡器,又称为无稳态触发器,没有稳定的输出状态,只有两个暂稳态,输出矩形波,在矩形波的驱动下,LED 灯亮或暗,形成闪光效果。双色爆闪灯原理如图 3-3 所示。

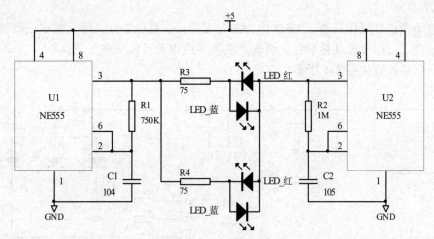

图 3-3 双色爆闪灯原理

一般 LED 双色爆闪灯由一组红灯和一组蓝灯组成,红灯(或蓝灯)以较高的频率闪光,一般是 5~10Hz,然后红灯和蓝灯交替闪光,即红灯快速闪,然后蓝灯快速闪,再红灯快速闪,这样两个灯不断交替闪光,达到提醒、警示的作用。

为了实现这样的效果,电路由 2 个 NE555 芯片组成。U1 因电容 C_1 的值较小(104,即 100nF),因而输出频率较高,控制灯的快速闪光;而 U2 因电容 C_2 的值较大(105,即 1μF),因而输出频率低,任务是控制两盏灯的交替,最终达到蓝色和红色 LED 交替闪亮的效果,形成模拟警灯的样子。

2. 电路调试

电路可以用面包板制作,具体注意事项如下。

(1)LED 灯和芯片注意极性和方向不能搞错,元件参数不能搞错,安装前用万用表检查电阻等元件阻值是否正确。

(2)元件引脚插入面包板的深度为 6~8mm,若引脚太短会够不到面包板内部,从而造成接触不良。

(3)元件布局美观合理,导线不要交叉,要贴着面包板放置。

(4)电路连接无误,电路应能正常工作。调整芯片外接的电容和电阻,可以改变芯片的输出频率;调整 R_3、R_4 阻值,可以调整灯的亮度,电阻越小,电流越大,则灯越亮。

3.1.3 绚丽变色灯

在树上、建筑物外墙上会有变色的 LED 灯光，按照一定的规律，灯光不断变换颜色，红橙黄绿蓝白紫各种颜色依次变换,夜间从远处看非常赏心悦目,起到了烘托气氛和装饰的作用。本节利用三色 LED 来制作一个变色灯。

1. 电路原理

这个绚丽变色灯采用三基色 LED 作为发光元件。三基色是红、绿、蓝这三种颜色，通过不同颜色混合，可以变成其他颜色，例如红色和绿色混合可以变成黄色。

绚丽变色灯原理如图 3-4 所示。

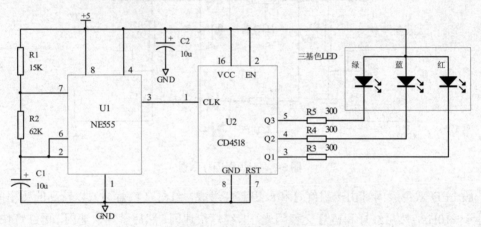

图 3-4　绚丽变色灯原理

电路由 NE555、CD4518 等芯片进行控制。在前面两个制作中都用到了 NE555 芯片。这里要介绍的是数字芯片 CD4518，这是一个二进制计数器，当时钟端 CLK 输入脉冲信号时，输出端 Q3～Q1 的状态会发生改变，例如 Q3～Q1 的初始状态为 000，当输入 1 个脉冲时，变为 001，当输入第 2 个脉冲时，变为 010，以此类推，当不断输入脉冲时，输出端 Q3～Q1 的状态按二进制增加，当到达最高位 111 时，电路会自动清零。

三基色 LED 灯内部是一种混合结构，由红、绿、蓝三个灯芯组合而成，引出脚有 4 个，其中 3 个分别是红、绿、蓝 3 个灯芯的引出脚，另一个是这 3 个灯芯的公共端，且公共端有共阳和共阴之分，共阳就是把 3 个灯芯的正极连接在一起作为公共端引出，而 3 个负极则分别引出，共阴极则相反。电路中选用的是共阳极 LED，公共端接电源正。

根据 CD4518 的工作原理，只要在输出端接上三基色 LED 灯，当输出端 Q3～Q1 的状态改变时，也就改变了接入灯，从而发出不同颜色的光，非常好看和有趣。脉冲产生用 NE555，产生频率为 0.5～1Hz 的信号。

2. 电路调试

安装电路，焊好后仔细检查电路，看是否有错误的地方，无误后可以通电调试电路，因电路比较简单，一般只要焊接安装无误、元件参数不要搞错、三基色 LED 管脚不接反，都能正常工作。

通电后，观察 LED1，应该是以 0.5～1Hz 的频率闪烁，证明 NE555 电路完好，若 LED1 工作不正常，例如不亮或常亮，请仔细检查 NE555 外围电路。

另外改变 R_3、R_4 和 R_5 这三个电阻的阻值，可以改变灯的亮度。

3.　三基色 LED

绚丽变色灯里用到了三基色 LED 灯，它的内部是由红、绿、蓝三种颜色的 LED 组成的，用三基色原理可以使 LED 发出不同的颜色。三基色 LED 有两种：共阴 LED 和共阳 LED。

三基色 LED 灯的内部电路如图 3-5 所示，由红、绿、蓝这三种 LED 构成，按照 LED 的连接方法，可以有共阴和共阳两种接法。图 3-6 所示是一个 5mm 的三基色共阳 LED 灯的尺寸和管脚排列，其中共阳端管脚（3 号脚）尺寸略长，便于区分。

图 3-5　内部电路

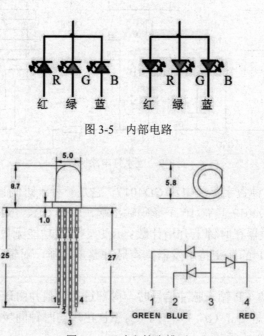

图 3-6　尺寸和管脚排列

自然界中的绝大部分色彩都可以由三种基色按一定比例混合得到；反之，任意一种色彩均可被分解为三种基色。三基色的比例决定了混合色的色调和饱和度。在棱镜试验中，白光通过棱镜后被分解成多种颜色逐渐过渡的色谱，颜色依次为红、橙、黄、绿、蓝、靛、紫，这就是可见光谱。其中人眼对红绿蓝三色最为敏感，人的眼睛就像一个三频接收器的体系，任何一种基色都不能由其他两种颜色合成。红绿蓝是三基色，这三种颜色合成的颜色范围最为广泛。红绿蓝三基色按照不同的比例相加合成混色称为相加混色。

三基色合成的光可以组成以下几种：红+绿=黄；绿+蓝=青；红+蓝=紫；红+绿+蓝=白。

3.1.4 动感流水灯

流水灯电路的 10 个 LED 灯能按顺序依次点亮，类似于流水的效果，顾名思义叫流水灯，可广泛用于公园、大型活动庆祝、室内外装饰和广告宣传等场合。

1. 电路原理

流水灯电路原理如图 3-7 所示，由脉冲振荡器和十进制计数器组成。NE555 组成脉冲信号发生器，信号输出到 CD4017 的 14 脚。通过改变 R_2 的阻值可以改变流水灯的流水速度。

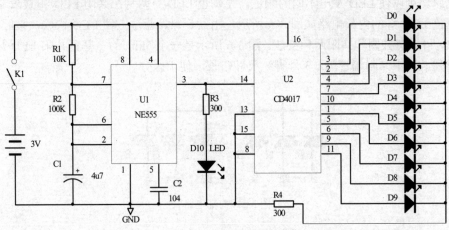

图 3-7　流水灯电路原理

这个电路用到了一种数字集成电路 CD4017，它是一种十进制计数器/脉冲分配器。管脚排列如图 3-8 所示。CD4017 具有 10 个译码输出端，CP、CR、INH 是信号和控制输入端。INH 为低电平时，计数器在时钟上升沿计数；反之，计数功能无效。CR 为高电平时，计数器清零。时钟输入端 CP 的斯密特触发器具有脉冲整形功能，对输入时钟脉冲上升和下降时间无限制。

CD4017 时钟输入端 CP 输入脉冲信号时，内部进行计数并由译码输出实现对脉冲信号的分配，整个输出时序就是 Q_0，Q_1，Q，…，Q_9 依次出现与时钟同步的高电平，宽度等于时钟周期，工作时序如图 3-9 所示。

CD4017 有 CP0 和/CP1 两个时钟输入端，若用上升沿计数，信号由 CP0 端输入；若用下降沿计数，信号由/CP1 端输入。当 CD4017 有连续脉冲输入时，其对应的输出端依次变为高电平状态，10 个 LED 灯能按顺序依次点亮，故可直接用作顺序脉冲发生器。

2. 电路调试

按图安装电路，通电前，先目测检查元件，不要把型号参数等搞错，注意元件极性不能反，芯片千万不能插反，否则轻则不能工作，重则烧坏芯片。

先检查 NE555 是否正常工作，通电后，观察接在 NE555 的 3 脚的 LED 灯 D10 是否有规律地亮灭，亮灭的速度可用 R_2 的阻值来改变，一般为 1～2Hz，太快的话可能会看不清楚，太慢的话效果不好；CD4017 一般只要焊接正确，LED 灯不要接反，都能正常工作。注意 LED 灯要按图 D0～D9 的顺序安装，工作起来方有流水效果，否则是杂乱无章地点亮，失去了流水灯的意义。用 CD4017 可以制作各种流水灯电路，10 个 LED 既可以排列成直线，也可以是圆形的、心形的及多组 LED 组合在一起的等。用多个 CD4017 可以级联工作，驱动更多的 LED，读者可以根据这个电路自由发挥。

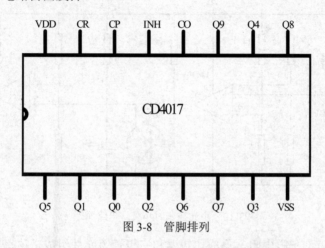

图 3-8　管脚排列

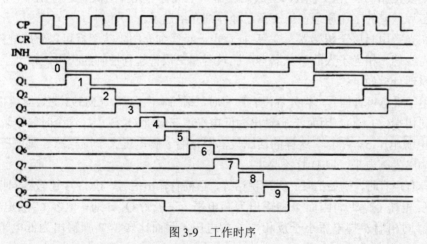

图 3-9　工作时序

3.1.5　声光控延时小夜灯

在很多小区有一种声光控延时灯，白天不工作，到了晚上人可以通过拍掌点亮灯，然后延时并自动熄灭。这种声光控楼道灯有诸多优点，在未来有可能取代传统的照明设备。声光控楼道延时控制灯具有耗电量小、寿命长、环保等一系列优点，这里用 LED 灯来做一个简单的声光控延时小夜灯，可以用在室内房间，起夜不用找灯的开关，只要轻轻拍掌，即可控制灯亮，并延时熄灭，非常好玩、实用和方便。

1. 电路原理

图 3-10 所示的声光控延时小夜灯在有光照时，灯不亮；无光照时，对准话筒拍掌，灯点亮，并要求延时 10s 左右后，灯自动熄灭。

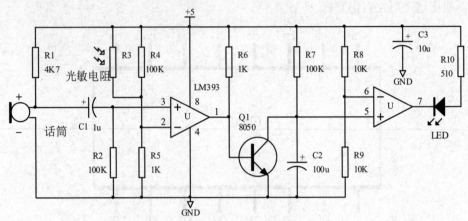

图 3-10　声光控延时小夜灯电路原理

电路主要由话筒、光敏电阻、集成比较器和三极管等元件组成，这里用了一种叫作集成比较器的芯片，它的工作原理在第 1 章已经详细介绍过了。

话筒和光敏电阻属于传感器，在第 1 章也已经详细介绍。传感器可以感应外界环境，例如声音和光线等，相当于人的感觉器官；比较器和三极管起到控制的作用，相当于人的大脑，电路具体原理分析如下：

话筒用于采集声音信号，当外界没有声音时，话筒输出为零，LM393 比较器反相端（2 脚）电压大于同相端（3 脚），因而 1 脚输出为低电平，三极管 Q_1 截止，这个时候电阻 R_7 给电容 C_2 充电到电源电压 5V 左右，这样的话比较器同相端 5 脚电压大于反相端 6 脚电压（2.5V），因而 7 脚输出为高电平，LED 灯不亮。

当外界有声音时，例如拍掌、大声说话等，话筒有输出信号，LM393 比较器同相端（3 脚）电压大于反相端（2 脚），因而 1 脚输出为高电平，三极管 Q_1 导通，电容 C_2 放电电压降低，同理比较器同相端 5 脚电压小于反相端 6 脚电压，因而比较器 7 脚输出为低电平，LED 灯点亮。

当声音消失后，电源恢复原来状态，比较器 1 脚输出为低电平，三极管 Q_1 截止，电容 C_2 充电，经过一段时间后，一直到比较器同相端（5 脚）电压大于反相端（6 脚），7 脚输出为高电平，LED 灯熄灭。

光敏电阻在白天时不工作，这是因为外界光线亮时，光敏电阻阻值变小，使 LM393 比较器反相端（2 脚）电压很高，声音信号无法触发比较器工作，LED 灯一直处于熄灭状态。

2. 电路调试

按图进行电路装配，注意各个元件的正负极，其中和话筒外壳连通的是话筒负极。安装完毕，经目测检查电路接线无误，可开始通电调试，具体过程如下：

（1）通电后，用万用表测量 LM393 的 8 脚和 4 脚的电压，应为 5V。

（2）遮住光敏电阻，测量 LM393 的 2 脚电压，应该为 50mV 左右；当把光敏电阻对准光线时测量 LM393 的 2 脚电压，应该为 0.5V 以上。

（3）测量 LM393 的 6 脚电压，应该为 2.5V 左右。

以上工作完成后，说明电路状态基本正常，可以进行正式测试。先在白天有光照时测试，通电后，LED 灯应点亮，然后延时一段时间后灯自动熄灭，此时对准话筒拍掌，灯应该无论如何都不会点亮，这是因为光敏电阻起作用，封锁了电路。然后在黑暗处测试或把光敏电阻遮住，此时对准话筒拍掌，灯应该点亮，然后延时一段时间后，灯自动熄灭。

3.2　音乐音响类

前面的章节介绍了一些灯光点亮控制的小制作，例如爆闪灯、声光控延时小夜灯等，从这一节开始介绍一些音乐音响类的小制作。

3.2.1　能画出声音的音乐铅笔

这是一支能画出声音的音乐铅笔，它能发出不同的音调，让铅笔变成会发声的乐器，非常神奇，下面就来看看它的原理。

1. 电路原理

音乐铅笔电路原理很简单，和前面制作的几个电路一样，电路核心采用 NE555 构成一个多谐振荡电路。在 NE555 芯片的 6 脚和 7 脚之间，有一个电阻，这个电阻可以决定 NE555 产生频率的大小。

那么如果用人体电阻来代替这个电阻，会发生什么神奇的现象呢？持笔的手通过笔杆上的铜箔连接到电路的一极，电路的另一极连在铅笔的笔芯上，笔芯是导电的石墨，画出的图案也是导电的。这时候当另一只手接触到图案时就形成了回路，触摸图案不同位置，回路的电阻是不一样的，使得 NE555 产生的振荡信号的频率也不一样，这样小喇叭就发出了不同节奏的声音。同样，移动铅笔不停涂鸦，也会造成电阻的变化，会产生不同频率的振荡信号。

图 3-11 所示是音乐铅笔电路原理，NE555 的具体原理见本书第 1 章。人体和铅笔画出的图案相当于一个电阻，这个电阻通过人体、铅笔，接在 NE555 的 6 脚和 7 脚之间，且图案的长短不一样，电阻也不一样，从而使 NE555 发出不同的频率，经 3 脚信号输出的三极管进行功率放大，驱动喇叭发出声音，电位器 W1 可以调节音量大小。简单地说，其实这就是一个将

较大的电阻值变化转化为人耳可闻的音调变化的电路,它通过一个由回路电阻值参与决定振荡频率的 RC 振荡器来实现。

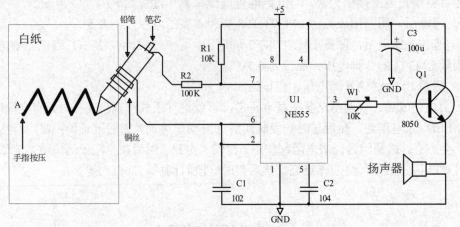

图 3-11　音乐铅笔电路原理

2. 电路安装和玩法

按图在面包板上安装电路,电路比较简单,只要仔细一般都能成功。要找一支 6B 以上的浓铅笔,再对铅笔进行改制使它变成一支音乐铅笔。具体方法是,首先在铅笔握笔处位置以螺旋状缠上几圈铜线,并在其中一头引出一根导线,连接到电路上芯片 U1 的 6 脚;然后在铅笔尾部用削笔刀削去一点铅笔木头,使笔芯露出 3mm 左右,然后在露出的笔芯上缠上一根细导线,并连接到电路电阻 R_2,实物效果如图 3-12 所示。

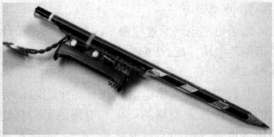

图 3-12　实物效果

它的玩法非常简单:如图 3-11 所示,只要一手按住纸上已画出图案的 A 点,另一只手握住笔(手需接触到铜线),然后在纸上随意涂画,此时电路会感应到电阻的变化,然后通过场声器发出不同音调的声音。

3. 扬声器

这个制作中用到了一种发声元件,叫作扬声器,又叫喇叭,扬声器外形如图 3-13 所示。它是一种把电信号转变为声信号的换能器件,扬声器的性能优劣对音质的影响很大。扬声器是在音响设备中最薄弱的器件，而对于音响效果而言，它又是一个最重要的部件。扬声器的种类繁多，而且价格相差很大。音频电能通过电磁、压电或静电效应，使其纸盆或膜片振动并与周围的空气产生共振（共鸣）而发出声音。根据法拉第定律，当载流导体通过磁场时，会受到一个电动力，其方向符合弗莱明左手定则，力与电流、磁场方向互相垂直，受力大小与电流、导线长度、磁通密度成正比。当音圈输入交变音频电流时，音圈受到一个交变推动力产生交变运动，带动纸盆振动，反复推动空气而发声。

最常见的是电动式锥形纸盆扬声器。锥形纸盆扬声器大体由磁回路系统（永磁体、芯柱、导磁板）、振动系统（纸盆、音圈）和支撑辅助系统（定心支片、盆架、垫边）等三大部分构成，内部结构如图 3-14 所示。

图 3-13　扬声器外形　　　　　　　　　　图 3-14　结构内部

（1）音圈。音圈又称线圈，是锥形纸盆扬声器的驱动单元，它的制作方法是用很细的铜导线分两层绕在纸管上，一般绕有几十圈，放置于导磁芯柱与导磁板构成的磁隙中。音圈与纸盆固定在一起，当声音电流信号通入音圈后，音圈振动带动着纸盆振动。

（2）纸盆。锥形纸盆扬声器的锥形振膜所用的材料有很多种，一般分为天然纤维和人造纤维两大类。天然纤维常采用棉、木材、羊毛、绢丝等，人造纤维采用人造丝、尼龙、玻璃纤维等。由于纸盆是扬声器的声音辐射器件，在相当大的程度上决定着扬声器的放声性能，所以无论哪一种纸盆，都要求既要质轻又要刚性良好，不能因环境温度、湿度变化而变形。

（3）折环。折环是为保证纸盆沿扬声器的轴向运动、限制横向运动而设置的，同时起到阻挡纸盆前后空气流通的作用。折环的材料除常用纸盆的材料外，还利用塑料、天然橡胶等，经过热压黏接在纸盆上。

（4）定心支片。定心支片用于支持音圈和纸盆的结合部位，保证其垂直而不歪斜。定心支片上有许多同心圆环，使音圈在磁隙中自由地上下移动而不横向移动，保证音圈不与导磁板相碰。定心支片上的防尘罩是为了防止外部灰尘滴落在磁隙，避免造成灰尘与音圈摩擦，而使扬声器产生异常声音。

扬声器有两个接线柱（两根引线），当单只扬声器使用时两根引脚不分正负极性，多只扬声器同时使用时两个引脚有极性之分。

扬声器的种类很多，按频率范围分为低频扬声器、中频扬声器、高频扬声器，这些常在音箱中作为组合扬声器使用；按换能机理和结构分为动圈式（电动式）、电容式（静电式）、压电式（晶体式或陶瓷式）、电磁式（压簧式）、电离子式和气动式扬声器等，电动式扬声器具有电声性能好、结构牢固、成本低等优点，应用广泛；按声辐射材料分为纸盆式、号筒式、膜片式；按纸盆形状分为圆形、椭圆形、双纸盆和橡皮折环；有的还分成录音机专用、电视机专用、普通和高保真扬声器等；按音圈阻抗分为低阻抗和高阻抗；按效果分为直辐和环境声等。

3.2.2　柯南电子变声器

《名侦探柯南》中的柯南是众多人心中的偶像，没有案子能难倒柯南。不过，柯南办案离不开高科技"武器"，其中最让人梦寐以求的一种"武器"就是蝴蝶结变声器，如图 3-15 所示，因为它能随心所欲地克隆任何人的声音。

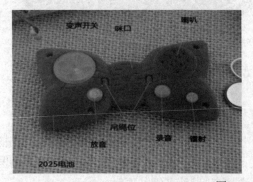

图 3-15　变声器

变声器的原理都是通过改变输入声音的基本频率，进而改变声音的音色和音调，使输出的声音在感官上与原来有很大的差异，实质就是对语音信号进行基频和共振峰频率的改变。根据变声器材料的不同，变声器分为变声器硬件和变声器软件。变声器硬件，即通过硬件实现变声的工具。

1.　电路原理

本节介绍一种型号为 ysj-1812BY 的专用变声模块。芯片内部有自带的 A/D、D/A 转换功能和声音频率改变功能。使用驻极体麦克风对语音信号进行采集，利用芯片对语音信号进行模数转换使声音频率发生改变，然后又进行数模转换使信号输出。

模块内部组成如图 3-16 所示。其中内置静态存储器的设计，可以直接对语音信号进行储存。内置音频编码器的设计，可以随意转换说话人的语速，可以把人的语速转换成正常和非正常的速率。主要核心是把说话人的正常声音通过采样频率的不同，把语音信号转变过来的数字信号进行变化，输出不同的声音。

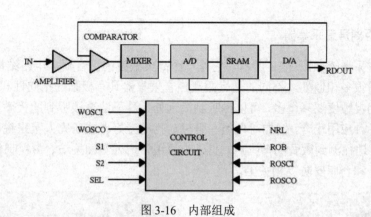

图 3-16 内部组成

变声模块目前被广泛应用于教育设备，万圣节面具、家庭电话、儿童变音器等等。任何需要搞怪、需要乐趣的场合都有机会用上。

模块工作电压为 3.0～5.0V，能耗低，有几种声音效果可以供选择，可转换成高音或低音。可变成各种人声：男声、女声、小孩声、老人声，以及机器人声等。可以选择用电阻和滑动开关调节声音频率，可用在玩具、面具、机器人、电话系统等领域。

2. 电路制作

该模块价廉物美，因为模块功耗低，可以使用额定电压为 3V 的纽扣电池供电，如 CR2025 纽扣电池，这样可以缩小体积。使用时按图 3-17 所示变声模块接法，把麦克风、喇叭等接上就可以工作了，只要对准麦克风说话，喇叭就会放出变声后的声音，非常好玩。

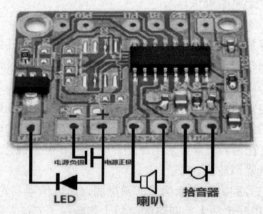

图 3-17 变声模块接法

读者可以发挥自己的想象力，制作一个蝴蝶结，把变声模块安装在里面，完善柯南电子变声器。也可以对一些玩具、机器人等放入变声模块进行改装。

3.2.3 远距离声音采集器

远距离声音采集器如图 3-18 所示，它是一个高灵敏度的微音器，电路结构和工作原理与普通助听器有着很多相似处。不同的是远距离声音采集器具有极强的指向性和极高的灵敏度，比普通助听器的灵敏度要高得多，可以探听到很远处人耳无法直接听到的极微弱声音。远距离声音采集器有各种应用场合，例如对鸟类和野生动物的爱好者或研究人员来说，它是一种理想的设备，能真实地探测到微弱的鸟鸣声。另外也可用于户外新闻采访、影视制作、公安人员办案、远距离监听和仓库安防等相关工作。

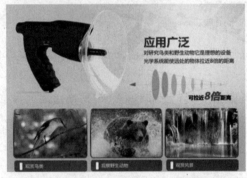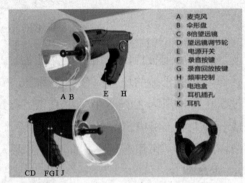

图 3-18　远距离声音采集器

远距离声音采集器由麦克风（声音转换）、伞形盘（使声音信号采集更集中）、望远镜（观察）、声音录制重放装置、频率调节装置、耳机组成。各部件各司其职，使人能够远距离进行看和听，变成传说中的"千里眼顺风耳"。

1. 电路原理

电路使用常见的运算放大器 LM358 集成电路作为核心元件，其电路具有结构简单、外围元器件少且工作电压范围较宽、静态电流小、耗电少、失真度小等特点。下面说明用 LM358 制作远距离声音采集器所涉及的有关知识。

远距离声音采集器电路原理如图 3-19 所示。电路主要包括低噪声多级放大器、频率调节电路和功放电路。这里的低噪声放大电路采用了低噪声三极管 SC9014，虽然运算放大器也有低噪声的版本，但价格往往比较贵。虽然电路稍复杂一些，但三极管入手容易、成本低，所以此处采用了三极管进行低噪声放大。

麦克风接收的声音信号因为距离远信号非常微弱，所以信号要先经三极管 Q_1 放大后，再到运算放大器 LM358 做进一步放大，两级的总放大倍数在 1 万倍左右，相当于把麦克风收到的 $0.1\mu V$ 信号放大到 1V 左右。

由于采集信号非常微弱并且里面混杂了很多噪声，这些噪声包括外部噪声，例如麦克风接收到的其他不相关声音，也包括电路内部噪声，噪声的存在会影响接收效果，为了消除噪声，在放大器后面接频率调节器，可以调节通过频率的范围，只让需要的声音信号通过，而其他无关信号不予通过,这样能大大改善使用效果。频率调节器采用了带通滤波器,在设计时 Q 值较低,关于滤波器的电路和设计在本书的第 1 章已有详细介绍。

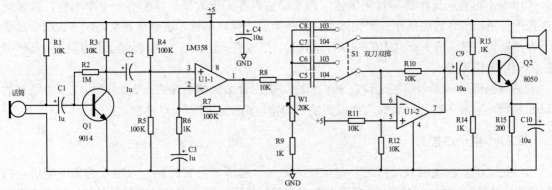

图 3-19 远距离声音采集器电路原理

麦克风的信号最后到由三极管 Q_2 组成的功放电路并驱动耳机。

2. 电路调试

电路安装完毕后按惯例对电路进行初步目测,例如二极管、三极管、电解电容和芯片等的极性和方向不能搞错;元件参数不能搞错,电阻等元件可以用万用表检查一下阻值是否正确;然后可以通电对电路板进行测试。电路调试的具体步骤和过程如下:

(1)准备一个发声源,如手机、音响等,能发出声音便于调试;可以手机下载一款钢琴调音 App,这种软件可以发出不同频率的单音正弦波声音,测试起来很方便。

(2)检查三极管放大电路。可用 5V 对电路供电,通电后先检查三极管 Q_1 工作状态,用万用表直流挡测量三极管集电极电压,正常情况下应该在 $1/3 \sim 2/3 V_{cc}$ 的范围内,即 $1.7 \sim 3.4V$,否则需认真检查三极管及周边的元件的连接和参数是否正确,另外还可以通过改变电阻 R_2 的值来改变三极管集电极电压,例如当电压偏小,说明三极管工作电流偏大,趋向于饱和导通,这时可适当增大 R_2 的阻值,减小三极管电流,从而减小饱和程度。

(3)检查运放放大电路。用万用表直流电压挡,测量运放 1 脚的电压,正常情况下应该是 $1/2V_{cc}$,即 2.5V 左右,否则需认真检查周边的元件的连接和参数是否正确,或者考虑芯片是否损坏,进行更换。

(4)检查频率调节电路。和上述放大器检查方法类似,用万用表直流电压挡,测量运放 1 脚和 7 脚这两个输出端的电压,正常情况下应该是 $1/2V_{cc}$,即 2.5V 左右,否则需认真检查周边的元件的连接和参数是否正确,或者考虑芯片是否损坏,进行更换。

(5)前面几个检查步骤完成后,我们可对电路做整体测试。把声音源频率调到 1kHz 左右,对准麦克风,可以先距离近一点,例如 2m 左右,仔细调节电路,例如放大倍数、频率等,直到能听耳机里的声音为止。若电路不能工作,请对照以上几个事项认真检查,例如电源是否正确并连到电路、元件极性和方向、元件参数、连接正确与否、有没有漏掉元件或导线等,包括更换芯片。

3. 使用说明

市场上出售的远距离声音采集器，为了提高声音采集效果，都配有一个伞形盘，起聚焦声音的作用，可有效提高声音采集效果，并杜绝周边噪声干扰。这里在业余情况下，因伞形盘不方便制作，建议购买亚克力的球状灯罩代替，把麦克风固定在灯罩中心合适的位置，具体以实际使用效果为准。

另外也可以购买单筒望远镜，将它和远距离声音采集器组装在一起，就构成一个完整的研究装置，用来观察远距离的鸟类或其他小动物，给生活增添一点乐趣。

3.2.4 电子口技

口技是优秀的民间表演技艺，是杂技的一种。起源于上古时期，人们在狩猎中模仿动物的声音，来骗取猎物获得食物。据历史文字记载，战国时期《孟尝君夜闯函谷关》的"鸡鸣狗盗"是最早将口技运用到了军事的记录。到了宋代口技已成为相当成熟的表演艺术，俗称"隔壁戏"。口技从宋代到民国时期在杭州流行，表演者用口、齿、唇、舌、喉、鼻等发声器官模仿大自然中的各种声音，如飞禽走兽、风雨雷电等，能使听的人身临其境。这种技艺在清代属"百戏"的一种。

2011 年 5 月，口技经国务院批准列入第三批国家级非物质文化遗产名录。口技作为一门技艺，不经训练很难掌握，这里采用电子技术来制作一个口技模拟器，能模拟发出一些特殊声响，非常有趣。

1. 电路原理

从前面几个制作可知，利用 NE555 时基电路组成的多谐振荡器，可以产生出许多不同频率的矩形波信号，如果对这些矩形波信号采用不同频率的低频信号进行调制，就可以模拟出许多特殊的声响，其中也包括各种动物的鸣叫声，这个电路就是模拟发出动物叫声的电路，例如小鸟等。动物鸣叫模拟器电路原理如图 3-20 所示。

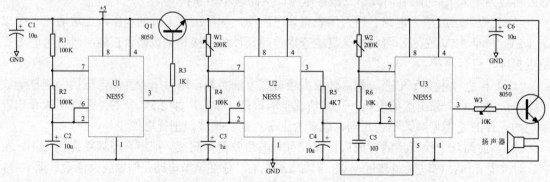

图 3-20 动物鸣叫模拟器电路原理

电路由三个 NE555 时基集成电路组成。其中 U3 及其外围阻容元件组成鸣叫的主振荡电路，电位器 W_2 和电阻 R_6、电容 C_5 决定振荡电路的振荡频率。调整 W_2 可以使振荡电路发出各种动物鸣叫的音色，如小鸟、青蛙等。

U2 和 W_1、R_4、C_3 组成另外一个振荡电路，从图中的元件参数可以看出，例如电容 C_3 的容量，该电路的振荡频率比 U3 的要低很多，调整 W_1 也可以改变振荡频率。U2 的第 3 脚输出的低频振荡脉冲，经过 R_5、C_4 组成的微分电路后，变为尖脉冲，加到 U3 的第 5 脚，作为 U3 的调制脉冲。此时，如果调整 W_1，使低频振荡器输出的脉冲变化，电路输出的模拟声就会变化，有时像动物鸣叫，有时又像各种不同的报警声。该电路中有 R_5、C_4 组成的微分电路，因此扬声器发出的声音更接近鸟鸣声。

U1 和 R_1、R_2、C_2 等组成另外一个超低频振荡电路，它的作用是控制后的面鸣叫电路间歇工作，即接通一段时间再断开一段时间，不停地循环工作，这样鸣叫模拟的效果更接近实际情况。如果改变 R_2 的阻值，就可以改变开、停的时间间隔。当 U1 的输出端第 3 脚输出高电平时，三极管 Q_1 导通，后面的电路 U2 和 U3 通电，电路得以开始工作。当 U1 的第 3 脚输出低电平时，三极管 Q_1 截止，U2、U3 失电停止工作，这样就实现了电路间断鸣叫的效果，在自然界动物的鸣叫一般也是间断的，这样就达到了模拟的效果。

2. 电路调试

在电路安装完成后，参照前面章节的方法对电路进行初步检查，排除问题，然后可以通电对电路板进行测试。

（1）通电后先观察 LED_1 的亮灭情况，这个灯应该会一亮一灭，频率在 1Hz 左右，表明 U1 这部分电路工作正常。

（2）继续观察 LED_2 的亮灭情况，这个灯应该也会一亮一灭，但条件是在 LED_1 灯亮的情况下，即 U2 和 U3 通电工作，所以 LED_2 亮灭频率会高点，大概在 3Hz。

（3）电路在正常情况下，应该会发出各种不同的声音。调节电位器 W_1 和 W_2，会发现鸣叫间隙和频率都会发生改变，从而达到模拟自然界动物鸣叫的效果。

（4）若电路不能工作，请仔细检查元件的连接和参数是否正确，或者考虑芯片损坏进行更换。图中的芯片和电路都是很成熟的，一般只要仔细安装，都不会出现什么问题。

3.2.5 红外无线耳机

无线耳机借助红外线来实现音频信号的近距离传递，工作方式有调幅制和调频制两种，调幅制的原理是外加音频信号控制红外载波信号的幅度，接收端收到信号后通过放大、检波还原出音频信号。调幅制电路简单，调试容易，但容易受外部干扰。

1. 电路原理

红外无线耳机电路原理如图 3-21 所示。其中图 3-21（a）为发射电路，声音信号从电视机、手机、电脑等设备的音频输出接口引出。音频信号经过耳机接口 J1，经 C_1 耦合至三极管 Q_1 进行一级放大后（分压偏置共发射极电路），驱动红外线发光二极管 D_1 发光，声音信号的变化引起 D_1 发光强度的变化，即 D_1 的发光强度受声音的调制。

图 3-21（b）为接收部分电路。为了提高接收灵敏度，该电路接收部分采用两级放大，第一级为 LM358 运放进行 U1 同相放大，第二级为 U2 音频放大集成电路 TDA2822 进行功率放大，较高的放大倍数可得到较远的传输距离。Q_2 为红外线接收管。

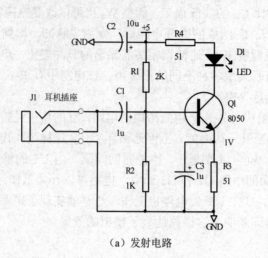

（a）发射电路

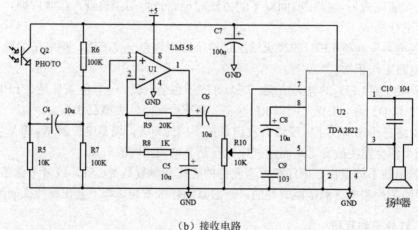

（b）接收电路

图 3-21　红外无线耳机电路原理

当被音频信号调制的红外光照到红外线接收管 Q_2 表面时，Q_2 将接收的经声音调制的红外线光信号转换成电流信号，即在 R_5 两端产生一个与音频信号变化规律相同的电信号，该信号经 C_4 耦合至 LM358 运放同相放大，放大倍数由 R_9 和 R_8 的比值决定，放大输出通过音量调节电位器 R_{10}，再到 TDA2822 进行功率放大后，驱动扬声器发声。

为了防止外界背景光对接收管的干扰，在接收管四周可缠上黑胶带。

2．电路调试

安装时调节发射部分三极管 Q_1 的静态电流为 20mA 左右，R_3 两端电压为 1V 左右。接收部分只要安装无误，不需调试即可工作。如果传输距离近，可适当增加电阻 R_9 的阻值，但 R_9 和 R_8 的比值不宜超过 40 倍，否则放大器会自激，不能正常工作。

接收部分调试时，用万用表直流电压挡测试运放 LM358 的 1 脚、2 脚和 3 脚电压，均应该是 2.5V 左右，否则需仔细检查电路是否有接线错误、元件参数不对等现象。

3. 红外线对管

在这个制作中用到了红外线对管，红外线对管是红外线发射管和接收管配合在一起使用时候的总称。顾名思义，红外线发射管可以发射红外线，红外线接收管可以接收红外线，二者配合工作，可以用在红外线通信、遥控、光电开关和计数等方面，红外线对管如图 3-22 所示。

图 3-22　红外线对管

在光谱中波长大于 0.76μm 的称为红外线，红外线是不可见光线。所有高于绝对零度（−273.15℃）的物质都可以产生红外线。现代物理学称之为热射线。医用红外线可分为两类：近红外线与远红外线。

红外线发射管主要有三个常用的波段：850nm、875nm 和 940nm。根据波长的特性运用的产品也有很大的差异，850nm 主要用于红外线监控设备，875nm 主要用于医疗设备，940nm 主要用于红外线控制设备。红外线的应用主要有红外线遥控器、光电开关、光电计数设备等。

红外发射管由红外发光二极管组成发光体，用红外辐射效率高的材料（常用砷化镓）制成 PN 结，正向偏压向 PN 结注入电流激发红外光，其光谱功率分布为中心波长 830～950nm。

红外线接收管是一个具有光敏特征的 PN 结，属于光敏二极管，具有单向导电性，因此工作时需加上反向电压。没有红外线照射时，有很小的饱和反向漏电流（暗电流）。此时光接收管不导通。当红外线照射时，饱和反向漏电流马上增加，形成光电流，在一定的范围内它随入射光强度的增强而增大。

在红外线接收管中，还有一种红外线接收头，如图 3-23 所示。特点是把接收电路都封装在一起，使用非常方便，可以配合遥控器完成遥控解码及红外遥控实验，广泛应用于家用电器红外线遥控等。

红外线接收头对外有 3 个引脚，其中 1 号脚是脉冲信号输出端，直接接单片机的 I/O 口，2 号脚是 GND，接系统的地线（0V）；3 号脚是 V_{cc} 接系统的电源正极（+5V）。

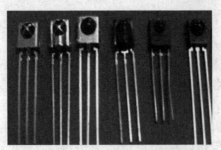

图 3-23　红外线接收头

红外线对管的极性不能搞错，通常较长的引脚为正极，另一脚为负极。如果从引脚长度上无法辨识（比如已剪短引脚的），可以用数字万用表判断，将万用表调到二极管挡位，在红外对管不受光线照射的条件下，交换红、黑表笔两次测量管子两引脚间的电阻值，有示数的一次红表笔接的为正极，黑表笔接的为负极（另一次显示 1，表示超量程）。正反向电阻都很大的是接收管。

红外发光二极管在工作过程中其各项参数均不得超过极限值，因此在替换选型时应当注意原装管子的型号和参数，不可随意更换。另外，也不可任意变更红外发光二极管的限流电阻。由于红外光波长的范围相当宽，故红外发光二极管必须与红外接收二极管配对使用（发射和接收波长一致），否则将影响遥控的灵敏度，甚至造成失控。因此在代换选型时，务必要关注其所辐射红外光信号的波长参数。

3.3　生活娱乐类

3.3.1　模拟电子蜡烛

1. 电路原理

在现代生活中蜡烛已经较为少见了。它是一种点火之后可以持续燃烧的照明用品，由蜡或其他燃料和烛芯组成，主要原料是石蜡。在古代曾主要依靠蜡烛照明，后来逐渐被其他照明工具取代，现在蜡烛主要用于节庆、仪式等活动中。这里介绍的电子蜡烛，电路虽然不复杂，但具有"火柴点火，风吹火熄"的仿真性，比较有趣，模拟电子蜡烛电路原理如图 3-24 所示。

这里介绍的电子蜡烛利用 CMOS 数字集成电路芯片 CD4013 双 D 触发器形式来控制电路的工作。当电路处于静止状态时，CD4013 双 D 触发器 U1 的输出端 1 脚输出低电平，后面 U2 是一个 NE555 构成的闪光电路，此时不工作，LED 灯不闪亮。

点亮蜡烛用到的是一个热敏电阻 R_T，这是一种负温度系数的电阻，即温度升高电阻变低，温度降低电阻变高，这类电阻以 25℃时的阻值作为标称值，图中采用的是 10K 的热敏电阻，即在 25℃时其电阻为 10kΩ。

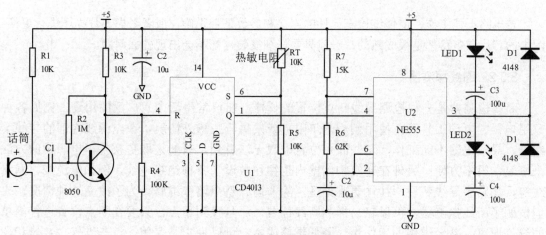

图 3-24 模拟电子蜡烛原理

知道了上述热敏电阻的原理，现在来模拟点亮蜡烛的工作过程。当打火机点火后接近热敏电阻时，电阻会下降，此时 CD4013 双 D 触发器 U1 的 6 脚（置位端）电压升高，1 脚输出高电平，U2 工作，发光二极管 LED 点亮，相当于蜡烛点亮，这里为了模拟蜡烛效果，LED 灯通过电容 C_3、C_4 的充放电而有渐亮渐暗效果。

打火机点火后迅速移开，热敏电阻阻值恢复，此时 CD4013 双 D 触发器 U1 的 6 脚（置位端）电压下降，但由于双 D 触发器有电平保持功能，除非触发器复位，否则即使置位信号消失，输出端还是会保持高电平置位状态，LED 灯保持点亮状态不变。

现在来模拟熄灭蜡烛的工作过程。采用话筒作为传感器，当对准话筒吹气时，话筒激发出信号，使 CD4013 双 D 触发器 U1 的 4 脚（复位端）电压升高，此时芯片复位，因此双 D 触发器 U1 的 1 脚输出低电平，U2 不工作，发光二极管 LED 熄灭，实现"风吹火熄"的仿真效果。

2. 电路调试

模拟电子蜡烛电路在安装完成后，先对电路进行初步的目测检查，排除一些二极管、三极管、芯片和电解电容等的极性和方向错误的问题；再检查元件参数是否有误；最后通电对模拟电子蜡烛电路的功能进行测试和验证。

通电后先观察 CD4013 双 D 触发器 U1 的 1 脚所接的 LED1 亮灭情况，用一个打火机烤热敏电阻，相当于给双 D 触发器置位，此时 LED 灯应该会点亮并保持；然后用力对准话筒吹气，相当于给信号让 D 触发器复位，LED1 会熄灭，这样表明双 D 触发器工作一切正常。

最后观察 NE555 的工作情况，在 U1 置位以后，U2 应该工作，后面接的 LED 灯也应该点亮，并且由于电容的充放电作用，LED 灯点亮有渐亮渐暗效果，这样就模拟了实际蜡烛的工作情况，因为正常蜡烛在点亮时，由于受到气流影响，火焰的明暗程度会发生改变。另外为了更接近实际蜡烛的效果，读者可改进电路，例如使用多个不同颜色的 LED 灯，如红色、橙色和黄色等，结合灯的亮度改变并控制灯循环点亮，这样仿真效果更好。

若电路不能工作，请仔细检查元件的连接和参数是否正确，或者考虑芯片损坏进行更换。图中的芯片和电路都是很成熟的，一般只要仔细安装，都不会出现什么问题。

3.3.2 断线探测器

断线检测器是一种检测导线断点位置的仪器，在日常生活中有广泛的用途，例如各种家用电器、电动工具等，使用到一定年限，或发生一些意外情况，在电源线内部的导线会断裂，导致电器不能工作，这些断点位置肉眼无法看到，只能采取更换整根电源线的方法来修复，很不方便；另外在建筑物墙壁内也往往敷设了各种绝缘电线，例如电源线、网络线等，如发生导线断裂，往往更难处理，除非凿开整个墙壁维修。为了改变这种情况，人们发明了断线探测器，可以轻易探测断线位置，一旦找到断点，只要在断点位置进行简单的维修即可，减轻维修的工作量，降低维修成本，可以说它是家用、汽车维修、装修和建筑等各行业的利器。

图 3-25 是市售的断线探测器。

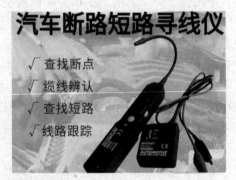

图 3-25　断线探测器

1. 电路原理

为了检查出墙壁内铺设的照明线的断路点或电缆、电热毯的断线处，需要有一台能检测断线的仪器，断线探测仪原理如图 3-26 所示。电位器 W_1 和结型场效应管 2SK30 构成一个高阻抗信号检测器，时基电路 NE555 与外接的电阻 R_1、R_2、电容 C_1 等构成无稳态多谐振荡器。

工作原理：探测线圈 L_1、电位器 W_1 和结型场效应管 Q_1 构成一个高阻抗、低噪声放大器，探测线圈的作用是拾取外部感应信号，然后经场效应管 Q_1 放大，在电位器 W_1 上得到一个放大后的信号，改变 W_1 的阻值可以改变电路探测的灵敏度；这里放大器之所以用场效应管，是因为它有极高的输入阻抗，一般在几十兆欧以上，这样可以有效放大探测线圈感应接收到的信号，而不至于因为输入阻抗过低，而将感应信号吸收。

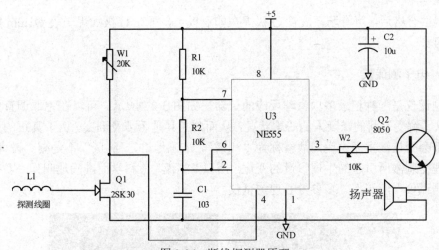

图 3-26　断线探测器原理

　　时基电路 NE555 与外接的电阻 R_1、R_2、电容 C_1 等构成无稳态多谐振荡器，改变 C_1、R_2、R_1 的值就可改变振荡器振荡频率，即扬声器发音音调的高低。图中 W_2 用来调节声音大小。有一点需说明：振荡器的工作受 NE555 4 脚（复位端）电平高低的影响，当 4 脚为高电平（>0.7V）时，时基电路正常工作，扬声器发声。当 4 脚为低电平（<0.7V）时，输出端 3 脚被钳位至零电位，扬声器无声，故复位端 4 脚电位的高低就相当于一个控制开关。这个"开关"是用电位器 W_1 和场效应管 2SK30 构成的检测器来控制的。场效应管在静态不加偏置电压时漏、源极之间的等效电阻 R_{DS} 小于 $1k\Omega$，而加上反偏电压或感应电场信号后，R_{DS} 会增大，使时基电路 4 脚电位大于 0.7V，由时基电路和 C_1、R_1、R_1 构成的多谐振荡器开始振荡，扬声器便发出声音。因此，本仪器的基本检测原理就是：当栅极 G 感应到电场信号（由于电线、电缆在通电状态下，其断路点辐射的电场信号最强）后进入工作状态，导致时基电路 4 脚电位大于 0.7V，使扬声器发声，从而确定故障点。使用该仪器时，首先接通电源，然后调节 W_1 使场效应管处于临界工作状态（此时用手触摸场效应管 G 极，扬声器能立即发声，W_1 阻值就合适了，这次使用中不必再调整，下次使用可能因电池电压下降等原因还需要调整），然后将探头（G 极加长的一段铜线）顺着待查导线走向移动，出现扬声器由无声到有声或由有声到无声情况时（因移开断路点时扬声器又会无声），此处就是断线位置所在，可作接通修复或其他处理。

　　2. 电路调试

　　断线探测仪电路安装完成后可进行通电测试，在通电前对电路先初步检查排除一些明显的故障，例如个别元件的极性和方向装反、元件参数错误等，然后开始准备通电。

　　调试时先接通电源，用螺丝刀旋动 W_1，使场效应管 D 极电压 V_D 小于 0.7V，然后用手触摸场效应管 G 极后 V_D 应大于 0.7V，此时扬声器应能发声，否则应检查元件是否接错或有质量问题。如果灵敏度太高，调节 W_1 不起作用，可将场效应管 G 极弯成 90°悬空或换一只场效应管试试。调试合格后，可将场效应管 G 极焊在印刷板上，再在 G 极加焊一段 Φ1mm 短铜线作为探头即可。

3.3.3　电子测谎仪

电子测谎仪是一种记录多项生理反应的仪器，如图 3-27 所示。可以在犯罪调查中用来协助侦讯，以了解受询问的嫌疑人的心理状况，从而判断其是否涉及刑案。由于真正的犯罪嫌疑人此时大都会否认涉案而说谎，故俗称为"测谎"。准确地讲，"测谎"不是测"谎言"本身，而是测心理受刺激所引起的生理参量的变化。所以"测谎"应科学而准确地叫作"多参量心理测试"，"测谎仪"应叫作"多参量心理测试仪"。

图 3-27　电子测谎仪

说谎的人什么样？童话故事中的匹诺曹，一说谎鼻子就要长一寸。童话毕竟是童话，是虚构的。现代科学证实，人在说谎时生理上的确发生着一些变化，有一些肉眼可以观察到，如出现抓耳挠腮、腿脚抖动等一系列不自然的人体动作，还有一些生理变化是不易察觉的，如呼吸速率和血容量异常，出现呼吸抑制和屏息；脉搏加快，血压升高，血输出量增加及成分变化，导致面部、颈部皮肤明显苍白或发红；皮下汗腺分泌增加，导致皮肤出汗，双眼之间或上嘴唇首先出汗，手指和手掌出汗尤其明显；瞳孔放大；胃收缩，消化液分泌异常，导致嘴、舌、唇干燥；肌肉紧张、颤抖，导致说话结巴。这些生理参量由受植物神经系统支配，所以一般不受人的意识控制，而是自主地运行，在外界刺激下会出现一系列条件反射现象。这一切都逃不过测谎仪的"眼睛"。据测谎专家介绍，测谎一般从三个方面测定一个人的生理变化，即脉搏、呼吸和皮肤电阻（简称"皮电"）。其中，皮电最敏感，是测谎的主要根据，通常情况下就是它"出卖"了人们心里的秘密。目前全国已有不少城市把测谎仪引入到公安、司法界。

下面根据测谎仪的工作原理来做一个简单的测谎仪，在朋友聚会、班级活动等场合，可作为一个娱乐项目，同时该装置也有一定的科学依据和准确性，一定会受到大家的欢迎。

1. 电路原理

电子测谎仪原理如图 3-28 所示，它利用测量人体皮肤电阻的方法来工作。为了有较高的准确性，这个测谎仪工作于平衡测量模式，这也是很多精密测量仪器所采用的模式。

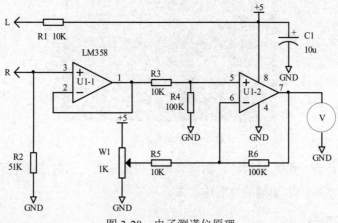

图 3-28 电子测谎仪原理

测谎仪有两个电极，使用时安放到人体皮肤上，为安全起见，两个电极 R、L 两端的电压一般不超过 5V，并且测量回路中有一个电阻 R_1，也可以起到限流安全作用。由于人体皮肤电阻值大约在 50kΩ，所以电极两端电压最多为 2.5V，这样就不会对人体造成危害，另外建立测量电桥还有一个好处就是参考电压与电源电压无关。

为了获得足够的灵敏度，测谎仪要有足够的放大倍数，因此用了二级运算放大器，第一级 U1-1 是射极跟随器，因为人体皮肤电阻较大，这意味着输出阻抗较大，所以加射极跟随器作阻抗变换；第二级 U1-2 是差分放大器，有两个输入端，即同相输入和反相输入，采用差分放大的好处是可以消除共模干扰（在差分输入端共模干扰相互抵消），差分放大器同相输入端输入信号来自皮肤电阻信号，反相输入端信号来自一个可调基准电压。

电路工作原理是，输入端电极 L、R 皮肤电阻和电阻 R_2 是一个分压关系，当皮肤电阻降低时，U1-1 运放 3 脚电压增加，经射极跟随器隔离（幅度不变），然后到 U1-2 运放，和可调基准电压（W_1 调节）作差分运算。电路输出接一个数字万用表（直流电压挡）或双向正负偏转的微安表，如图 3-29 所示，因为人体皮肤电阻信号可能会有正有负。

2. 电路调试

电子测谎仪电路组装完成后，经检查电路无其他问题后，可以通电对电路板进行调试工作，以保证电路功能的正常实现。

测量时将探头 R、L 接到人体的两个部位或两手部位，可先对被测人做一些正常问题的测试，例如"你是男的还是女的"和"你今天穿的衣服颜色"等一些不宜说谎的常规问题，然后调节输入端的电位器 W_1，使数字万用表显示电压为 1V。

图 3-29　正负微安表

在实际使用中，当一个人说谎时，肌肉紧张有出汗现象，这时皮肤电阻降低，电压增加，数字万用表显示值增加，增加越多说明越紧张。

3.3.4　电子探宝器

金属探测器，民间俗称"电子探宝器"，常用来探测地底下埋藏的金属文物，故得名。金属探测器是一种高性能、专为安防设计的探测金属的电子仪器，如图 3-30 所示。金属探测器主要分为电磁感应型、X 射线检测型和微波检测型三类。金属探测器由于探测区工作面的特殊设计，具有探测面积大、扫描速度快、灵敏度极高等特点，广泛用于军事、安全、考古、工程、矿产勘探等工业和民生领域。

图 3-30　金属探测器

下面来制作一个金属探测电路，它可以隔着地毯探测出地毯下的硬币或金属片，可以探测出木头里面的铁钉，甚至可以探测出地下的金属文物，非常好玩，电路也很简单，很适合电子技术爱好者动手自制。

1. 电路原理

金属探测器电路原理如图 3-31 所示。主要部分是一个处于临界状态的振荡器，当有金属物品接近电感 L（即探测器的探头）时，线圈中产生的电磁场将在金属物品中感应出涡流，这个能量损失来源于振荡电路本身，相当于电路中增加了损耗电阻。如果金属物品与线圈 L 较近，电路中的损耗加大，线圈的品质因数即 Q 值降低，使本来就处于振荡临界状态的振荡器停止工作，从而控制后边发光二极管的亮灭。

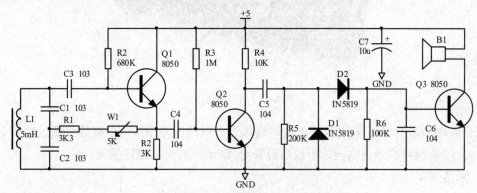

图 3-31 金属探测器电路原理

在这个电路中三极管 Q_1 与外围的电感器 L 和电容器 C_1、C_2 等，构成了一个电容三点式振荡器。和一般的负反馈放大器不同，振荡器是一个正反馈电路，当图中三极管 Q_1 基极有一正信号时，由于三极管的特性，发射极信号也为正，并通过电位器 W_1、电阻 R_1 反馈到三极管基极，且两个信号同相，这样的话输出信号会越来越大，所以电路可以产生振荡，这就是正反馈。W_1 和 R_1 用于调节正反馈强弱，使电路处于刚刚起振的状态下。

在日常生活中也可以碰到很多正反馈现象，比如话筒扩音装置，如果话筒离音箱太近，音箱发出的声音会进入话筒，声音越来越大产生啸叫，这就是一种正反馈现象。

电路中的三极管 Q_1～Q_3 型号均为 NPN 型 8050，三极管 Q_1 的直流放大倍数 h_{FE} 可适当大一点，可以用数字万用表 h_{FE} 挡测试挑选，这样可以提高电路的灵敏度。D_1 和 D_2 为肖特基二极管，型号是 1N5819，导通压差比一般二极管要小（为 0.2V 左右），灵敏度高，在这里起到整流作用，把前面振荡器产生的交流信号转换成直流电压。

金属探测器的探头是一个带磁心的电感线圈 L_1。可以选用工字型电感，电感量在 5～10mH 的范围内。工字型电感如图 3-32 所示，电感选用尽量用体积较大的型号，这样穿过的磁力线多，探测灵敏度高，并且 Q 值高，电路容易起振工作。

金属探测器的振荡频率为 20～40kHz，主要由电感 L_1、电容器 C_1、C_2 决定。调节电位器 W 减小反馈信号，使电路处在刚刚起振的状态。电阻器 R_2 是三极管 Q_1 的基极偏置电阻。微弱的振荡信号通过电容器 C_4、电阻器送到由三极管 Q_2、电阻 R_4、R_5 及电容器 C_5 等组成的电压放大器进行放大。然后由二极管 D_1 和 D_2 进行整流，电容器 C_6 进行滤波。整流滤波后的

直流电压使三极管 Q_3 导通，它的集电极为低电平，蜂鸣器 B_1 发出声响。

图 3-32　工字型电感

在金属探测器的电感探头 L_1 接近金属物体时，振荡电路停振，没有信号通过电容器 C_4，三极管 Q_3 的基极得不到正电压，所以三极管 Q_3 截止，发光二极管熄灭。

2. 电路调试

金属探测器的电路制作完毕后，必须认真检查确认电路无误，然后可以通电进行测试。

接通电源后，调节电位器 W_1，先使蜂鸣器 B_1 发出声响，然后再仔细调节使声音刚好消失。调整 W_1 可以改变金属探测器的灵敏度，但阻值过大或过小电路均不能工作。如果调整得好，电路的探测距离可达 50mm。但要注意金属探测器的电感探头不要离元器件太近，在装盒时不要使用金属外壳。必要时也可以将金属探测器的电感探头引出，用非金属材料固定它。

3.3.5　电子防丢器

人们有时难免走神把自己的东西遗忘到某个角落，也无法料知身后是否有一只手正偷偷摸摸地伸向自己的口袋。找回失物的用户诉求一直都在，但难有产品很好地解决用户的痛点。直到智能手机普及，智能硬件兴起，一种智能防丢器应运而生。电子防丢器如图 3-33 所示，现在有很多新技术应用在电子防丢器上，比如蓝牙防丢器、GPS 防丢器、RFID 智能防丢器等，但是市面上比较成熟的设计方案还是蓝牙技术，优点是低功耗，一块小巧的纽扣电池就可以供电子防丢器工作半年到一年，另外还有很多公司开发了蓝牙低功耗芯片模组和应用方案，生产和使用更为便捷。

本节介绍的防丢失报警器由无线发射器电路和无线接收报警器电路构成，使用时可将无线发射器置于幼儿口袋内，无线接收报警器放在儿童的监护人身上。一旦发生丢失，超过一定的距离，报警器便立即发出报警声，可防止幼儿游玩时走失，也便于查找追寻。另外还可以用在宠物身上，以及一些贵重物品的保管等。

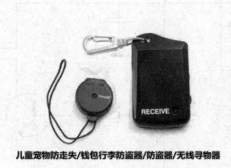

找钥匙　找钱包

找耳机　找玩具

儿童宠物防走失/钱包行李防盗器/防盗器/无线寻物器

图 3-33　电子防丢器

1. 电路原理

电子防丢器发射器原理如图 3-34 所示。发射器电路由低频振荡器和高频振荡器组成。低频振荡器由电阻器 R_1 和 R_2、电容器 C_1 和 C_2、NE555 时基电路 U1 组成；高频振荡器由可变电阻 R_3、电感器 L_1、电阻 R_3、R_4、电容器 $C_4 \sim C_8$、发射天线 Y_1 组成。

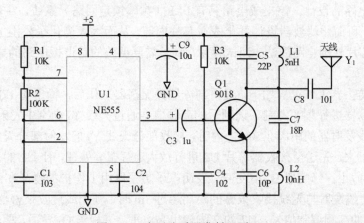

图 3-34　电子防丢器发射器原理

由 NE555 时基电路 U1 的 3 脚输出的低频信号到后面的高频发射电路三极管基极。低频信号加到三极管基极会改变三极管的偏置电流，同时改变三极管的 PN 结电容电路，因为三极管高频振荡器频率除了和外围的电感电容参数有关以外，还会受到三极管内部结电容影响，这样的话低频信号改变了三极管结电容，即改变了三极管振荡器的工作频率，低频信号以高频信号为载波形式向外发送，实现了调频发射功能。

电子防丢器接收器原理如图 3-35 所示。接收器电路由无线接收处理电路和报警电路组成。无线接收处理电路由集成电路 U1、天线及外围电感电容等组成；报警电路由三极管 Q_1 和扬声器 LS 组成。

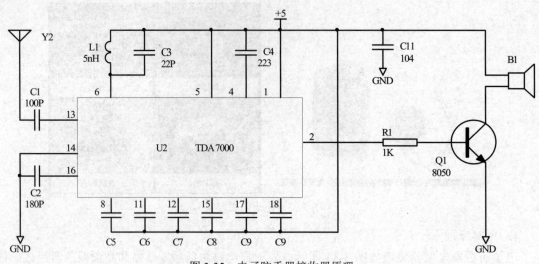

图 3-35　电子防丢器接收器原理

接收器采用的芯片是 TDA7000，它是一种单片集成电路调频收音机电路，集成度高，大大简化了外围电路的设计。该集成电路具有 FLL（频率锁定回路）系统，中频频率为 70kHz，因中频频率低，可简化滤波器设计并集成在芯片内部，从而大大简化了外围电路，且制作难度得以降低。该芯片外围电路简洁、调试容易，唯一需要调整的是谐振电路的振荡器，从而选择接收频率。

整个电子防丢器工作过程如下：发射部分低频振荡器工作后，输出约 1kHz 的振荡信号对三极管高频振荡器进行频率调制，调制后的高频信号通过天线 Y_1 向空中发射出去。在无线接收报警器与无线发射器的距离在 3m 之内时，接收部分天线 Y_2 把发射部分天线 Y_1 发射的高频调制信号接收下来，先送至接收器芯片 U2 进行放大、解调等处理，使 U2 的 2 脚输出低电平，后面三极管 Q_1 截止，蜂鸣器 B_1 不发声，表明电子防丢器用于保护的物品在可控范围内。

反之，若无线发射与无线接收报警的距离超过 3m 时，则无线接收报警器将收不到发射部分天线 Y_1 发射的高频调制信号，U2 的 2 脚输出高电平，三极管 Q_1 导通，驱动蜂鸣器 B_1 发出警报。

2.　电路安装和调试

电路安装完毕后，要对电子防丢器的发射电路和接收电路分别调试，对电路检查无误后，就可以准备通电调试。

接通电源后，发射部分电阻 R_3 需要调节，目的是调节三极管静态工作点，用万用表测量三极管 Q_1 发射极电压，改变电阻 R_3 使三极管 Q_1 发射极电压在 2.5～3V 即可。至于三极管振荡器调试，一般要借助宽带示波器来观察输出的高频波形，大部分读者可能不具备这种条件，一般只要三极管工作点正确、外围电路参数正确，电路都能正常工作。

接收部分需要调节的元件是电容 C_9，改变的是芯片接收频率，只要接收频率和发射频率相同，即可接收到信号，在业余条件下调试，要缓慢调节电容 C_9，同时仔细观察 U2 的 2 脚输出所接 LED 的状态。先让发射和接收挨近，例如 1m 左右，然后调节电容 C_9 使 LED 灯熄灭，这表明接收部分能收到信号；然后慢慢拉远发射和接收的距离，直到 LED 灯点亮位置，同时后面报警电路工作，表明被保护物品远离安全距离。

电子防丢器的工作基于电磁波强度变化，因而保护距离可以通过改变电磁波强度来实现，总结以下几种方式：一是改变发射部分电源电压，可改变发射电磁波强度，从而调节防丢距离；二是改变三极管工作点，即调节发射部分电阻 R_3 也可以一定程度上改变发射电磁波强度，这个方法简单但改变范围有限，若工作点改变过多，则电路会不工作；三是改变接收部分电容 C_9，使接收频率偏离发射频率，相当于间接改变了电磁波强度。

3. 无线电收发基础

看不见的无线电波通常跨越数百万千米的距离在空中传送音乐、谈话、图片和数据——这种传送每天都以成千上万种不同的方式进行。虽然无线电波对人而言是看不见且完全不被察觉的，但它却完全改变了整个社会。无论是手机、婴儿监护器、无绳电话，还是成千上万种其他无线技术中的任何一种，都是通过无线电波进行通信的。

基于无线电波的一些常见技术有 AM 和 FM 无线电广播、电视广播、手机、GPS 接收器、无线网络、各种遥控器、卫星通信等。甚至像雷达和微波炉也是靠无线电波工作的。像通信和导航卫星这些设备如果离开了无线电波就将无法工作，现代航空领域也一样，飞机要依靠十多种不同的无线电系统工作。我们常用的无线互联网也使用了无线电，它使得生活变得更加方便。

有趣的是作为核心技术的无线电却是一项简单得令人难以置信的技术。使用几个价值十元以内的电子元件就可以制造出简单的无线电发射器和接收器，请看下面的示例。

拿一个新的 9V 电池和一枚硬币。找出一台 AM 收音机，调到只能听到静音的刻度位置。然后拿着电池靠近天线，并用硬币迅速敲打电池两端（这样可在一瞬间将它们连接起来），这时会从收音机中听到噼啪声，这是由硬币与电池的接通和断开而产生的。

这里电池与硬币的组合就构成了一个最简发射器，如图 3-36 所示。虽然它只能传输静电的声音，也不能传输很远的距离（仅仅是几厘米，因为没有针对距离做出优化），但是如果使用这种静电传输摩尔斯电码，就已经在利用无线电技术传输有意义的信息了。

任何无线电装置都由两部分组成：发射器和接收器。

发射器携带某种信息（可能是某人说话的声音、电视机图像、无线调制解调器的数据或其他内容），将其编码到正弦波上，通过无线电波传输。接收器接收无线电波，从接收到的正弦波上对信息进行解码。发射器和接收器都使用天线来发射和捕获无线电信号。

图 3-37 所示是婴儿监护器，是非常简单的无线电技术的应用。它由发射器和接收器组成。发射器安置在婴儿的房间，实质上是一个微型"无线电台"，通常传输距离限制为几十米。父母在房子周围活动时携带接收器以监听婴儿情况。

手机也是一种无线电接收设备，如图 3-38 所示，它是一种更复杂的设备。手机同时包含发射器和接收器，两者能够同时工作，能够处理几百个不同的频率，能够自动在不同频率间切换，且两者同时在不同的频率下工作。手机与信号塔可以在 3～5km 范围内通信。

图 3-36　最简发射器　　　　图 3-37　婴儿监护器　　　　图 3-38　手机

要制作一个简单的无线电发射器，就要在导线中制造出快速变化的电流，可以通过迅速接通和断开电池来做到这一点，无线电发射方波如图 3-39 所示。

图 3-39　无线电发射方波

连接电池时，导线中的电压是 1.5V，断开时电压是 0V。通过迅速接通和断开电池形成一个在 0～1.5V 之间变化的方波。更好的方法是在导线中形成连续变化的电流。最简单的（也是最平滑的）连续变化的波形是正弦波，无线电发射正弦波如图 3-40 所示。

图 3-40　无线电发射正弦波

形成正弦波并使其在导线中流动，这就制造出了简单的无线电发射器。形成正弦波非常简单，只需要使用几个电子元件——一个电容器和一个电感器就能够制造出正弦波，通过几个正弦波在两个电压之间平滑振荡，例如，在 10V 和-10V 之间。晶体管将电波放大成强大的信号。通过把信号传送到天线上，就可以向空中发射正弦波了。

正弦波的一个特征就是其频率。正弦波的频率是指单位时间内正弦波形重复的次数。收听 AM 无线广播时，收音机通常会调到每秒 100 万周期（即 1MHz）的正弦波频率上。例如 AM 刻度上的 680 是指每秒 68 万周期（680kHz）。FM 无线电信号工作在 100MHz 以内，因此 FM 刻度上的 101.5 指的是发射器产生的每秒 1 亿 150 万周期（101.5MHz）的正弦波。

如果有正弦波信号和通过天线向空间发射正弦波的发射器，那么就有了一个无线电台。

唯一的问题是此正弦波不包含任何信息,需要通过某种方法调制此电波,将信息编码到电波中。正弦波的调制有以下三种常用方法:

（1）脉冲调制（PM）。PM 方式下,只需简单地开关正弦波。这是一种发送摩尔斯电码的方式,叫作无线发射脉冲调制波,如图 3-41 所示。PM 调制不太常见,但是有一个很好的实例就是美国的一种向无线电控制时钟发射信号的无线电系统,一台 PM 发射器就能覆盖整个美国。

图 3-41　无线发射脉冲调制波

（2）调幅（AM）。AM 无线电台和电视信号的图像部分都是使用调幅来编码信息的。在调幅中,正弦波的幅度（峰谷到峰顶之间的电压）是变化的。例如一个人的说话声音产生的正弦波叠加到发射器的正弦波上就使其幅度发生了变化,图 3-42 所示是无线发射调幅波。

图 3-42　无线发射调幅波

（3）调频（FM）。FM 无线电台和数以百计的无线电技术（包括电视信号、无绳电话、手机等）都是使用调频的。调频的优点是很大程度上不受静电影响。在调频中,发射器正弦波的频率根据信息信号产生微小变化,图 3-43 所示是无线发射调频波。

图 3-43　无线发射调频波

上面介绍了无线发射的一些概念,那么 AM 收音机又是如何接收发射器发送的信号,并从中提取有用信息的呢?图 3-44 所示是调幅收音机,下面介绍它的工作原理。

首先收音机都需要天线来接收发射器发射到空中的无线电波。AM 天线只是简单的一根导线或金属棍,用于增加发射器的电波可以接触到的金属的面积。

收音机还需要调谐器。天线可以收到数千种正弦波。调谐器的任务就是从天线接收到的数千种无线电信号中分离出某一种正弦波。例如要收听中央人民广播电台 1161 千赫,就要把收音机调谐在该频率,这样才能接收到电台信号。

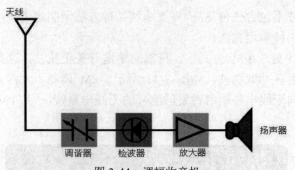

图 3-44   调幅收音机

调谐器是利用共振原理工作的。也就是说，调谐器与某特定频率发生共振并将其放大，而忽略空中其他所有频率。使用电容和电感组成 LC 谐振回路，就可以实现频率的共振，从而选出特定频率的电台。

调谐器使收音机只接收某一个频率的正弦波（例如中央人民广播电台 1161 千赫）。收音机需要从正弦波中提取声音，这通过收音机中被称为检波器或解调器的部件来实现。检波器一般由二极管构成。检波器工作过程如图 3-45 所示，二极管使一个方向的电流流过，而阻止另一个方向的电流，因此截掉了电波的一半。

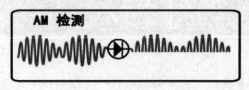

图 3-45   检波器工作过程

然后收音机放大经过检波后的信号（音频信号），通过音频功率放大器放大并发送到扬声器（或耳机）发出声音，这样人们就可以收听新闻、欣赏音乐，丰富日常生活。

3.3.6   电脉冲治疗仪

随着社会经济活动的日益频繁和现代生活节奏的不断加快，人们多少感到过精神压力带来的心情沉重，精神压力大可能引发和导致的如精神萎靡、神情恍惚、抑郁焦虑、心烦易怒、动作失调乃至神经紊乱、精神失常和记忆力减退、注意力涣散等症状以及偏头痛、荨麻疹、高血压、缺血性心脏病、风湿关节炎、肩周炎、颈椎病、腰肌劳损、腰腿痛、坐骨神经痛、失眠、骨质衰弱、咽喉肿痛、牙周炎、静脉曲张、手脚麻木、支气管哮喘等一系列疾病。

可以说精神压力迄今已经成为现代社会的一大"隐形瘟疫"，对人们的身心健康构成了相当大的威胁，如不加以重视，其危害和遗患将十分严重。

为了解决以上问题，市场上出现了很多电脉冲治疗仪，如图 3-46 所示。电脉冲治疗仪临床治疗机制是：人体组织是由水分、无机盐和带电的胶体组成的复杂电解质导电体。当脉冲电作用于机体时，使带电的离子定向运动，消除细胞膜的极化现象，使离子的浓度及分布发生显著变化，从而使组织的生理代谢发生改变；另一方面通过作用于淋巴管壁和血管壁的神经感受器，通过植物神经中枢反射到局部，出现毛细血管的扩张，血管壁的渗透性增加，改善了备注供给和营养，提高组织细胞的活力，再生过程得到加强，因而不同的脉冲波形、频率、时间变换、刺激强度具有不同的治疗作用。

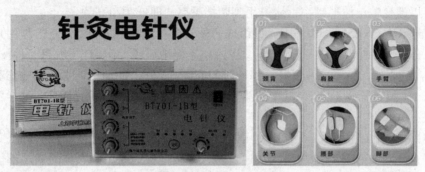

图 3-46　电脉冲治疗仪

这里介绍的电脉冲治疗仪，具有舒筋活血、迅速缓解疲劳、恢复肌体等功能，对急慢性周围神经疾病、肌肉损伤等有一定的治疗作用，对失眠、抑郁症、风湿、面瘫等疾病也有一定的辅助治疗。适合中老年人、办公一族、强体力劳动者及体育运动员使用。

1. 电路原理

该电脉冲治疗仪电路由间隙控制器、波形振荡器和升压电路等组成，主要芯片采用时基集成电路 NE555，电路原理如图 3-47 所示，外加附属配件电极，下面分析电路各个部分的工作原理。

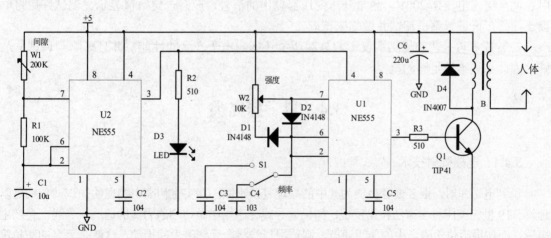

图 3-47　电路原理

集成电路 U1（NE555）和外围元件组成主振荡电路，从图中可以看出，这个 NE555 振荡电路和常见的 NE555 电路稍有差别，多了两个二极管 D_1 和 D_2，这两个二极管的作用是给电容的充电、放电提供独立的通道，充电时电源通过电位器 W_2 的上部分、二极管 D_2 给电容充电；放电时，电容通过二极管 D_1、电位器 W_2 下部分放电，即电容的充电、放电互相独立，具体体现在输出波形上，输出波形的占空比连续可调，但周期是固定的，通过调占空比，相当于调节波形的强度，占空比越大则等效强度越强。在 U1 的 2 脚接有一个转换开关，通过对电容的选择，可以改变输出波形频率，这里用到两挡频率，即低频和高频。

集成电路 U2（NE555）和外围元件组成另外一个超低频振荡电路，它的作用是控制振荡电路间歇工作，即接通一段时间再断开一段时间，不停地循环工作，这样就有一种按摩的效果。如果改变 W_1 的阻值，就可以改变开、停的时间间隔。当 U1 的输出端第 3 脚输出高电平时，后面的电路 U1 得以开始工作。当 U1 的第 3 脚输出低电平时，U1 停止工作，这样就实现了电路间断效果。

升压电路由输出放大管 Q_1、升压变压器 B 等组成。升压电路工作后，从升压变压器 T 的二次绕组（W_z）上产生低频脉冲高压，通过两只外接电极片作用到人体的病灶部位，注意心脏部位和头部禁用，从而实现按摩理疗功能。

制作时元器件都是常规元件，没什么特殊要求。升压变压器可购买市场上的 110V/6V 的 50Hz 工频变压器，然后把 6V 端子接电路，110V 端子接人体电极，功率在 2～3W 即可；电极要求导电良好，使用寿命长，可使用成品导电橡胶电极。

2. 电路安装与调试

电脉冲治疗仪电路组装完成以后，需要对电路进行认真检查，检查无误就可以通电调试。

在调试过程中，采用边安装边调试，以便及时发现问题并解决。振荡电路部分元件插接好后，接通电源，观察 LED 灯，如按照一定的时间间隔闪亮，表明 U2 工作正常。用一个万用表调至交流电压挡 200V，测量升压变压器输出的信号，应有一定数值显示。调试好后将电极连接好，再进行整机调试并做临床试验。

安装技术与工艺的优劣不仅影响外观质量还影响电子产品的性能，并且影响到调试与维修，因此必须给予足够的重视。

3.4 科学探究类

3.4.1 电磁弹射技术

说到电磁弹射，很多读者会认为其中的原理复杂难懂，其实有初高中物理的知识储备就足以理解。19 世纪英国科学家法拉第发现，如果让导线在磁场中做切割磁力线的运动，导线上会产生电流，而如果给位于磁场中的导线通电，则这根导线将会受到磁力的推动。这就是著名的法拉第电磁感应定律，正是根据这一定律，人们发明了现在广泛应用的发电机和电动机，电动机产生的强大转矩启示了科学家，如果把磁场中的这根导线换成一个导轨，上面再放置一枚炮弹，或干脆把导轨换作一枚可导电的炮弹，这枚炮弹能不能被发射出去呢？答案是可以的，这就是目前很多国家正在研究的电磁炮。图 3-48 展示了电磁炮外形，图 3-49 展示了电磁炮发射的一瞬间。

图 3-48 电磁炮外形

图 3-49 电磁炮发射

另外电磁弹射还可以运用在航母上。原理是：找到两根导线，模拟发射轨道，再找一根铁棍，模拟弹射器，目的就是让铁棍向一边滑动。当两根导线通上电之后，在导线的周边就会产生磁场，磁场对架在导线上的那根铁棍产生了作用力，这样铁棍就动起来了。如果在这个铁棍的位置上放了一架战机，那战机就有了推动力，能轻松起飞。虽然原理简单，但实际上对技术的要求非常之高。电磁弹射装置在工作时必须瞬间释放巨大的电能，远远超过普通蓄电池放电的能力。这需要航母上有非常先进的电力系统控制才能实现，以前只有美国能做到，现如今我国的"福建舰"也做到了。

1. 电路原理

电磁炮利用了一种比较特殊的电动机，它的转子不是旋转的，而是作直线加速运动的炮弹。那么如何产生驱动炮弹的磁场并让电流经过炮弹，使它获得前进的动力呢？一个最简单的电磁炮设计如下：用两根导体制成轨道，中间放炮弹，使电流可以通过三者建立回路。把这个装置放在磁场中并给炮弹通电，炮弹就会加速向前飞出。

图 3-50 所示是电磁炮结构，图 3-51 所示是电磁炮原理。

图 3-50 电磁炮结构

由此可见，电磁炮的基本原理不难理解，其实就是对电容的充电放电，通过控制充电的电容放电线圈产生强大的磁性，把铁质子弹吸飞出去。这个控制过程需要用电容、开关和升压电路来实现。

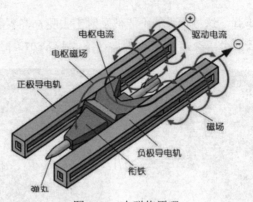

图 3-51　电磁炮原理

2. 简单电磁炮的制作

首先要制作炮管，可用一般水笔的笔管或稍微结实一点的吸管来制作，在笔管上绕上直径为 0.4～1.0mm 的漆包线，大概 200 圈，为了方便绕线，可用较厚实的硬纸板做一个工字形骨架，然后把漆包线绕在骨架上即可。炮弹可用自行车里面的小钢珠，能刚好放入笔管里，不能太松也不能太紧。电磁炮安装如图 3-52 所示。

图 3-52　电磁炮安装

然后要制作升压电路，升压电路原理如图 3-53 所示。因为要有较高的电压给电容充电，这样才能发射得比较远，用 NE555 做成一个方波发生电路，驱动一个三极管升压电路，用 1000μF/63V 的发射电容，这样升压电路升到 60V 左右即可，不能大于 63V，否则电容承受不住过高的电压会发生击穿。

为了安全起见，可用一个万用表检测电路输出电压，电位器 R_1 可以调节 NE555 输出波形占空比，可以改变输出电压。当然电压可以升得更高，如 200V 以上，但这样电容耐压要增加，电路会比较复杂，同时也不安全。

图中开关 K1 起充电发射的作用，当开关打在左边，升压电路给电容充电，等电容充满电以后，把开关打在右边，电容两端的电压给线圈放电，产生很大的磁场，迅速把炮弹发射出去。

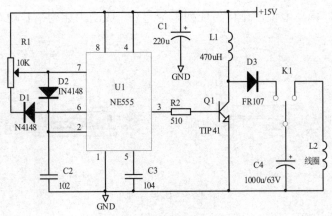

图 3-53 升压电路原理

3.4.2 电磁悬浮装置

上面介绍了电磁弹射技术，它利用了电磁力原理，主要应用在军用领域，例如电磁炮、航母飞机弹射等；另外，电磁力还能起到悬浮作用。两个磁铁接近有时候会相互吸引，有时候又会相互排斥，这种现象体现了磁铁的一个重要特性，即同极相斥、异极相吸。

市面上有一些磁悬浮工艺品，如图 3-54 所示，如磁悬浮地球仪、磁悬浮台灯等，看起来很是神奇，还有磁悬浮盆栽更是抢眼。下面就为大家介绍自制电磁悬浮装置。

图 3-54 磁悬浮工艺品

1. 电路原理

磁悬浮的主要工作原理是利用高频电磁场在金属表面产生的涡流来实现对金属球的悬浮。磁悬浮技术的研究最早源于德国，早在 1922 年德国工程师赫尔曼·肯佩尔就提出了电磁悬浮原理，并于 1934 年申请了磁悬浮列车的专利。

磁悬浮最典型的应用是磁悬浮列车，如图 3-55 所示，它是一种利用磁极吸引力和排斥力的高科技交通工具。简单地说，排斥力使列车悬起来，吸引力让列车开动。

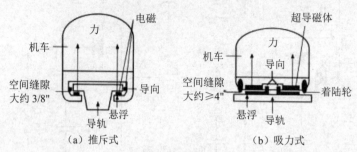

图 3-55　磁悬浮列车

磁悬浮列车上装有电磁体，铁路底部则装有线圈。通电后，地面线圈产生的磁场极性与列车上的电磁体极性总保持相同，两者"同极相斥"，排斥力使列车悬浮起来，让磁铁具有抗拒地心引力的能力，使车体完全脱离轨道，悬浮在距离轨道约 1cm 处，腾空行驶，创造了在近乎"零高度"空间飞行的奇迹。

铁轨两侧也装有线圈，交流电使线圈变为电磁体。它与列车上的电磁体相互作用，使列车前进。列车头的电磁体（N 极）被轨道上靠前一点的电磁体（S 极）所吸引，同时被轨道上稍后一点的电磁体（N 极）所排斥，结果是一"推"一"拉"，使得列车悬浮并前进。磁悬浮列车运行时与轨道保持一定的间隙（一般为 1～10cm），因此运行安全、平稳舒适、无噪声，可以实现全自动化运行。

当今，磁悬浮列车主要有两种"悬浮"形式：一种是推斥式，如图 3-55（a）所示；另一种为吸力式，如图 3-55（b）所示。推斥式是利用两个磁铁同极排斥，使列车悬浮起来。这种磁悬浮列车车厢的两侧，安装有磁场强大的超导电磁铁。车辆运行时，这种电磁铁的磁场切割轨道两侧安装的铝环，致使其中产生感应电流，同时产生一个同极性反磁场，并使车辆推离轨面在空中悬浮起来。但是，静止时，由于没有切割电势与电流，车辆不能悬浮，只能像飞机一样用轮子支撑车体。当车辆在直线电机的驱动下前进，速度达到 80km/h 以上时，车辆就悬浮起来了。

吸力式是利用两块磁铁异极相吸的原理，将电磁铁置于轨道下方并固定在车体转向架上，两者之间产生一个强大的磁场，并相互吸引时，列车就能悬浮起来。这种吸力式磁悬浮列车无论是静止还是运动状态，都能保持稳定悬浮状态。我国自行开发的中低速磁悬浮列车就属于这个类型。

目前市场上的磁悬浮工艺品磁悬浮是靠电磁铁线圈和永磁体通过传感器和相关控制电路来实现的，传感器可以感应磁场强度，通过磁场强度可以得出磁铁的位置，电路就可以根据传感器的信号改变线圈中的电流来让磁铁悬浮在一定的位置。

2. 自制磁悬浮

磁悬浮虽然看上去很"高科技"，但基本原理简单，可以利用电磁铁和相应的控制电路，做一个简单的电磁悬浮器作为摆设品。

磁悬浮原理如图 3-56 所示。磁悬浮器由磁铁、传感器、控制器
和执行器 4 部分组成，其中执行器包括电磁铁和功率放大器两部分。
假设在参考位置上，磁铁受到一个向下的扰动，就会偏离其参考位
置，这时传感器检测出磁铁偏离参考点的位移，作为控制器的微处
理器将检测的位移变换成控制信号，然后功率放大器将这一控制信
号转换成控制电流，控制电流在执行磁铁中产生磁力，从而驱动磁
铁返回到原来的平衡位置。因此，不论磁铁受到向下或向上的扰动，
始终能处于稳定的平衡状态。

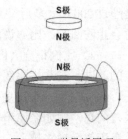

图 3-56　磁悬浮原理

控制器采用 PID 控制原理，如图 3-57 所示。PID 控制器由比例
单元（P）、积分单元（I）和微分单元（D）组成。其输入 $e(t)$ 与输出 $u(t)$ 的关系为：

$$u(t) = K_p \left[e(t) + \frac{1}{T_t} \int_0^t e(t)\mathrm{d}t + T_D \frac{\mathrm{d}e(t)}{\mathrm{d}t} \right]$$

式中，K_p 为比例增益，K_p 与比例度成倒数关系；T_t 为积分时间常数；T_D 为微分时间常数；$u(t)$ 为PID 控制器的输出信号；$e(t)$ 为给定值 $r(t)$ 与测量值之差；积分的上下限分别是 0 和 t。

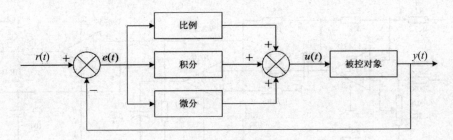

图 3-57　PID 控制原理

工程实际中，应用最为广泛的调节器控制就是 PID 控制，又称 PID 调节。PID 控制器问世至今已有近 70 年历史，它以结构简单、稳定性好、工作可靠、调整方便的特点成为工业控制的主要应用技术之一。当不能完全掌握被控对象结构和参数，或不到精确数学模型时，控制理论其他技术难以采用时，系统控制器结构和参数必须依靠经验和现场调试来确定，这时应用 PID 控制技术最为方便。即当使用者不完全了解一个系统和被控对象，或不能用有效测量手段来获得系统参数时，最适合用 PID 控制技术，实际中也有 PI 和 PD 控制。PID 控制器是根据系统误差，利用比例、积分、微分计算出控制量进行控制的。

（1）比例（P）控制。比例控制是最常用的控制手段之一，比方说控制一个加热器恒温100℃，当开始加热时，与目标温度相差比较远，这时通常会加大加热功率，使温度快速上升，当温度超过 100℃时，则关闭输出。

滞后性不是很大的控制对象使用比例控制方式就可以满足控制要求，但很多被控对象存在滞后性。也就是如果设定温度是 200℃，当采用比例方式控制时，如果 P 选择比较大，则会

出现当温度达到 200℃输出为 0 后，温度仍然会止不住地向上爬升，比方说升至 230℃，当温度超过 200℃太多后又开始回落，尽管这时输出开始出力加热，但仍然会向下跌落一定的温度才会止跌回升，比方说降至 170℃，最后整个系统会稳定在一定的范围内进行振荡。

（2）比例积分（PI）控制。比例积分控制是针对比例控制要么有差值要么振荡的这种缺点的改进，它常与比例一起进行控制，也就是 PI 控制。

积分项是一个历史误差的累积值，在使用了积分项后，就可以解决达不到设定值的静态误差问题，例如在使用了 PI 控制后存在静态误差，输出始终达不到设定值，这时积分项的误差累积值会越来越大，这个累积值乘上 Ki（积分控制增益）后会在输出的比重中越占越多，使输出 $u(t)$ 越来越大，最终达到消除静态误差的目的。

自制磁悬浮装置采用了 PID 控制原理，磁悬浮电路如图 3-58 所示。

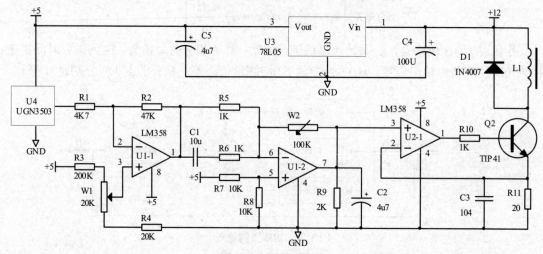

图 3-58　磁悬浮电路

采用线性霍尔传感器 UGN3503 作为磁铁的磁场大小检测，同时为了降低难度，这里不用单片机编程实现 PID 控制，而是采用 LM358 集成运算放大器作为 PID 控制器，这种采用运放的 PID 控制器实现简单且制作容易，缺点是电路复杂、改变参数麻烦，需要改变电阻电容参数才能改变 PID 控制参数，而利用单片机编程只要简单修改程序里的几个参数即可。

电路原理如下：U1-1 是反相放大器，在这里作为预调节放大器，对来自霍尔传感器的信号放大，同时电位器 W_1 有基准调节功能，可以调节悬浮高度；U1-2 是比例微分调节器，比例由 W_2 调整；U2-1 是积分调节器，最后电路输出经过三极管 Q_1 驱动电磁铁，电磁铁产生一个和磁铁相反的极性，从而把磁铁悬浮起来。

装置具体结构是，上方是电磁铁，线圈通电后可产生电磁场，中间是被悬浮物（磁铁），下方是线性霍尔传感器，可检测磁铁磁场大小。具体工作过程如下：假定现在磁铁处于稳定悬浮状态，当由于某种原因，磁铁往下坠时（接近霍尔传感器），这时霍尔传感器检测到磁场变大，传感器输出信号增大，U1-1 输出变负（反相），U1-2 输出变正（反相），这样 U2-1 输出变正（同相），因此电磁铁电流增加，对磁铁吸引力也增加，从而把下坠的磁铁拉回，直到达到新的平衡状态。

反之，当由于某种原因，例如电磁铁吸力突然加大，使磁铁向上运动，这时霍尔传感器检测到磁场变小，传感器输出信号减小，U1-1 输出变正，U1-2 输出变负，这样 U2-1 输出变小，因此电磁铁电流减小，对磁铁吸引力也减小，使磁铁不再向上运动，直到达到新的平衡状态。

图 3-59 所示是磁悬浮演示效果，可以清楚地看到圆柱形磁铁在磁场的作用下轻松地悬浮起来了，非常神奇。

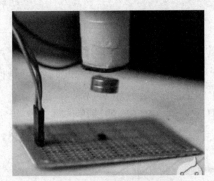

图 3-59　磁悬浮演示效果

3.4.3　声悬浮装置

为了克服重力，科学家受鸟启发，最终发明了飞机。但这还远远不够，科学家又发明了各种悬浮技术，上节介绍了磁悬浮技术，它的优点是可以悬浮较大的物体，但被悬浮物必须是铁磁材料，它的应用受到了限制，那么有没有一种悬浮技术，可以悬浮非铁磁性材料？下面介绍另一类悬浮：声悬浮。

1. 电路原理

声音是一种波，它在空气中传播，就像水波在水中传播。不过水波是横波，其振动方向与传播方向垂直，例如水波传播方向是水平的，那它的振动方向就是垂直的；而声波是纵波，其振动方向就在传播方向上，导致空气密度发生变化，相当于对空气一推一拉，推的时候空气受挤压，密度变大，拉的时候空气受拉伸，密度变小，因而声波是一种疏密波。

由于空气密度大的地方压强就大，密度小的地方压强就小，所以处在声场中的物体就会受到压强差产生的力。声音的波动如图 3-60 所示，白球左边的压强小于右边，会受到一个向左的力；而黑球所处的位置则左边的压强大于右边，会受到一个向右的力。

随着声波的移动传播，白球和黑球都会受到时而向左、时而向右的力，于是就振动起来，它们的振动频率正是该声波的频率。

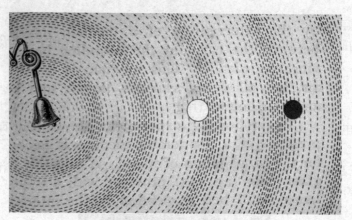

图 3-60　声音的波动

　　那么怎样通过这种微小的作用力来实现悬浮呢？如果图中空气疏密分布不随时间发生移动，则图中的小球会束缚在密度比较小的位置，因为此时无论是向左或是向右，都会受到一个相反的作用力，使它回到这个位置上。这样就实现悬浮了。

　　但问题是，声音在空气中以大约 340m/s 的速度传播，如何实现声波在每个位置的振幅不变呢？这就利用到波的一个特性——驻波，驻波的产生如图 3-61 所示。

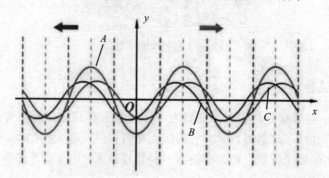

图 3-61　驻波的产生

　　在图 3-61 中，B 与 C 分别代表两个完全相同但传播方向相反的波，上面的 A 波是它们合成的结果。把 BC 两列波的波幅相加，就产生了一个只在原地振动的波，这也是驻波名称的由来。

　　仔细观察可以发现，驻波有一些位置的振幅永远为零，这些地方叫作"波节"，而那些振幅最大的地方称为"波腹"。两个波节间的距离，正好是原来声波波长的一半。

　　如果用驻波来悬浮物体，那物体肯定会停留在波节的位置上。因为波节的位置压强最低，周围的力会把物体从高压强区推向低压强区。

　　2. 声悬浮制作

　　学习了上面关于声音和驻波的理论知识，可以动手来验证一下了。

　　超声波探头如图 3-62 所示，它是一种声电换能器，内部是压电陶瓷，当给它加电压时会产生形变，给它施加压力时又会产生电压。所以它既可以用来产生声波，也可以用来检测声波。超声探头根据发射和接收的不同有两种：一种是标号为 T40 的，用于发射；另一种是标号为 R40 的，用于接收，这里采用的是发射 T40 的探头。

　　制作时，先用镊子把两个超声波探头前面的纱网取下备用。换能器有两个管脚，在上面焊上导线；金属纱网可以透过声波，粘在小棍上可以用来放置悬浮物。

　　电路原理如图 3-63 所示，用 NE555 制作一个信号发生电路，仔细计算元件参数并选择合适的元件，使其产生一个 40kHz 的方波信号。为了增加输出功率，NE555 芯片的 3 脚输出接一个由 NPN 和 PNP 三极管组成的推挽放大器。制作完成后最好用频率计或示波器观察输出波形，频率为 40kHz 左右，占空比大概为 60% 即可。外接直流电源 7～12V 均可，不建议超过 12V。

图 3-62　超声波探头

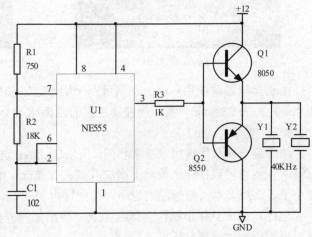

图 3-63　电路原理

　　电路制作并调试好后，两个超声波探头并联，这里要注意超声探头有极性，探头的管脚面一般都会有标注，并联时两个探头要同极性并联，即正极接正极，负极接负极。

　　并联好的探头可接到 NE555 电路的输出端。此时，如果把换能器一上一下面对面放置，控制好距离，就可以产生驻波了。两个超声波探头各自安装在小电路板上，然后用铜柱或长螺丝连接两个换能器，使之面对面安放，并保持一定的距离，下面讨论两个超声波探头距离的设定。

　　通电后要检查换能器有没有产生超声波。虽然人听不见超声波，但超声还是会激发周围物体产生一些频率较低的次级振动，也就是人可以听到的吱吱声。如果听不到，可以拿一根细铁丝轻触换能器表面，看是否能感受到振动。

　　声波在空气中的速度大约是 340m/s，估算波长：

$$波长 = 340000（mm/s）/40000（Hz）= 8.5（mm）$$

所以，两个波节之间的间距约为 4.25mm。

为了得到两个换能器之间合理的距离，需要对上下两个超声探头进行距离调节，如图 3-64 所示。可用示波器进行检测，此时只有一个换能器接到 40kHz 信号上，并同时把这个信号接入示波器的通道 1 上面。与此同时，另一个换能器直接接到示波器的通道 2 上。此时示波器的通道 1 显示 40kHz 的方波，通道 2 显示接收到的超声波信号，即同频率的正弦波。调整两个换能器之间的距离，会发现正弦波会左右移动，此时最合理的距离是方波与正弦波峰峰（谷谷）重合，如图 3-65 所示。

图 3-64　距离调节

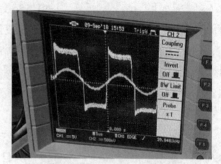

图 3-65　正弦波峰峰（谷谷）重合

由于换能器藏在铝环里面，测量两个铝环之间的距离比较容易，这里测到铝环之间最近两点的距离为 23.8mm，实际换能器之间的距离比这个值稍大，而且应该是波长的整数倍（约 3 倍波长，即 25.5mm）。

由于超声探头规格尺寸基本相同，所以 23.8mm 这个距离也应该是通用的，省去了调试的麻烦。当然也可以在这个数值上增加或减去 8.5mm，距离越小，悬浮力越大，但展示的空间变小了。而距离越大则悬浮力越小，稳定性也差一些。

至此，超声悬浮小制作主体已完成。后期如何固定换能器以及电路板如何放置，可以根据自己手头的材料来发挥。

最后给大家留一个思考题：如果把整个装置横过来，上面的泡沫小颗粒依然稳定悬浮在空中，这是为什么呢？❶

3.4.4　无线电能传输

无线充电的基本工作原理是将直流电转换成高频交流电，然后通过没有任何有线连接的原副线圈之间的互感耦合实现电能的无线馈送，无线充电原理如图 3-66 所示。

目前无线充电技术已用在手机充电上，只要把手机放在充电板上即可自动完成无线充电，使用非常便利，图 3-67 所示是手机无线充电用到的充电线圈。除此之外，目前电动汽车也在发展无线感应充电技术。沃尔沃在其经典车型 C30 上加装一个无线感应充电装置，让司机给汽车补充能量时只需要将车开到固定位置，而不接触充电电缆。该装置由电池、充电感应器、

---

❶　答：只要声波的作用力（驻波）足够强，就可以紧紧"抓住"泡沫球，使它不下坠。

交直流转换器和控制系统组成，以地面充电板作为媒介给电池"喂食"交流电，大约 20 分钟就可以充满电，如果用家用电，则一般要 6～8 小时才可以充满。

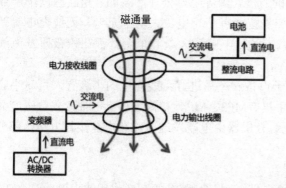

图 3-66　无线充电原理图

图 3-67　充电线圈

汽车无线充电如图 3-68 所示，目前采用的结构和手机相似，都是在车辆底盘安装能量接收装置，通过地面上能量发射装置，将电能输送到能量接收装置，再充进锂电池之中。

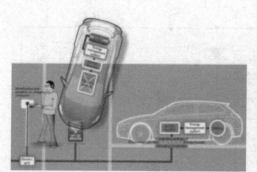

图 3-68　汽车无线充电

有人说，汽车无线充电就是鸡肋，只是一个噱头，充电效率太低。实际上，这项技术虽然目前来看充电效率比较低，但是随着技术的发展，绝对是有其意义的。

一是方便，无线充电技术不需要使用充电线，停在指定地点就能充电，相比有线充电更方便。未来如果能够实现边行驶边充电，那么电动汽车的里程焦虑问题就能够彻底被解决。

二是安全，电动汽车的自燃大部分都发生在充电的过程中，而无线充电由于无须电气连接，在一定程度上避免了有线充电在插拔充电枪头时可能产生的电火花，大大提高了安全性与可靠性。

一旦无线充电的功率能够达到 100kW 以上，并且设备成本大幅降低时，无线充电技术就有了大规模普及的可能性，就如同目前的手机充电一样。目前市场已经形成了充电桩为主、换电为辅的补能模式，无线充电技术给未来的新能源汽车提供了另外一种补能模式，最重要的是，无线充电技术能够实现边跑边充，这是目前的两种补能技术所不能实现的，也为未来的电动汽车发展带来了更多的可能性。

目前国家政策也在支持无线充电技术的发展，国务院办公厅印发的《新能源汽车产业发展规划（2021—2035 年）》中提出，要"加强智能有序充电、大功率充电、无线充电等新型充电技术研发。"目前包括比亚迪、上汽、吉利、丰田、大众等车企，都在积极研发无线充电技术。

本节介绍一个能对日常家用小功率电子设备和产品进行无线充电的小装置，可对小容量锂离子电池和锂聚合物电池充电，适用于手机、MP3、MP4 和蓝牙耳机等袖珍式数码产品。由于没有充电线的束缚，使用很方便。该无线充电器由电能发送电路和电能接收电路两部分构成，电路简单、调试容易、制作成本低。

1．电能发送

电能的无线传送实际上是通过发射线圈 L_1 和接收线圈 L_2 的互感作用实现的，这里 L_1 与 L_2 构成一个无磁芯变压器的原副线圈。为保证足够的功率和尽可能高的效率，应选择较高的调制频率，目前无线充电的国际标准频率为 82kHz。

电能发送原理如图 3-69 所示。

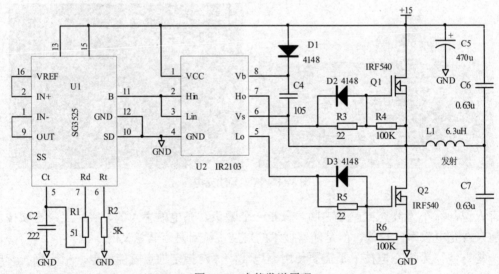

图 3-69　电能发送原理

U1 为开关电源调制芯片 SG3525，在这里的作用是产生一个频率为 82kHz、占空比为 50% 的方波信号，芯片 5 脚和 6 脚外接的元件决定输出频率。

U2 为 MOS 管的驱动电路，来自 U1 的信号经 U2 功率放大可靠驱动后面的 MOS 管半桥电路。具体工作原理如下：当输入信号为高电平时，U2 的 7 脚输出高电平，MOS 管 Q_1 导通（Q_2 截止），发射线圈内部电流方向是从左到右；当输入信号为低电平时，U2 的 5 脚输出高电平，MOS 管 Q_2 导通（Q_1 截止），发射线圈内部电流方向是从右到左；这样，在输入信号的作用下，发射线圈内部形成交变电流并耦合到接收线圈，实现无线电能传输。

2. 电能接收

正常情况下，接收线圈 L_2 与发射线圈 L_1 相距不过几厘米，且接近同轴，此时可获得较高的传输效率。电能接收电路由整流滤波电路和 5V 稳压电路组成，电能接收原理如图 3-70 所示。

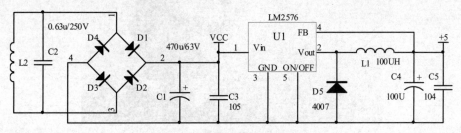

图 3-70　电能接收原理

L_2 为接收线圈，和 C_2 并联构成一个并联谐振回路，谐振频率为 82kHz 左右。谐振时，因电路工作频率较高，整流二极管采用快恢复二极管，如 FR107 等，另外滤波电路由低频电解电容和高频 CBB 电容并联。一般无线电能接收到并经过整流滤波后，输出电压会比较高，所以后面需加效率较高的开关降压电路，这里选用 LM2576 型集成开关电源芯片，输出为+5V，最大输出电流为 2A 左右，可作为手机充电用途。

3. 电路调试

应保证 L_1 与 L_2 附近没有其他金属或磁介质。在接收单元空载（不接被充手机）情况下，保持 L_1 与 L_2 同轴，改变 L_1 与 L_2 间距，测量接收单元 C_1 两端电压 DCV，应大于 20V。在 5cm 内，充电控制电路能保证准确可靠地工作，6cm 仍可充电。

保持 L_1 与 L_2 同轴，并固定于相距 2cm，接上一个 5Ω/10W 的电阻，并接上电压表测量电阻两端电压，应为 5V。若小于 5V，说明传输功率不足，可适当调整线圈的距离等。

3.4.5　神奇的特斯拉线圈

特斯拉线圈又叫泰斯拉线圈，因为这是从 Tesla 这个英文名直接音译过来的。这是一种分布参数高频串联谐振变压器，可以获得上百万伏的高频电压。传统特斯拉线圈的原理是使用变压器使普通电压升压，然后给初级 LC 回路谐振电容充电，充到放电阈值，火花间隙放电导通，初级 LC 回路发生串联谐振，给次级线圈提供足够高的励磁功率，其次是和次级 LC 回路的频率相等，让次级线圈的电感与分布电容发生串联谐振，这时放电终端电压最高，于是就看到闪电了。通俗一点说，它是一个人工闪电制造器。在世界各地都有特斯拉线圈的爱好者，他们做出了各种各样的设备，制造出了炫目的人工闪电，十分美丽。

1. 特斯拉生平简介

特斯拉线圈的发明者是尼古拉·特斯拉，如图 3-71 所示，他是人类历史上迄今为止最伟大的极客，被称为创造出 20 世纪的人。他一生成绩卓著，拥有 700 多项专利，包括交流电系统、无线电、特斯拉感应线圈变压器，无线传输和荧光灯等。

图 3-71　特斯拉

这样一个伟大的人物，他所取得的成就被后人认为超过了爱因斯坦和爱迪生的和，可是世人却对他知之甚少。当时人们认为他举止怪异，甚至"精神错乱"。他选择终身独身，因为他相信那会干扰他的工作。他一生黯淡，从不参加任何组织；他的研究太超前，没有人能理解他工作的价值。他在穷困潦倒中去世，去世后仍然默默无闻，成就不为人知。

1856 年 7 月 10 日，尼古拉·特斯拉出生于克罗地亚斯米湾村。1875 年，他在奥地利的格拉茨科技大学修读电机工程，在那里，他学习交流电的应用。曾因为能够快速计算复杂运算，被校方指责作弊。尽管后来有资料证明他在格拉茨大学得到了学士学位，然而，校方却宣称他只上了一学期课就不听课了，从来没有获得过学位。也有人说，他是因为交不起学费而被迫退学了。

1882 年，特斯拉到爱迪生电话公司巴黎分公司做工程师，并成功发明第一台感应电机模型。1884 年，特斯拉被调到美国爱迪生实验室并移民美国，和伟大的发明家托马斯·爱迪生一起工作。然而，这两位科学家并不太合得来。

说到爱迪生，大家都以为他是电气时代之父。因为他发明了电灯，照亮了世界每个角落。其实电灯并不是爱迪生发明的，他是在前人的基础上，改良并推广了电灯。

1884 年 6 月，特斯拉抵达美国后，爱迪生雇用了特斯拉，并承诺如果他完成马达和发电机的改进工作，将给他 5 万美元，这在当时是很大的金额，特斯拉持续工作了将近一年，几乎将整个发电机重新设计了，使爱迪生公司从中获得巨大的利润和新的专利所有权。但是，当他找到爱迪生要自己该得到的报酬时，爱迪生却一笑置之，对他说："特斯拉，你不懂我们美国人的幽默。"特斯拉对此感痛苦和震惊，选择辞职。

关于这段故事，很多人说，爱迪生其实更像一个精明的企业家，他可以雇佣别人来帮他发明和创造。特斯拉因他自己的发明而出名，而爱迪生的许多发明来自他的下属。自从与爱迪生分道扬镳后，特斯拉继续研究他的交流电系统，建立了自己的公司。这让爱迪生很不快，因为这时候爱迪生正在出售他的直流电系统。

爱迪生的直流系统不能把电传输超过一英里（1 英里=1.6093km），因此每一平方英里都需要一个发电厂。交流电使用比直流电更细的电线，有着更高的电压，可以传输得更远。

无疑，特斯拉的交流电系统威胁到了爱迪生的商业利益，为此，爱迪生尽其所能，利用舆论来打压特斯拉，他曾支持公开动物处刑实验以向人们证明交流电的危险性远高于直流电。

在这期间，特斯拉还因为公司投资商不同意他的交流电发电机计划，罢免了他的职务，沦为一名普通工程师。终于，在 1893 年于芝加哥的一次世博会上，特斯拉历史意义地用交流电同时点亮了 9 万盏灯泡，照亮了整个会场，震撼全场。由于这一事件影响，再加上后来使用交流电的大工程尼亚加拉水电站的成功，特斯拉的交流电最终取得了胜利，为"电流大战"划上了句号。

特斯拉拥有了交流电的专利权，在当时每生产一马力 [1 马力（hp）=746W] 交流电就必须向特斯拉缴纳 2.5 美元的版税。但是特斯拉最后决定放弃交流电的专利权。交流电再没有专利，成为一项可免费使用的发明。

马可尼广为人知，因为他发明了无线电，获得了诺贝尔物理学奖。但是人们很少知道，他所做的很多都基于特斯拉的工作。马可尼因为发送了第一条跨越大西洋无线电报而闻名世界，他声称这一切都是他的原创，但实际上使用了特斯拉的系统做无线电报实验。特斯拉知道这件事后，只是作了如下回应："马可尼是个好人，让他继续下去，他使用了我 17 项专利呢"。

1891 年，特斯拉在他的实验室里，用机电振荡器进行了机械共振实验，使周围的一些建筑物产生了共振，引来了警方的投诉。随着速度的增加，他用仪器测出了房子的共振频率，之后，他发现这个实验的危险，被迫强拆自己的房子来终止实验，此时警察也到了。他在纽约一些地方用无线电点亮了那里的电灯，为无线传输的可行性提供了证据。1893 年至 1895 年，他研究高频交流电，用圆锥形的特斯拉线圈造出了百万伏的交流电，研究了导体中的"集肤效应"，设计了调谐电路，发明了无绳气体放电灯，并无线发射了电能，制造了第一台无线电发射机。1893 年，在密苏里州的圣路易斯，特斯拉做了一个有关无线电通信的演示。他在宾夕法尼亚州费城的弗兰克林学院发表演讲，详细阐述自己的想法。他说："许多年以后，人类的机器可以在宇宙中任何一点获取能量从而驱动机器"❶。

雷达技术可以让人们侦测到巡航导弹，也可以检测到如在限速 45 码（1 码=0.9144m）的路上，超速开到 85 码的汽车。一个名叫罗伯特·A.沃森·瓦特（Robert A.Watson-Watt）的英国人在 1935 年发明了雷达。其实特斯拉在 1917 年就已经有了这个想法，比沃森·瓦特足足早了 18 年。特斯拉把雷达的发明交给了美国海军，但是雷达技术在当时没有被实际应用。

还有 X 射线。伦琴被人们普遍地认为是 X 射线的发现人，其实特斯拉也曾发现过 X 射线。在早期的研究中，特斯拉制造了许多实验设备来产生 X 射线。特斯拉认为："我的仪器可以产

❶ 本段引用自维基百科"尼古拉·特斯拉"条目。

生的爱克斯光（即 X 射线）的能量比一般仪器可以产生的要大得多。"在 X 射线刚被发现的时候，人们相信它能够治好失明，也相信它能够治好其他疾病。特斯拉警告人们 X 射线是危险的，并且拒绝将 X 射线用于医疗试验。

特斯拉设计了第一个水力发电站，并且向整个世界证明了水能是种很好的能源；他在冷冻技术发明近半个世纪前已经进行过相关试验；他第一个记录了从外太空来的无线电信号；他发现了地球的谐振频率，发明了遥控装置、霓虹灯……

他能说八门语言：塞尔维亚语、英语、捷克语、德语、法语、匈牙利语、意大利语、拉丁语。他可以记下整本书，并且能够随意背诵。

他能够在大脑中设想出整个设备的样子，然后在不写下任何东西的情况下，构造出这个设备。他经常说，他唯一开心的时候就是埋头工作在自己的实验室里时。

1943 年 1 月 7 日，尼古拉·特斯拉在纽约酒店 3327 房间去世。因为特斯拉拒绝出售他的交流电专利，他非常穷困，并在死后留下了一大笔债务。

2. 电路原理

尼古拉·特斯拉的其中一项发明就是特斯拉线圈，如图 3-72 所示，原理为把一个线圈连接在电源上，作为发射器传输能量；另一个线圈连着灯泡，作为能量接收器。通电后，发射器能够以 10MHz 的频率振动，另一个线圈连着的灯泡将被点亮。后来，特斯拉试图利用地球本身和大气电离层为谐振电容来实现无线输电，为此在纽约长岛建造了一个约 57m 高的发射塔（沃登克里弗塔），但投资人摩根觉得特斯拉的实验与自己的利益毫无关系而决定撤资，实验工地的设备被法院没收充当抵押，沃登克里弗塔被拆除。

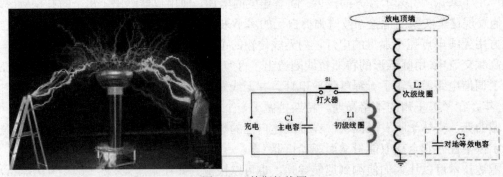

图 3-72　特斯拉线圈

特斯拉线圈是一种以共振原理运作的变压器（共振变压器），主要用来生产超高电压但低电流、高频率的交流电。特斯拉线圈难以界定，尼古拉·特斯拉试行了大量的各种线圈的配置。特斯拉利用这些线圈进行创新实验，如电气照明、荧光光谱、X 射线、高频率的交流电流现象、电疗和无线电能传输、发射/接收无线电电信号实验。

特斯拉线圈是由一个感应圈、变压器、打火器、两个电容器和一个初级线圈仅几圈的互感器组成。原理是使用变压器使普通电压升压，然后经由两极线圈，从放电终端放电的设备。

通俗一点说，它是一个人工闪电制造器。放电时，未打火时能量由变压器传递到电容阵；当电容阵充电完毕，两极电压达到击穿打火器中的缝隙的电压时，打火器打火。此时电容阵与主线圈形成回路，完成 LC 振荡，进而将能量传递到次级线圈。这种装置可以产生频率很高的高压电流，有极高危险。特斯拉线圈的线路和原理都非常简单，但要将它调整到与环境完美地共振很不容易。

特斯拉线圈工作过程如下：首先交流电经过升压变压器升至 2000V 以上（可以击穿空气），然后经过由四个（或四组）高压二极管组成的全波整流桥，给主电容（C_1）充电。打火器是由两个光滑表面构成的，它们之间有几毫米的间距，具体的间距要由高压输出端电压决定。当主电容两个极板之间的电势差达到一定程度时，会击穿打火器处的空气，和初级线圈（L_1，一个电感）构成一个 LC 振荡回路。这时，由于 LC 振荡，会产生一定频率的高频电磁波，通常在 100kHz 和 1.5MHz 之间。放电顶端（C_2）是一个有一定表面积且导电的光滑物体，它和地面形成了一个"对地等效电容"，对地等效电容和次级线圈（L_2，一个电感）也会形成一个 LC 振荡回路。当初级回路和次级回路的 LC 振荡频率相等时，在打火器打通的时候，初级线圈发出的电磁波的大部分会被次级的 LC 振荡回路吸收。从理论上讲，放电顶端和地面的电势差是无限大的，因此在次级线圈的回路里面会产生高压小电流的高频交流电（频率和 LC 振荡频率一致），此时放电顶端会和附近接地的物体放出一道电弧。

特斯拉线圈不仅仅被用在游戏或艺术方面，它还拥有具有有重大意义的用途，比如利用特斯拉线圈可以实现电能的无线传输，且该方式传输效率高、对生态破坏性小，但是实际应用中存在诸多困难和障碍，还无法将其应用到实际电力输送中。闪电是一种大气放电现象，闪电发生时释放巨大的能量，其电压高达数百万伏，平均电流约 $2×10^5$A。据估计，地球每秒钟被闪电击中的次数达到 45 次。一次闪电所产生的能量足以让一辆普通轿车行驶大约 290～1450km，相当于 30～144L 汽油产生的能量。而对闪电的利用却是相当困难的，这是因为闪电发生时间短至几十毫秒，很难被捕捉到。而特斯拉线圈则是可能捕捉闪电工具之一。

3．特斯拉线圈应用

固态特斯拉线圈（SSTC）是由芯片振荡代替 LC 振荡，并由放大器放大功率后驱动次级线圈部分的特斯拉线圈。它的原理依旧是 LC 振荡，只是发射端作了改动。

固态特斯拉线圈是通过芯片的振荡来产生高频交流电的。由于固态特斯拉线圈的工作比较好控制，固态特斯拉线圈有两种：定频和追频。定频，即初级部分只能发射出一个固定的频率；而追频，就是初级部分会根据次级部分的 LC 振荡频率自动调整发射频率，从而达到完美的谐振，能输出最大的功率。所以追频已经成为固态特斯拉线圈的主流。

追频特斯拉线圈的优点是不需要调节频率，使用方便效果好，但电路复杂、制作难度大，下面介绍电路简单、容易制作的特斯拉线圈。

（1）隔空点灯特斯拉线圈。电池的电流通过导线点亮灯泡，这种直流电的现象很正常，大家都看到过，但是在高频的世界里，存在着许多有趣的现象，例如可以隔空点亮 220V 节能灯管。图 3-73 所示是特斯拉振荡器电路，它可以隔空点亮 220V 节能灯管，有人说这个电路图本身就是错的，因为次级线圈在电路中开路，无法起振，就连 LED 的方向都不正确。但实践出真知，可以用面包板，或者万能电路板，来快速搭接电路进行试验。

电路比较简单，但很有趣。主要制作难点是特斯拉线圈，参数是次级 275 匝，初级 3 匝，可用漆包线与中性笔笔杆缠绕自制，LED 随意挑选但是必须连接。很快就搭建完成，连上电源，LED 灯真的发出了亮光，遂将节能灯管靠近线圈部分，奇怪的事情发生了，如图 3-74 所示，节能灯真的被点亮了。

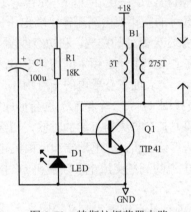

图 3-73 特斯拉振荡器电路

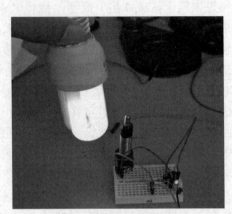

图 3-74 节能灯被点亮

（2）特斯拉闪电唱歌。固态特斯拉线圈还可以通过，音频来控制，使电弧推动空气发声。

按照常规思路，想要有声音就一定离不开扬声器。低至十几元的小型功放到高到上万元的高保真音响，虽然价钱有天壤之别，但是它们都有一个共同点，发声的方式都是通过永磁体配合通电线圈带动纸盆振动从而发声。有没有其他发声方式呢？

能使空气振动的不只有纸盆，其实还有击穿空气的电弧。插拔插头时偶尔发出的"呲啦"声就是电弧在"唱歌"。但是不得不说，它"唱"得实在不怎么好听，有没有办法让它按照我们的意愿来"唱歌"呢？前辈们还真的发现了这个方法，并且给这个基于电弧等离子体发声的装置起了个好听的名字——等离子音响。它不光炫酷好玩，跟普通扬声器相比还有发声上的优势。普通扬声器都是通过振膜的振动驱动空气发声，由于每种振膜都有自己的谐振频率，这就不可避免地使发出的声音幅频特性变差。音频信号中频率与振膜谐振频率最接近，而那些频率远离谐振频率的成分将衰减，离得越远衰减得越厉害并最终完全被衰减掉。可见要想改善普通扬声器的发声性能必须解决扬声器的谐振问题。等离子音响正是为了克服普通扬声器的这一弊病而设计的，它没有振膜，通过直接驱动离子化的空气振动发声，所以理论上离子扬声器是扬声器中性能最佳的。

图 3-75 所示是一个特斯拉线圈唱歌电路，基本电路和上面介绍的特斯拉振荡电路类似，TIP41 功率三极管 Q_2 组成一个振荡器，在此电路的基础上多加了一个音频信号调制电路，使

得特斯拉线圈喷出的电弧能随着音乐的变化而变化。空气被电弧击穿以后处于等离子态，其中的各种带电粒子在电场的作用下振动发声，从而发出真正的"电音"。

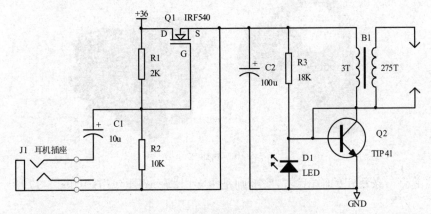

图 3-75　特斯拉线圈唱歌电路

　　音频信号调制电路使用了 IRF540 场效应管 Q_1，其基本原理是通过音频信号的变化来改变振荡器的工作电压，使得特斯拉线圈喷出的电弧声音和大小能随着音乐的变化而变化。这里场效应管 Q_1 相当于一个可变电阻，当音频信号经过一个 10μF 的电解电容 C_1 直接耦合至场效应管的 G 极和 S 极之间，可以改变场效应管的导通程度，即场效应管 D 极和 S 极之间的电阻发生改变，从而使振荡器的工作电压改变，最终实现对音频信号的调制。

　　上面的特斯拉唱歌电路比较简单，但效果还是不错的。还有一种效果更好、功率更大的电路，采用的是 PWM（Pulse Width Modulation，脉冲宽度调制）调制原理，它是通过改变输出方波的占空比来改变等效的输出电压，广泛地用于电动机调速和阀门控制，比如现在的电动车电机调速就是使用这种方式。

　　通过音频的 PWM 调制，使芯片产生占空比随音乐变化的方波信号，驱动后级功率管的通断，升压变压器的初级线圈因此相应地流过有规律变化的电流，并在次级线圈中随之感应出高压电弧，电弧加热的空气随音频信号震动而发出声音。

　　（3）特斯拉高压包。特斯拉电路都要用到升压变压器，它除了用塑料管、漆包线自制以外，还可以采用一种叫高压包的元件，也叫行输出变压器，这个元件可工作在老式显像管显示器里，其主要作用是产生阳极高压，另外提供聚焦、加速、栅极等各路电压。

　　普通变压器两组线圈圈数分别为 N_1 和 N_2，N_1 为初级，N_2 为次级。在初级线圈上加一交流电压，在次级线圈两端就会产生感应电动势。当 $N_2>N_1$ 时，其感应电动势要比初级所加的电压还要高，这种变压器称为升压变压器。

　　初级次级电压和线圈圈数间具有下列关系：

$$U_1 / U_2 = N_1 / N_2 = n$$

式中 n 称为电压比（圈数比）。当 $n>1$ 时，$N_1<N_2$，$U_1<U_2$，输出的电压被升高了，这就为

形成电弧提供了条件。高压包外形如图 3-76 所示。

图 3-76　高压包外形

它的顶端有一条粗粗的输出线，底部则是很多引脚，高压包引脚如图 3-77 所示。

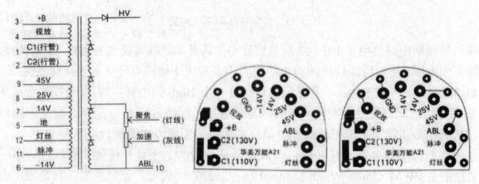

图 3-77　高压包引脚

虽然高压包上面这么多密密麻麻的引脚，但制作中只会用到底部的 GND 引脚与上面的输出线，剩下的都不用管。不同的高压包引脚不同，下面介绍如何找到高压包的 GND。

高压包上面绕有 10 圈的初级线圈，尽量用粗一点的导线，高压包绕线如图 3-78 所示。

图 3-78　高压包绕线

　　调试时先把 W_2 调到中间位置，把高压包顶端的输出线与底端的 GND 靠近即可射出电弧。有的高压包上没有 GND 的标注，为了找到高压包的 GND，方法是用顶端输出线依次靠近所有的底端引脚，电弧拉得最长的就是 GND。然后把 GND 用导线引出。

　　电弧射出位置的尖锐程度与材质能够影响音质，试验多次发现铜柱磨尖之后效果很好。为防止电弧伤人以及发热的铜柱烫伤皮肤，可用亚克力板做一个防护罩，如图 3-78 所示。完成后发现不但安全性得到提升，还起到了扩音作用，使音量有所提升。

　　关于特斯拉线圈和电路就抛砖引玉介绍到这里，建议先从简单的 NE555 定频电路做起，例如隔空点灯电路，然后再慢慢深入研究更复杂的电路，相信大家一定能玩得愉快并从中学到知识。

第 4 章　初识 Arduino 与 C 语言

单片机在现代的电子产品和工业控制中有着广泛的应用，在电路设计当中扮演了重要的角色。电子产品设计中因为使用了单片机而变得更加的"智能"，比如智能洗衣机、智能空调机、智能电视机、智能机械臂等。现代的电子产品中，绝大多数都会使用单片机作为控制核心。根据工业系统设计需要一般会配几十个单片机，而复杂的工业控制系统，会有几百个单片机同时工作。因此，单片机的相关知识课程是现代电子信息类专业大学生的必修课。学好单片机不仅可以提高自身的软硬件开发综合应用能力，而且能够培养创新意识，促使大家开发更多的自主设计产品。

4.1　单片机和 Arduino 的概念和发展历史

单片机（Microcontroller）是一种集成电路，包含了微处理器、存储器（RAM 和 ROM）、输入/输出接口等，能够控制各种电子设备。单片机通常用于嵌入式系统，如家用电器、汽车电子、工业控制等。

微处理器自问世以来经历了下述发展历程。

20 世纪 60 年代：首个单片机问世，Intel 推出了 Intel 4004，它是一个 4 位处理器，标志着微控制器时代的开始。

20 世纪 70 年代：随着技术的进步，8 位单片机如 Intel 8051 和 Motorola 68HC11 开始普及，应用领域不断扩大。该阶段单片机主要应用在早期的电子计算器，可以进行基本的算术运算，以及微波炉的基本控制。

20 世纪 80 年代至 90 年代：16 位和 32 位单片机逐渐出现，性能提升，开始应用于更复杂的控制系统。该阶段单片机可以进行简单的图像处理，如任天堂的早期游戏机；也可以进行家电控制，如自动洗衣机的控制系统，能够根据不同的洗涤模式进行调节。随着 16 位和 32 位单片机的出现，应用领域开始扩展到汽车电子、工业控制，如发动机控制单元（ECU），负责监控和优化发动机性能、PLC（可编程逻辑控制器），用于自动化生产线的控制和监测等。

2000 年至今：嵌入式系统的普及推动了单片机的快速发展，特别是在消费电子和工业自动化领域。典型产品有智能手机、医疗设备、智能家居设备、可穿戴设备、无人机、智能汽车等。单片机逐渐从简单的控制器发展成为复杂的、集成化的系统，广泛应用于各个领域。

Arduino 是一种新型的单片机，一经推出，就受到市场的青睐。Arduino 是一个开源硬件和软件平台，旨在简化电子原型的开发，使得更多人能够轻松入门电子和编程。Arduino 的核心包括硬件部分（Arduino 板）和软件部分（Arduino IDE）。它的主要特点如下：

（1）开源：Arduino 的硬件设计和软件代码都是开源的，这意味着任何人都可以查看、修改和分享设计与代码，促进了社区的合作与创新。

（2）易于使用：Arduino 提供了简化的编程环境（Arduino IDE），使用基于 C/C++的 Arduino 语言，易于初学者上手，减少了学习编程的门槛。

（3）多样的硬件选择：Arduino 有多种型号的开发板，如 Arduino Uno、Arduino Mega、Arduino Nano 等，适用于不同的项目需求。

（4）丰富的扩展性：Arduino 支持各种传感器、模块和扩展板（称为 Shield），可以与不同的硬件连接，扩展其功能。

（5）广泛的应用领域：Arduino 被广泛应用于教育、艺术创作、机器人、物联网（IoT）、家居自动化等领域，吸引了众多创客和开发者。

Arduino 不仅是一个硬件平台，还是一个学习电子和编程的工具，鼓励用户通过实践探索和创造，推动了创客文化和开放源代码硬件的发展。

4.2 常用的 Arduino 种类和选型

Arduino 的种类和生产厂家众多，其中使用最为广泛的是 Arduino Nano、Arduino UNO、Arduino Due、Arduino Mega。图 4-1 所示为 Arduino UNO 开发板，其上有一个电源插孔，可以通过该插孔供电，还有一个 VIN 选项可用于将 UNO 连接到电池。UNO 的物理尺寸较小，可轻松安装到许多项目中。

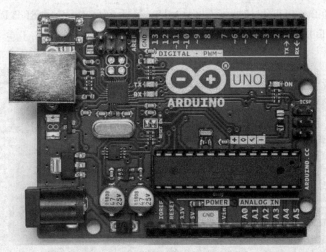

图 4-1   Arduino UNO

图 4-2 所示为 Arduino Nano，是 Arduino UNO 缩小到一个非常小的版本，使得它非常方便用于对体积有要求的项目。与 UNO 相同的是，Nano 的核心是 Atmega328 处理器，主频是

16MHz，包括 32KB ROM、1KB EEPROM、2KB RAM，14 个数字 I/O 口、6 个模拟输入口，以及 5V 和 3.3V 电源接口。与 UNO 不同的是，Nano 的尺寸更小并且所有引脚通过排针引出，使得它可以方便地进行功能扩展。Arduino Nano 也是最便宜的 Arduino 板选项，可以有效降低单片机入门门槛。

图 4-2　Arduino Nano

图 4-3 所示为 Arduino Due 开发板，是尺寸较大的主板之一，也是第一款由 ARM 处理器供电的 Arduino 板。和 UNO 与 Nano 一样，供电是 5V，过电压会对电路板造成不可挽回的损害。Due 具有 512KB ROM、96KB RAM、54 个数字 I/O 引脚、12 个 PWM 通道、12 个模拟输入和 2 个模拟输出。图 4-4 所示为 Arduino Mega 开发板，有点类似于 Due，但它不由 ARM 内核供电，而是使用 ATmega2560。CPU 的时钟频率为 16MHz，包括 256KB ROM、8KB RAM、4KB EEPROM 且工作电压为 5V。同时，Arduino Mega 有 16 个模拟输入和 15 个 PWM 通道。

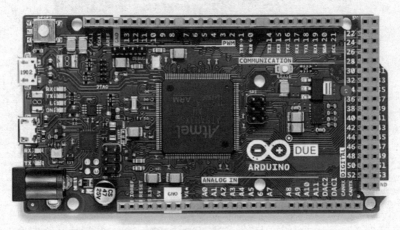

图 4-3　Arduino Due

图 4-4　Arduino Mega2560

4.3　Arduino 的开发工具

4.3.1　Arduino 基础实验平台

Arduino UNO 是 Arduino 入门的最佳选择，本书基础实例使用的是 UNO 最小系统板。Arduino UNO 的详细组成如图 4-5 所示，其原理图如图 4-6 所示。

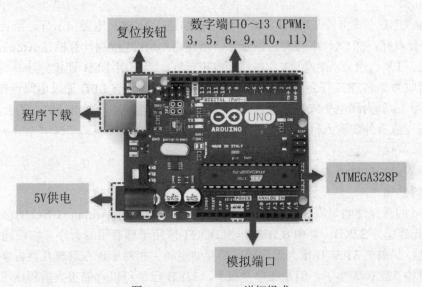

图 4-5　Arduino Nano 详细组成

1．电源

Arduino Nano 有三种供电方式：①通过 USB 接口供电，电压为 5V；②通过 DC 电源输入接口供电，电压要求为 7～12V；③通过电源接口处 5V 或者 VIN 端口供电，5V 端口处供电必须为 5V，VIN 端口处供电为 7～12V。

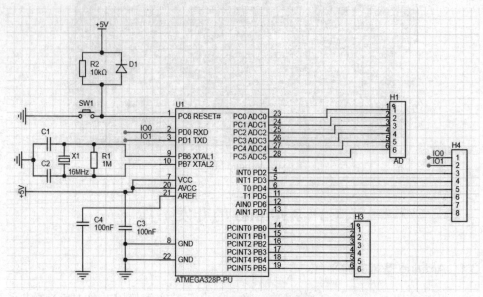

图 4-6   Arduino UNO 核心原理图

2. 指示灯

Arduino UNO 带有 4 个 LED 指示灯，作用分别是：①ON，电源指示灯，当 Arduino 通电时，ON 灯会点亮；②TX，串口发送指示灯，当使用 USB 连接到计算机且 Arduino 向计算机发送数据时，TX 灯会点亮；③RX，串口接收指示灯，当使用 USB 连接到计算机且 Arduino 从计算机接收数据时，RX 灯会点亮；④L，可编程控制指示灯，该 LED 通过电路连接到 Arduino 的 13 脚，当 13 脚为高电平或者高阻态时，该 LED 会点亮；当为低电平时，不会点亮。因此可以通过编程或者外部输入信号来控制该 LED 的亮灭。

3. 复位按键

按下该键，可以复位 Arduino 开发板。

4. 存储空间

Arduino 的存储空间可以通过使用外设芯片的方式来扩展。Arduino UNO 的存储空间分三种。①Flash 容量为 32KB。其中 0.5KB 作为 BOOT 区用于储存引导程序，实现通过串口下载程序的功能；另外的 31.5KB 作为用户程序的存储空间。相对于现在动辄几百吉字节的硬盘，可能让人觉得 32KB 太小了，但是在单片机上，32KB 已经可以存储很大的程序了。②SRAM 容量为 2KB。SRAM 相当于计算机的运行内存，当 CPU 进行运算时，要在其中开辟一定的存储空间。当 Arduino 断电或复位后，SRAM 的数据都会丢失。③EEPROM，容量为 1KB。EEPROM 的全称为电可擦写的可编程只读存储器，是一种用户可更改的只读存储器，其特点是在 Arduino 断电或复位后，其中的数据不会丢失。

5. 输入/输出端口

Arduino UNO 有 14 个数字输入/输出端口和 6 个模拟输入端口。①UART 通信，为 0（RX）和 1（TX）引脚，被用于接收和发送串口数据。这两个引脚通过连接到 ATmegal6U2 来与计算机进行串口通信。②外部中断，为 2 和 3 引脚，可以输入外部中断信号。③PWM 输出，为 3、5、6、9 和 11 引脚，可用于输出 PWM 波。④SPI 通信，为 10（SS）、11（MOST）、12（MISO）和 13（SCK）引脚，可用于 SPI 通信。⑤TWI/I2C 通信，为 A4（SDA）、A5（SCL）引脚和 TWI 接口，可用于 TWT 通信，兼容 IIC 通信。⑥AREF，模拟输入参考电压的输入端口。⑦Reset，复位端口。低电平有效，当复位键被按下时，会使该端口变为低电平，从而使 Arduino 复位。

4.3.2 Arduino 创意机器人实验平台

本教材的另一个实验平台是笔者经过 10 多年教学实践和总结之后自制的 Arduino 创意机器人实验平台，该平台面向具有一定软硬件基础的学生，可用于能力提高和培养拔尖实践人才的教学，主要目的是通过这种入门性质的、低成本的机器人教学，扩大学生受益面，激发学生好奇心，培养学生兴趣，从而为其在今后开展课外科技活动打下基础。

Arduino 创意机器人实验平台主要分为小车底盘和电路两大块。小车底盘采用 PCB 板，底盘上安装有机器人工作时需要的部件，具体包括：①各种传感器，例如巡线传感器、避障传感器和光强传感器等。②动力部件，两个提供驱动力的减速电机（带车轮）和 1 个 360°万向轮。动力电机安装在小车前面，左右对称安装；万向轮安装在小车后面中间位置。③供电电源，采用 7.2V 锂电池组，容量可达 2000mAh，保证足够的工作时间。电池安装在小车底部前轮和后轮中间的位置。图 4-7 所示为底盘结构（底视图），图 4-8 所示是平台的电路功能布局。

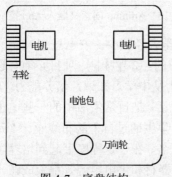

图 4-7　底盘结构

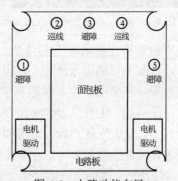

图 4-8　电路功能布局

该实验平台定位于基础入门，初学者可以在这个平台上设计一些简单的机器人，例如寻迹机器人、迷宫机器人等。实验平台实物如图 4-9 所示，中间是一个面包板，可以搭建一些辅助电路，例如显示、按键和各种传感器电路，结合 Arduino 编程实现一些创意功能，例如测量、光控等电路，从而拓展应用范围。采用面包板的好处是不必接触高温焊枪，非常安全，并且制作简单，容易掌握。

另外为了拓展软件知识面，提升读者创新能力，该平台接入互联网，读者可以通过手机 App 编程，实现对机器人的运动控制，例如数据测量采集、视频回传等，App 界面如图 4-10 所示。

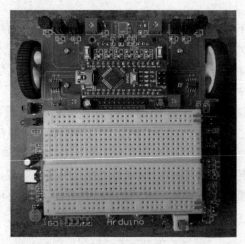

图 4-9　Arduino 创意机器人实物图

图 4-10　Arduino 创意机器人 App 控制界面

实验平台的设计要求有下述几个。①安全性。初学者经验少，安全意识欠缺，同时这些电子制作项目都需要通电才能工作，因而安全是第一位的。②趣味性。项目必须有趣且不失简单，能寓教于乐和吸引学生。学生有了兴趣，才有动力从中学习知识，培养能力。③实用性。这些项目除了有趣，还有一定的实用性，项目来源于生活，把日常生活中的一些电子产品原理应用到项目中，贴近生活实际，有亲切感。④创新性。学生通过自主的布线设计、元件参数计算和编程等，认真思考和学习，方可解决问题和完成任务，在一定程度上起到培养学生创造力的作用。⑤便携性。这些项目需要用到的电路板、元件器材和供电电源等都集成在一个小型开发板系统上，便于携带。

根据上述项目的设计要求和安全考虑，设计采取以下措施：首先是采用面包板，面包板具有若干小型插孔，可以根据电路连接要求，在相应孔内插入元件引脚和导线等，使其与孔内金属片接触，由此连接成所需的实验电路。因此，面包板没有常规电路的焊接环节，不必接触高温焊枪，非常安全。在电路供电方面，采用 7.2V 锂电池供电，电路工作电压低，并且无需连接 220V 市电,杜绝触电隐患,非常安全。

设计的趣味性电子制作包括第三章介绍过的灯光类、开关类、音效类,如电子萤火虫、声光控延时小夜灯、触摸调光开关、LED 流水灯、电子口技、能画出声音的音乐铅笔和红外无线耳机等。这些项目有的是声光显示的作品,例如电子萤火虫、电子口技等,这些项目都来源于日常生活,有一定的实用性。有的则是由生活中的一些电子产品移植过来,例如触摸开关、声光控延时小夜灯和红外无线耳机等,由于贴近生活,学生必然会有亲切感,从而产生极大的兴趣。当代大学生的特点是活跃、好奇,通过这些声光结合、贴近生活的趣味小项目小制作,引起学生的兴趣,激发他们的好奇心和创造力。除了上面几种简单好玩的趣味小制作,本书还介绍了其他一些有趣、难度相对大、内容较新的项目。例如声波悬浮装置,利用超声波发生器产生声波,把泡沫小球悬浮起来。学生通过实验,不但可以学到电子知识,还学到了声波的原理,有效促进了学科交叉。简易电磁炮用电磁力作为动力发射,这也是目前世界上军事火炮技术的最新发展方向。学生在制作项目时可以体会到新技术并不一定是高高在上的,只要努力付出,普通人一样可以学会新技术。此外,实验平台还包含巡线机器人,底部采用 2 路灰度传感器来检测黑线走向,控制小车沿黑线行走,比比谁走得又快又稳。还有迷宫机器人,也是一个很经典的机器人项目。采用左、中、右三路避障传感器来检测迷宫墙壁,机器人可以选择"左手法则"和"右手法则"两种常规算法,比比谁能在最短的时间里走出迷宫。还有吸尘机器人,这个项目非常贴近生活。除了上述几个有趣的机器人项目,还有垃圾分类机器人、灭火机器人和相扑机器人等,因篇幅有限,这里不做具体介绍。以上项目兼具趣味性和难度,不仅培养学生自主思考能力,促进素质教育的目标达成,而且为学生今后从事其他科技活动打下良好的基础。

4.3.3 面包板与电源模块联合使用介绍

1. 面包板介绍

面包板是实验中用于搭接电路的重要工具,熟练掌握面包板的使用方法是提高实验效率,减少实验故障几率的重要基础之一。面包板可以分为 Mine、400 孔和 860 孔的面包板,下面就面包板的结构和使用方法做简单的介绍。400 孔的面包板如图 4-11 所示,面包板可以分为电源区和中元器件区,凹槽将中元器件分为纵向 5 个插孔相连通的两部分。面包板电源区结构如图 4-12 所示。

电源区上下两行之间电气不连通,分别用来接 VCC 和 GND,每 5 个插孔为一组(通常称为"孤岛"),通常面包板上有 10 组。这 10 组"孤岛"一般有 3 种内部结构:①左边 5 组内部电气连通,右边 5 组内部电气连通,但左右两边之间不连通,这种结构通常称为 5-5 结构;②左边 3 组内部电气连通,中间 4 组内部电气连通,右边 3 组内部电气连通,但左边 3 组、中间 4 组以及右边 3 组之间是不连通的,这种结构通常称为 3-4-3 结构;③10 组"孤岛"都连通,这种结构最简单。面包板的中元器件区结构如图 4-13 所示。

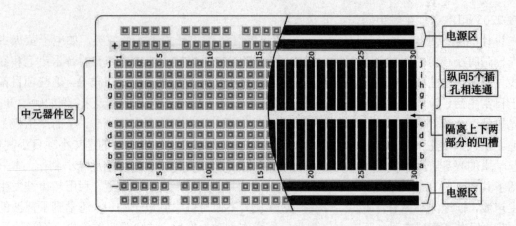

图 4-11　400 孔面包板

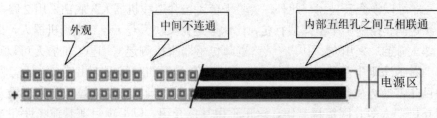

图 4-12　面包板电源区结构

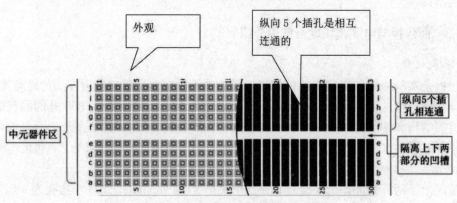

图 4-13　面包板中元器件区内部结构

中元器件区由中间一条隔离凹槽和上下各 5 行的插针构成，在同一列中的 5 个插针是相互连通的，列和列之间以及凹槽上下两部分则是不连通的。Mine 面包板如图 4-14 所示，它没有电源区，只有中元器件区。图 4-15 所示为 860 孔面包板。

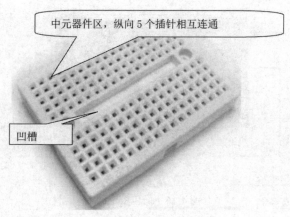

中元器件区，纵向 5 个插针相互连通

凹槽

图 4-14　Mine 面包板

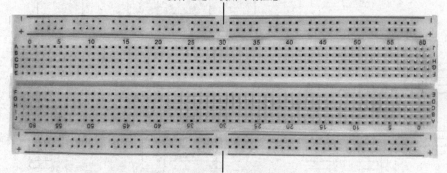

注意：此处的横线，断开代表此处
没有连通，使用时请注意

注意：此处的横线，断开代表此处
没有连通，便用时请注意

图 4-15　860 孔面包板

2. 面包板电源模块介绍

面包板的电源模块实物图如图 4-16 所示，原理图如图 4-17 所示，与面包板的连接方法如图 4-18 所示。面包板电源模块有以下几个特点：①兼容 5V、3.3V 电压供电；②上下两路电源独立控制，可切换为 3.3V 或 5V；③输出电压：3.3V、5V；④最大输出电流：<700mA；⑤上下两路独立控制，可切换为 0V、3.3V、5V；⑥板载两组 3.3V、5V 电压直流输出插针带自锁开关指示灯；⑦稳压芯片为 A1117-5.0 和 A1117-3.3；⑧可作为单片机、电子积木、智能小车、Arduino 机器人等电源扩展，简单实用，方便实验与设计；⑨模块输入 6.5～12V。需要注意的是，如果输入 5V 是得不到 5V 电压的，因为稳压芯片输入输出需要有电压差，不然无法工作。

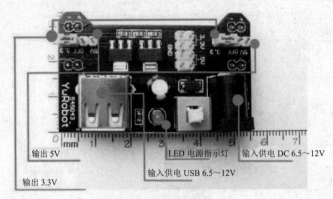

输出 5V　　　　　　　　　　LED 电源指示灯　　输入供电 DC 6.5～12V

输出 3.3V　　　　　　输入供电 USB 6.5～12V

图 4-16　面包板电源

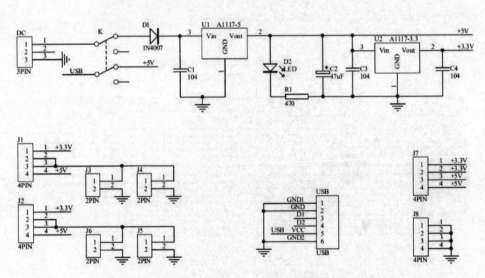

图 4-17　面包板电源原理图

图 4-18　面包板电源使用方法

4.3.4 Arduino IDE 的安装方法

本书需要 Arduino IDE 平台，软件可到 Arduino 官网进行下载。在浏览器打开官网后，可以看到如图 4-19 所示的 Arduino IDE 下载界面。在该界面中，可以看到 IDE 的不同版本和不同运行环境，需要读者根据自己的电脑系统进行下载，此处以 Arduino IDE 1.8.9 版为例。

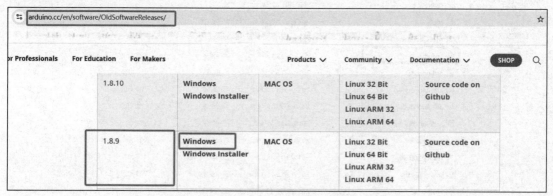

图 4-19　Arduino IDE 下载界面

下载完成后，会得到图 4-20 所示的 Arduino IDE 压缩包，将压缩包进行解压后的文件如图 4-21 所示，其中 drivers 是驱动软件，在安装 arduino.exe 时会自动安装驱动。因为 arduino.exe 的安装很简单，这里不再讲解，建议在安装过程中退出杀毒软件，否则可能会影响 IDE 的安装。安装结束后，双击 arduino.exe 即可进入 IDE 程序编写界面。

图 4-20　ArduinoIDE 安装包

IDE 安装结束后接上 Arduino 主板，右击"我的电脑"，选择"属性"→"设备管理器"，查看"端口（COM 和 LTP）"。如果看到如图 4-22 所示的界面，则说明驱动已安装成功，这时打开 IDE，在工具栏中选择对应的开发板型号和端口就正常使用了。如果出现图 4-23 所示的问题，则说明电脑没有识别到开发板，需要自己安装驱动程序。下面介绍驱动安装方法。

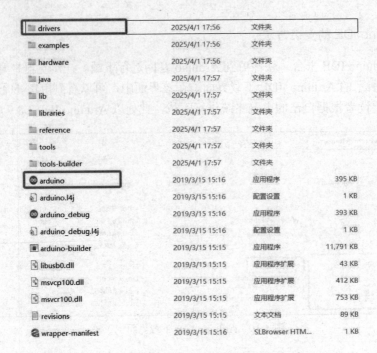

图 4-21　解压后的文件

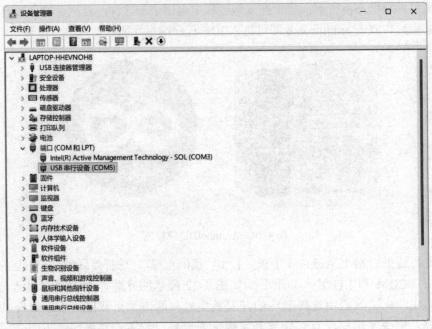

图 4-22　端口查看

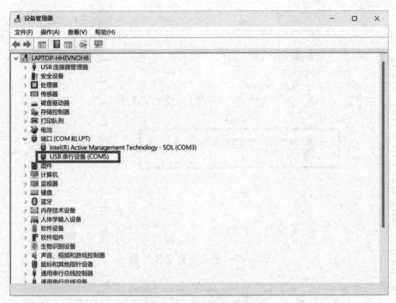

图 4-23　驱动未安装成功

（1）右击"我的电脑"，打开设备管理器，查看端口（COM 和 LPT）。此时你会看到一个"USB 串行端口"，右击"USB 串行端口"并选择"更新驱动程序软件"选项，如图 4-24 所示。

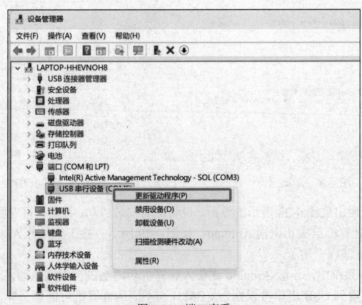

图 4-24　端口查看

（2）选择"浏览计算机以查找驱动程序软件"选项，如图 4-25 所示。

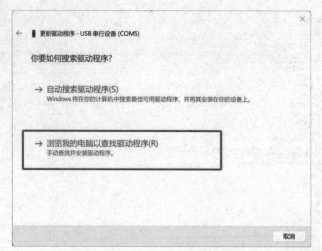

图 4-25　驱动更新选择界面

（3）选择名为 drivers 的驱动程序文件，即位于 Arduino 文件夹下 drivers 文件夹，如图 4-26 和图 4-27 所示。

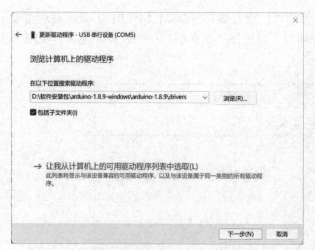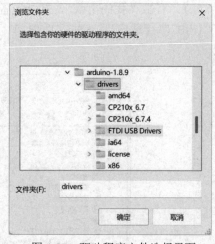

图 4-26　驱动选择　　　　　　　　　　　　　图 4-27　驱动程序文件选择界面

（4）安装之后出现图 4-28 所示的界面，说明驱动安装成功。此时，再返回"设备管理器"界面，可以看到计算机已成功识别 Arduino，如图 4-29 所示。接下来打开 Arduino 编译环境，就可开启 Arduino 编程之旅了。

Windows 10 系统中，正版 Arduino 在接入计算机后，系统会识别驱动，无需手动安装。从图 4-29 中可以看到 USB 串口被识别为 COM3，但不同的计算机可能不一样，可能是 COM4、COM5 等。如果没找到 USB 串口，则有可能是安装有误或者系统不兼容。

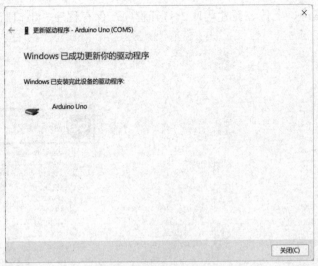

图 4-28　驱动安装成功界面

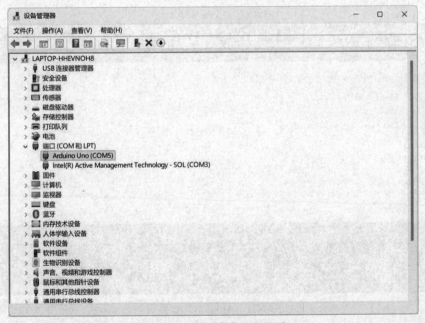

图 4-29　驱动成功识别界面

4.3.5　Arduino IDE 的使用方法

　　首先进入软件目录，如果是免安装的版本，就可以看到 arduino.exe 文件，双击打开 IDE，软件目录如图 4-30 所示。打开 Arduino 的 IDE 界面之后可以看到如图 4-31 所示的界面，工具栏按钮功能依次为编译、上传、新建程序、打开程序、保存程序、串口监视器。

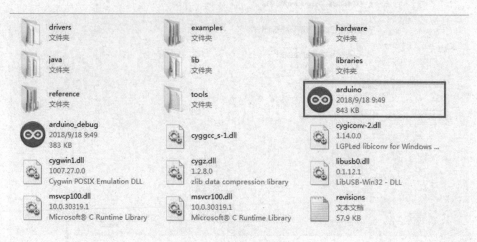

图 4-30　软件目录

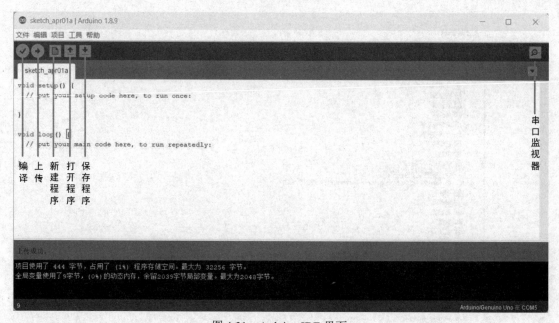

图 4-31　Arduino IDE 界面

　　菜单栏上有 5 个选项，本书主要介绍常用的"文件"和"工具"选项。单击"文件"，弹出如图 4-32 所示的界面，可以看到"示例"和"首选项"等子选项，其中"示例"是 Arduino 自带的一些程序，这些都是编译无误、可正常使用的程序，对初学者有很大的帮助，可以经常查看相关例程。"首选项"子选项中主要是参数的设置，如语言、字体等。

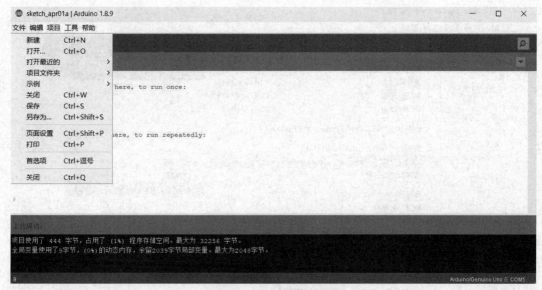

图 4-32　文件菜单栏选项

单击"工具"选项，弹出如图 4-33 所示的界面，可以看到"开发板"和"端口"等子选项。在"开发板"子选项中可以看到常用的 Arduino 开发板型号，读者只需要根据自己手中的开发板进行选择即可。在"端口"选项中主要是对 USB 串行端口进行选择，如图 4-34 所示，如果不确定如何选择，可先在"设备管理器"中查看，如图 4-35 所示，然后选择对应的 COM 口即可。

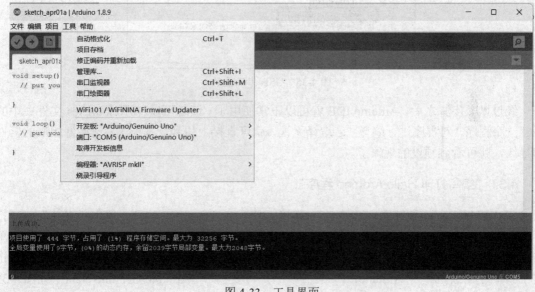

图 4-33　工具界面

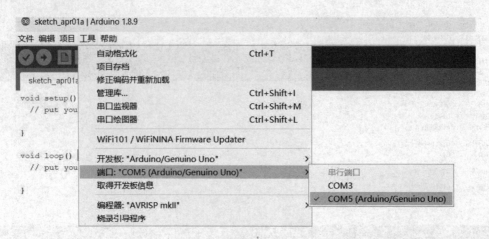

图 4-34　USB 串口选择

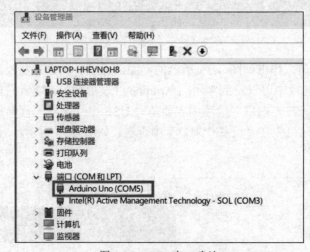

图 4-35　USB 串口确认

　　经过以上步骤之后，Arduino IDE 就可以正常使用了。读者可以打开 examples 文件夹中的任意一个程序，对程序进行编译，若编译无误，就可直接上传到开发板了，连接好相应的器件和导线，就可看到预设的现象了。

4.3.6　编写打印 Hello Arduino 程序

　　将 Arduino Nano 和计算机通过 USB 连接，打开 Arduino IDE 软件，单击"文件"→"打开"→HelloArduino.ino→"打开"，如图 4-36 和图 4-37 所示。接着打开 Arduino IDE 软件，单击"工具"→"端口"→COM42（不同的计算机端口号不一样），如图 4-38 所示。然后单击"工具"→"编程器"→ArduinoISP，"工具"→"开发板"→Arduino/Genuino Nano，如图 4-39所示。再单击上传按钮，开始上传程序，如图 4-40 所示。

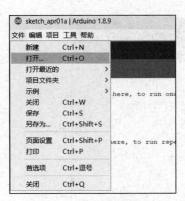

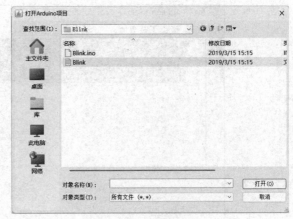

图 4-36　打开选项界面　　　　　　　　图 4-37　选择文件

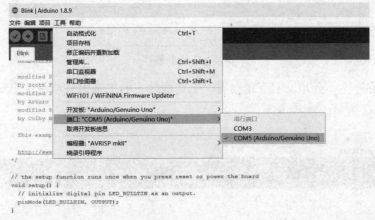

图 4-38　端口选择

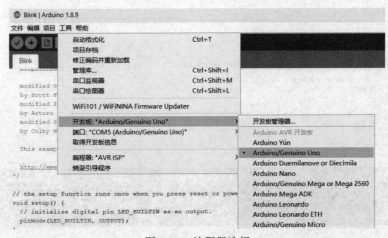

图 4-39　编程器选择

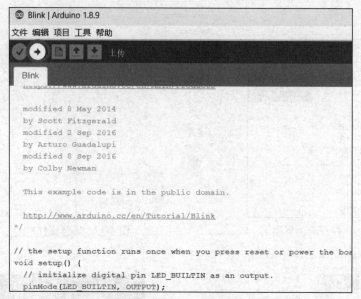

图 4-40　上传程序

上传程序后等待一会儿，左下角会有"上传成功"的提示，证明程序已经成功烧录，如图 4-41 和图 4-42 所示。

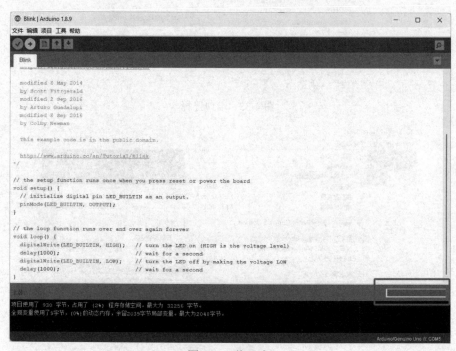

图 4-41　烧录中

```
modified 8 May 2014
by Scott Fitzgerald
modified 2 Sep 2016
by Arturo Guadalupi
modified 8 Sep 2016
by Colby Newman

This example code is in the public domain.

http://www.arduino.cc/en/Tutorial/Blink
*/

// the setup function runs once when you press reset or power the board
void setup() {
  // initialize digital pin LED_BUILTIN as an output.
  pinMode(LED_BUILTIN, OUTPUT);
}

// the loop function runs over and over again forever
void loop() {
  digitalWrite(LED_BUILTIN, HIGH);   // turn the LED on (HIGH is the voltage level)
  delay(1000);                       // wait for a second
  digitalWrite(LED_BUILTIN, LOW);    // turn the LED off by making the voltage LOW
  delay(1000);                       // wait for a second
}
```

上传成功。

项目使用了 930 字节，占用了 (2%) 程序存储空间，最大为 32256 字节。
全局变量使用了9字节，(0%)的动态内存，余留2039字节局部变量。最大为2048字节。

Arduino/Genuino Uno 在 COM5

图 4-42　烧录完成

打开串口监视器，如图 4-43 和图 4-44 所示，将波特率设置为 9600（波特率要和代码中的一致，否则打印的内容会出现乱码），会看到串口不断地打印"Hello Arduino!"。

图 4-43　串口监视器开关

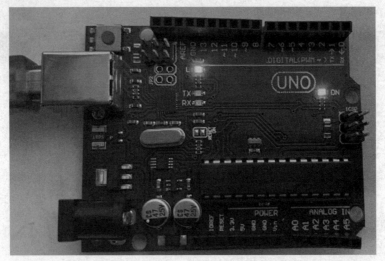

图 4-44　串口打印

可能遇到的问题及解决办法，第一种情况：端口未选择，如图 4-45 所示。

图 4-45　报错解决

原因有以下几种：①既用了 mBlock 软件又用了 Arduino IDE 上传程序，导致端口被占用，这个时候应关闭 mBlock 软件；②更换了 Arduino 主板，但是未更换端口的；③更换程序后忘记选择端口或者端口被原程序占用，这个时候应关闭原程序。以上问题解决的方法如下：①看提示框的提示内容：can't open device \\COM4，即无法打开端口；②这个时候可以打开"我的电脑"→"属性"→"设备管理器"，查看"端口（COM 和 LTP）"，如图 4-46 所示。

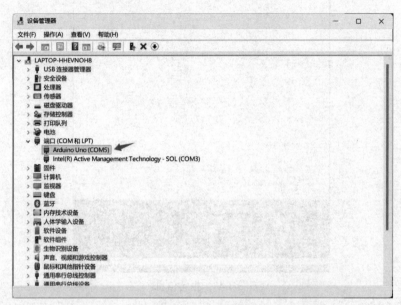

图 4-46　串口查看

打开"工具"→"端口"，如图 4-47 所示。

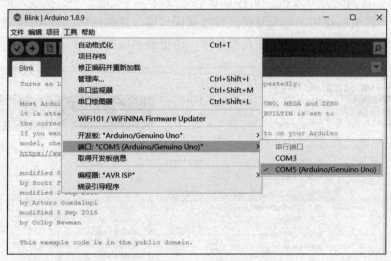

图 4-47　串口查看

第二种情况是开发板错误，如图 4-48 所示。

图 4-48　报错信息

问题分析如下：可能开发板没选择或者开发板选错了，也可能开发板本身没有烧录程序，阅读提示框的提示内容，结合提示信息一步步排除错误。①依次单击"工具"→"开发板"，如图 4-49 所示，重新选择开发板；②Type-B 数据线松动，拔插一下数据线，重新上传；③实验时接线错误导致主板烧坏，这个时候试试按复位按键，拔掉所有的杜邦线，重新上传程序。如果上传程序一直不成功，则可能主板有故障，请更换主板。

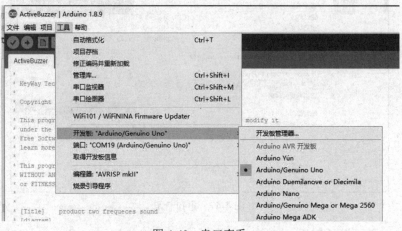

图 4-49　串口查看

4.4 Arduino 编程语言及程序结构

Arduino 使用 C/C++语言编写程序，虽然 C++兼容 C 语言，但是这两种语言又有所区别。C 语言是一种面向过程的编程语言，而 C++是一种面向对象的编程语言。早期的 Arduino 核心库使用 C 语言编写，后来引入了面向对象的思想，目前最新的 Arduino 核心库采用 C 与 C++混合编写。

通常所说的 Arduino 语言是指 Arduino 核心库文件提供的各种应用程序编程接口（Application Programming Interface，API）的集合。这些 API 是对更底层的单片机支持库进行二次封装所形成的。例如，使用 AVR 单片机的 Arduino 核心库是对 AVR-Libc（基于 GCC 的 AVR 支持库）的二次封装。在传统 AVR 单片机开发中，将一个 I/O 口设置为输出高电平状态需要以下操作：

```
DDRB |= ( 1<<5);
PORTB |= ( 1<<5);
```

其中 PORTB 和 DDRB 都是 AVR 单片机中的寄存器。在传统开发方式中，需要理清每个寄存器的意义及其相互之间的关系，然后通过配置多个寄存器来达到相应的功能。但在 Arduino 中的操作为：

```
pinMode(13, OUTPUT);
digitalWrite(13, HIGH);
```

这里 pinMode 即设置引脚的模式，这里设定了 13 脚为输出模式，而 digitalWrite(13，HIGH) 则是使 13 脚输出高电平数字信号。这些封装好的 API 使得程序中的语句更容易理解，因此可以不用理会单片机中繁杂的寄存器配置就能直观地控制 Arduino，在增强了程序可读性的同时，也提高了开发效率。

4.4.1 Arduino 程序结构

Arduino 的主流编程方式有三种，可以根据自己的基础选择一种编程方式，这三种编程方式分别是：

（1）使用 Arduino IDE 编程。这个软件利用纯代码编程，需要用户有一定 C 语言或其他类似语言基础。

（2）mBlock 的界面和逻辑继承自 Scratch，采用积木块拖拽编程，适合编程初学者快速上手，可通过"实时模式"直接控制硬件，即时调试代码。

（3）Mixly 是针对 Arduino 硬件设计的图形化编程工具，适合快速开发传感器、执行器等电子项目，支持直接生成 Arduino 代码，方便用户对照学习底层逻辑。依赖开源社区更新，功能扩展性较强，但商业化支持较少。

本教材以 Arduino IDE 编程方式为主。Arduino 的程序结构与传统 C/C++的程序结构有所不同，Arduino 程序中没有 main()函数。其实并不是 Arduino 程序中没有 main()函数，而是 main()函数的定义隐藏在了 Arduino 的核心库文件中。在进行 Arduino 开发时一般不直接操作 main()

函数，而是使用 setup()和 loop()这两个函数。可以通过选择"文件"→"示例"→01.Basics→ BareMinimum 菜单项来查看 Arduino 程序的基本结构：

```
void setup() {
//put your setup code here, to run once:
}
void loop() {
//put your main code here, to run repeatedly:
}
```

Arduino 程序的基本结构由 setup()和 loop()两个函数组成。

（1）setup()函数。Arduino 控制器通电或复位后，即会开始执行 setup()函数中的程序，该程序只会执行一次。通常是在 setup()函数中完成 Arduino 的初始化设置，如配置 I/O 口状态和初始化串口等操作。

（2）loop()函数。setup()函数中的程序执行完毕后，Arduino 会接着执行 loop()函数中的程序。而 loop()函数是一个死循环，其中的程序会不断地重复运行。通常是在 loop()函数中完成程序的主要功能，如驱动传感器等。

（3）Arduino 其他常用函数。

1）pinMode(pin,mode)。数字 I/O 口输入输出模式定义函数，pin 表示为 0～13，mode 表示为 INPUT 或 OUTPUT。

2）digitalWrite(pin,value)。数字 I/O 口输出电平定义函数，pin 表示为 0～13，value 表示为 HIGH 或 LOW。比如定义 HIGH 可以驱动 LED。

3）digitalRead(pin)。数字 I/O 口读输入电平函数，pin 表示为 0～13，value 表示为 HIGH 或 LOW。比如可以读数字传感器。

4）analogRead(pin)。模拟 I/O 口读函数，pin 表示为 0～5（Arduino Diecimila 为 0～5，Arduino nano 为 0～7）。比如可以读模拟传感器（10 位 AD，0～5V 表示为 0～1023）。

5）analogWrite(pin, value)。PWM 输出函数，Arduino 数字 I/O 口标注了 PWM 的 I/O 口可使用该函数，pin 表示 3、5、6、9、10、11，value 表示为 0～255。可用于电机 PWM 调速或音乐播放等。

6）delay(ms)。延时函数，单位 ms。

7）delayMicroseconds(us)。延时函数，单位 μs。

4.4.2 C/C++语言基础

C/C++语言是国际上广泛流行的计算机高级语言。在进行绝大多数的硬件开发时，均使用 C/C++语言，Arduino 也不例外。使用 Arduino 时需要有一定的 C/C++基础，由于篇幅有限，在此仅对 C/C++语言基础进行简单介绍。在此后的章节中还会穿插介绍一些特殊用法。

1. 数据类型

在 C/C++语言程序中，数据类型可以分为常量和变量。

（1）常量。在程序运行过程中，其值不能改变的量称为常量。常量可以是字符，也可以是数字，通常使用语句：

```
#define 常量名 常量值
```

如在 Arduino 核心库中已定义的常量 PI，即使用以下语句定义：

```
#define  PI  3.1415926535897932384626433832795
```

（2）变量。程序中可变的值称为变量。其定义方法是：

```
类型  变量名;
```

例如定义一个字符型变量 i 的语句是：

```
char i;
```

可以在定义变量的同时为其赋值，也可以在定义之后，再对其赋值，例如：

```
char i= 9;
```

和

```
char i;
i = 95;
```

两者是等效的。变量有以下几种常用的数据类型：

（1）整型就是整数类型。Arduino 可使用的整数类型及其取值范围见表 4-1。在 Arduino 中，int 型及 unsigned int 型占 4 个字节（32 位）。

（2）浮点数其实就是平常所说的实数。在 Arduino 中有 float 和 double 两种浮点类型，但在使用 AVR 作为控制核心的 Arduino（Nano、MEGA 等）上，两者的精度是一样的，都占用 4 字节（32 位）内存空间。值得注意的是，在 Arduino Due 中，double 类型占用 8 字节（64 位）内存空间。浮点型数据的运算较慢且有一定误差，因此，通常会把浮点型转换为整型来处理相关运算。如 4.8cm，通常会换算为 48mm 来计算。

表 4-1　数据类型

类型	取值范围	说明
int	−32768～32767	整型
unsigned int	0～65535	无符号整型
Long	−2147483648～2147483647	长整型
unsigned long	0～4294967295	无符号长整型
short	−32768~32767	短整型

（3）字符型，即 char 类型，占用 1 字节的内存空间，主要用于存储字符变量。在存储字符时，字符需要用单引号引用，如

```
char c = 'A';
```

字符都是以数字形式存储在 char 类型变量中的，数字与字符的对应关系请参照表 4-2 中所示的 ASCII 码表。

表 4-2 ASCII 码表

ASCII 值	控制字符	ASCII 值	控制字符	ASCII 值	控制字符	ASCII 值	控制字符
0	NUT	32	(Space)	64	@	96	`
1	SOH	33	!	65	A	97	a
2	STX	34	"	66	B	98	b
3	ETX	35	#	67	C	99	c
4	EOT	36	$	68	D	100	d
5	ENQ	37	%	69	E	101	e
6	ACK	38	&	70	F	102	f
7	BEL	39	'	71	G	103	g
8	BS	40	(	72	H	104	h
9	HT	41	)	73	I	105	i
10	LF	42	*	74	J	106	g
11	VT	43	+	75	K	107	k
12	FF	44	,	76	L	108	l
13	CR	45	-	77	M	109	m
14	SO	46	.	78	N	110	n
15	SI	47	/	79	O	111	o
16	DLE	48	0	80	P	112	p
17	DC1	49	1	81	Q	113	q
18	DC2	50	2	82	R	114	r
19	DC3	51	3	83	S	115	s
20	DC4	52	4	84	T	116	t
21	NAK	53	5	85	U	117	u
22	SYN	54	6	86	V	118	v
23	TB	55	7	87	W	119	w
24	CAN	56	8	88	X	120	x
25	EM	57	9	89	Y	121	y
26	SUB	58	:	90	Z	122	z
27	ESC	59	;	91	[	123	{
28	FS	60	<	92	\	124		
29	GS	61	=	93	]	125	}
30	RS	62	>	94	^	126	~
31	US	63	?	95	_	127	DEL

（4）布尔型（boolean）变量，它的值只有两个：真和假，占用 1 字节的内存空间。

2．数据运算符

C/C++语言中有多种类型的运算符，常见运算符见表 4-3。

表 4-3　运算符

运算符类型	运算符	备注
算术运算符	=	赋值
	+	加法
	-	减法
	*	乘法
	/	除法
	%	取余
比较运算符	==	等于
	!=	不等于
	<	小于
	>	大于
	<=	小于等于
	>=	大于等于
逻辑运算符	&&	与
	||	或
	!	非
复合运算符	++	自加
	--	自减
	+=	复合加
	-=	复合减

3．表达式

通过运算符将运算对象连接起来的式子称为表达式，如 5+6、a*b、5<9 等。

4．数组

数组是由一组具有相同数据类型的数据构成的集合。数组概念的引入，使得在处理多个相同类型的数据时程序更加清晰和简洁。定义方式如下：

数据类型　数组名称[数组元素个数];

如，定义一个有 10 个 char 型元素数组的语句为

char a[10];

如果要访问一个数组中的某一个元素，则需要使用语句：

数组名称[下标]

需要注意的是，数组下标是从 0 开始编号的。如，将数组 a 中的第 1 个元素赋值为 5 的语句为：

a[0] = 5;

除了使用以上方法对数组赋值外，也可以在数组定义时对数组进行赋值。如语句：

int b[3] = {1,2,3};

和语句：

```
int b[3];
b[0] = 1;
b[1] = 2;
b[2] = 3;
```

是等效的。

5. 字符串

字符串的定义方式有两种：一种是以字符型数组方式定义；另一种是使用 String 类型定义。以字符型数组方式定义的语句为：

char 字符串名称[字符个数];

使用字符型数组方式定义的字符串，其使用方法与数组的使用方法一致，有多少个字符便占用多少字节的存储空间。而在大多数情况下使用 String 类型来定义字符串，该类型提供了一些操作字符串的成员函数，使得字符串使用起来更为灵活。定义语句是：

String 字符串名称；

如语句：

String a;

即可定义一个名为 a 的字符串。可以在定义字符串时为其赋值，也可以在定义以后为其赋值，如语句：

```
String a;
a="arduino";
```

或

String a="arduino";

是等效的。同时，使用 String 类型定义字符串会占用更多的存储空间。

6. 注释

"/*" 与 "*/" 之间的内容及 "//" 之后的内容均为程序注释，使用它们可以更好地管理代码。注释不会被编译到程序中，因此不影响程序的运行。为程序添加注释的方法有两种：

（1）单行注释。

//注释内容

（2）多行注释。

```
/*
注释内容 1
注释内容 2
```

```
…
*/
```

7. 用流程图表示程序

流程图采用一些图框来表示各种操作。用图形表示算法，直观形象，易于理解。特别是对于初学者来说，使用流程图有助于更好地理清思路，从而顺利编写相应的程序。ANSI 规定了一些常用的流程图符号，如图 4-50 所示。

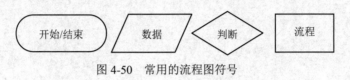

图 4-50　常用的流程图符号

8. 顺序结构

顺序结构是三种基本结构之一，也是最基本、最简单的程序组织结构。在顺序结构中，程序按语句的先后顺序依次执行。一个程序或者一个函数在整体上是一个顺序结构，它由一系列语句或者控制结构组成，这些语句与结构都按先后顺序运行。顺序结构如图 4-51 所示，其中 A、B 两个流程是顺序执行的，即在执行完 A 框中的操作后执行 B 框中的操作。

9. 选择结构

选择结构又称选取结构或分支结构。在编程中，经常需要根据当前数据做出判断，以决定下步的操作。例如，Arduino 可以通过超声波传感器检测出小车离障碍物的距离，当小车离障碍物距离较近时，则控制小车左转或者右转，避免小车撞上障碍物。这时就会用到选择结构。如图 4-52 所示是一个选择结构，该结构中包含一个判断框。根据判断框中的条件 P 是否成立来选择执行 A 框或者 B 框。执行完 A 框或者 B 框的操作后，都会经过 b 点而脱离该选择结构。选择语句有下述 4 种形式。

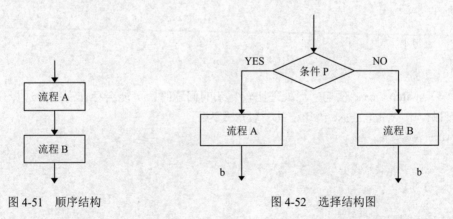

图 4-51　顺序结构　　　　　　图 4-52　选择结构图

（1）if 语句。if 语句是最常用的选择结构实现方式，当给定的表达式为真时，就会运行其后的语句。if 语句结构形式如下：

```
if(表达式)
{
    语句;
}
```

（2）if else 语句。

```
if(表达式)
{
    语句 1;
}
else
{
    语句 2;
}
```

（3）多分支。

```
if(表达式 1)
{
    语句 1;
}
else if(表达式 2)
{
    语句 2;
}
else if(表达式 3)
{
    语句 3;
}
else if(表达式 4)
{
    语句 4;
}
…
```

（4）switch…case 语句。当处理比较复杂的问题时，可能会存在有很多选择分支的情况，此时可以使用 switch…case 语句，其一般形式为：

```
switch(表达式)
{
    case 常量表达式 1:
    语句 1;
    break;
    case 常量表达式 2:
    语句 2;
    break;
    case 常量表达式 3:
```

```
        语句 3;
        break;
    case 常量表达式 4:
        语句 4;
        break;
        …
    }
```

需要注意的是，switch 后的表达式的结果只能是整型或字符型，如果使用其他类型，则必须使用 if 语句。switch 结构会将 switch 语句后的表达式与 case 后的常量表达式比较，如果相符就运行常量表达式所对应的语句；如果都不相符，则会运行 default 后的语句；如果不存在 default 部分，程序将直接退出 switch 结构。在进入 case 分支并执行完相应程序后，一般要使用 break 语句退出 switch 结构。如果没有使用 break 语句，则程序会继续执行后续分支，直到有 break 的位置才退出或运行完该 switch 结构。switch...case 语句的流程图表示方法如图 4-53 所示。

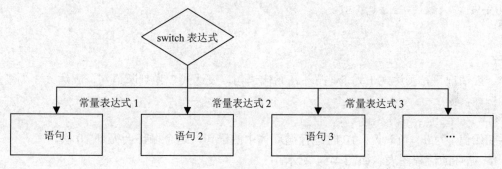

图 4-53　switch… case 语句

10. 循环结构

循环结构又称重复结构，即反复执行某一流程的操作。有两类循环结构："当"（while）循环和"直到"（until）循环。"当"型循环结构会先判断给定条件，当给定条件不成立时，即退出该结构，当条件成立时，执行循环体，再次判断条件是否成立，如此反复，直到条件不成立。循环结构有下述几种。

（1）while 循环。while 循环是一种"当"型循环。当满足一定条件后，才会执行循环体中的语句，其一般形式为：

```
while(表达式)
{
    语句;
}
```

在某些 Aduino 应用中，可能需要建立一个无限循环。当 while 后的表达式永远为真或为 1 时，便是一个无限循环，即：

```
while(1)
```

```
{
    语句;
}
```

（2）do...while 循环。do...while 循环与 while 循环不同，是一种"直到"循环，它会一直循环到给定条件不成立时为止。它会先执行一次 do 语句后的循环体，再判断是否进行下一次循环，即：

```
do
{
    语句;
}
while(表达式)
```

（3）for 循环。for 循环比 while 循环更灵活且应用广泛，它不仅适用于循环次数确定的情况，也适用于循环次数不确定的情况。while 和 do...while 都可以替换为 for 循环。其一般形式为：

```
for(表达式 1;表达式 2;表达式 3)
{
    语句 1;
}
```

一般情况下，表达式 1 为 for 循环初始化语句，表达式 2 为判断语句，表达式 3 为增量语句。例如：

```
for(i = 0; i<10; i++){}
```

表示初始值 i 为 0，当 i 小于 10 时运行循环体中的语句，这个循环会循环 10 次。

for 循环的流程图表示如图 4-54 所示。

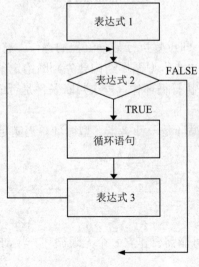

图 4-54　循环语句图

（4）循环控制语句。循环结构中都有一个表达式用于判断是否进入循环。在通常情况下，当该表达式的结果为 false（假）时会结束循环。但有时候却需要提前结束循环，或是已经达到了规定条件，可以跳过本次循环，此时可以使用循环控制语句 break 和 continue 实现。

1）break 语句只能用于 switch 多分支选择结构和循环结构中，使用它可以终止当前的选择结构或者循环结构，使程序转到后续的语句运行。break 在 if 语句中使用的一般形式为：

```
if(表达式)
{
    break;
}
```

2）continue 语句用于跳过本次循环中剩下的语句，并且判断是否开始下一次循环。同样，continue 在 if 语句中使用的一般形式为：

```
if(表达式)
{
    continue;
}
```

4.4.3　Arduino 传感器扩展

在面包板上接插元件固然方便，但需要有一定的电子知识来搭建各种电路。而使用传感器扩展板则只需要通过连接线，把各种模块接插到扩展板上即可。使用传感器扩展板可以更快速地搭建出自己的项目。传感器扩展板如图 4-55 所示，它是最常用的 Arduino 扩展硬件之一。

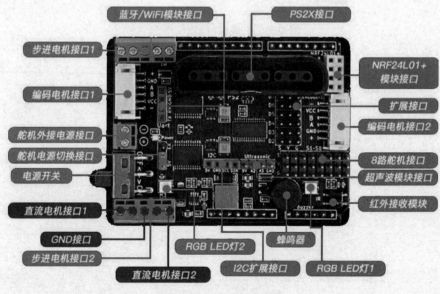

图 4-55　传感器扩展板

通过扩展板转换，各个引脚的排座变为更方便接插的排针。数字 I/O 引脚和模拟输入引脚处有红黑两排排针，以"+""–"号标识。"+"表示 VCC，"–"表示 GND。在一些厂家的扩展板上，VCC 和 GND 也可能会以"V""G"标识。通常习惯用红色代表电源（VCC），黑色代表地（GND），其他颜色代表信号（signal）。传感器与扩展板间的连接线也遵守这样的习惯。如图 4-56 至图 4-59 所示，在使用其他模块时，只需按照颜色将模块插到相应的引脚便可使用。

图 4-56　扩展板与 UNO 相连

图 4-57　扩展板与 4 路直流电机

图 4-58 扩展板与 2 路编码电机

图 4-59 扩展板与 4 路舵机

第5章 Arduino 基础实例

该章的实验基于本书相关的自制实验平台，可以通过修改程序将其用于其他实验板上。

5.1 Arduino 流水灯实验

1. 实验任务

编写程序控制 8 个 LED 灯实现单个 LED 交替点亮，不断循环。

2. 实验原理

电路原理图如图 5-1 所示。首先 Arduino 的 D2 接口连接到 LED 灯 V1，通过给 D2 端口低电平点亮 V1，并保持一定时间，然后给 D2 端口高电平关闭它，接着以相同的方式点亮 D3 端口所接 V2，保持一定时间然后关闭，依次循环，可以实现流水灯的效果。

3. 硬件说明

LED 的导通压降约为 1.8V，导通电流在 5mA 和 20mA 之间。8 个 LED 通过限流电阻与 Arduino 的 D2 至 D9 口相连，电阻的阻值大小影响 LED 的亮度。当 I/O 口的某位为低，则对应的 LED 亮。以连接 D2 口的 V1 为例，当 D2=1 时，V1 的电压为 5V，所以电流 $I=0$，灯不亮；当 D2=0 时，D2 的电压为 0V，$I=(5-1.8)/1000A$，因为有较大的电流流过发光二极管而被点亮。

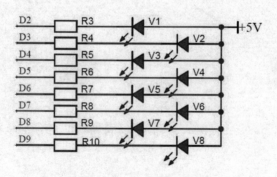

图 5-1 LED 流水灯电路原理图

4. 实验结果

通过接通 UNO 开发板的电源，并用面包板搭建硬件流水灯电路，如图 5-2 所示，可以观察到实验现象为 8 盏灯依次点亮。

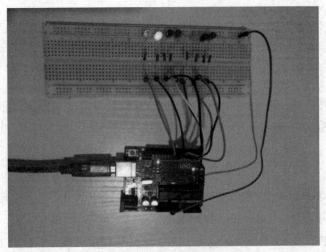

图 5-2 Arduino 流水灯实验结果

5. 参考代码

```
int led_array[] = {2, 3, 4, 5, 6, 7, 8};

void led_flash() {
    for (i = 0; i < 8; i++) {
        pinMode(led_array[i], OUTPUT);

        digitalWrite(led_array[i], HIGH);
    }
}
void setup()
{
  //put your setup code here, to run once:
    int i;
    Serial.begin(9600);
    for(i = 0 ; i < 8 ; i++)
      {
        pinMode(led_array[i],OUTPUT);
        digitalWrite(led_array[i],HIGH);
      }
}
void loop(){
  //put your main code here, to run repeatedly:
    Serial.println("start flash led !");
    led_flash();
}
```

5.2 Arduino 按键控制实验一

1. 实验任务

编写程序，由按键 S2 和 S3 控制 D2～D9 口连接的 8 个 LED 灯，实现交替闪烁。当 S2 按下，V1、V3、V5、V7 点亮；当 S3 按下，V2、V4、V6、V8 点亮；没有按键按下，V1～V8 全部熄灭。

2. 实验原理

主程序检测按键，如果没有按键按下，D2～D9 口输出为 0XFF；如果 S2 按下，则 S2 对应的 D12 口为低电平，D1、D3、D5、D7 口赋值为 0，灯亮；如果 S3 按下，则 S3 对应的 D11 口为低电平，D2、D4、D6、D8 口赋值为 0，灯亮；没有按键按下，D2～D9 口赋值为 0XFF。

3. 硬件说明

硬件如图 5-3 所示，S2 按键接 Arduino 单片机的 D12 口，不按按键时，D12 为高电平，按下 S2，D12 为低电平；S3 按键接 Arduino 单片机的 D11 口，不按按键时，D11 为高电平，按下 S3，D11 为低电平；8 个 LED 通过限流电阻与单片机的 D2～D9 口相连，电阻的阻值大小影响 LED 的亮度。

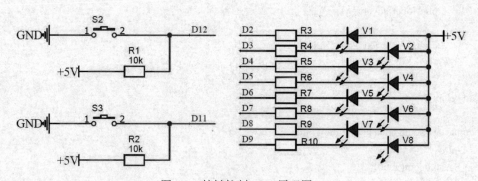

图 5-3　按键控制 LED 原理图

4. 实验结果

通过接通 UNO 开发板的电源并用面包板搭建硬件电路（图 5-4）。可以观察到实验现象为 8 盏灯根据按键状态交替导通。

5. 参考代码

```
int S2 = 12;
int S3 = 11;
int D1 = 2;
int D2 = 3;
```

```
int D3 = 4;
int D4 = 5;
int D5 = 6;
int D6 = 7;
int D7 = 8;
int D8 = 9;
void setup() {
//put your setup code here, to run once:

  pinMode(D1,OUTPUT);
  pinMode(D2,OUTPUT);
  pinMode(D3,OUTPUT);
  pinMode(D4,OUTPUT);
  pinMode(D5,OUTPUT);
  pinMode(D6,OUTPUT);
  pinMode(D7,OUTPUT);
  pinMode(D8,OUTPUT);
  pinMode(S2,INPUT_PULLUP);
  pinMode(S3,INPUT_PULLUP);
}
void loop()
{
 //put your main code here, to run repeatedly:
 if(digitalRead(S2)==LOW){   //如果 S2 按下，则点亮 D1、D3、D5、D7 灯
    digitalWrite(D1,LOW);
    digitalWrite(D3,LOW);
    digitalWrite(D5,LOW);
    digitalWrite(D7,LOW);
  }
 if(digitalRead(S3)==LOW){   //如果 S2 按下，则点亮 D2、D4、D6、D8 灯
    digitalWrite(D2,LOW);
    digitalWrite(D4,LOW);
    digitalWrite(D6,LOW);
    digitalWrite(D8,LOW);
  }
 delay(500);
}
```

图 5-4　实验结果

5.3　Arduino 按键控制实验二

1．实验任务

编写程序，由按键 S2 控制 D2～D9 口所接的 8 个 LED 实现跑马灯。通电后灯全灭，S2 按一下，V1 点亮；再按一下 S2，V1 灭 V2 亮，依此类推实现循环点亮。

2．实验原理

主程序检测按键，如果检测到 S2 按下，按键次数变量 key_press_times 加 1，如果按键次数变量 key_press_times 等于 9，则该变量置为 1，以此来实现 8 种状态的循环。

3．硬件说明

硬件电路如图 5-5 所示。S2 按键接单片机的 D12 口，不按按键时，D12 为高电平，按下 S2，D12 为低电平。8 个 LED 通过限流电阻与单片机的 D2～D9 口相连，电阻的阻值大小影响 LED 的亮度。当 D2～D9 口的某位为低时，对应的 LED 亮。

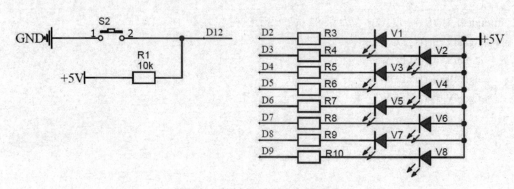

图 5-5　按键控制跑马灯原理图

4. 实验结果

通过接通 UNO 开发板的电源并用面包板搭建硬件电路（图 5-6）。可以观察到实验现象为 8 盏 LED 灯根据按键状态循环点亮。

图 5-6　实验结果

5. 参考代码

```
int key1 = 12;
int press_counter = 1;
void setup() {
//put your setup code here, to run once:
    for(int i = 2; i< 10;i++)
    {
        pinMode(i,OUTPUT);
    }
        pinMode(key1,INPUT_PULLUP);
        for(int i = 2;i<10;i++)
        {
            digitalWrite(i,HIGH);
        }
}
void loop()
{
    //put your main code here, to run repeatedly:
        while(digitalRead(key1)==HIGH){}
        digitalWrite(press_counter,HIGH);
```

```
        press_counter++;
        digitalWrite(press_counter,LOW);
        if(press_counter >9)
        {
            press_counter = 1;
        }
        delay(500);
}
```

5.4 Arduino 驱动点阵 LED 显示实验

1. 实验任务

看懂 LED 点阵显示电路的硬件图，理解 MAX7219 驱动芯片的工作原理；编写时钟程序，在 LED 点阵上显示相应图案，如爱心、箭头、动态图像等。

2. 实验原理

点阵 LED 为共阳极连接方式，因此需要点亮 LED 时应使相应的位为 1。根据需要显示 8×8 图形，点阵 LED 如图 5-7 所示，用二进制表示，列数最大的为最高位。从下往上分别为 B00000100、B00010010、B00100001、B01000010、B0100010、B00100001、B00010010、B00000100。

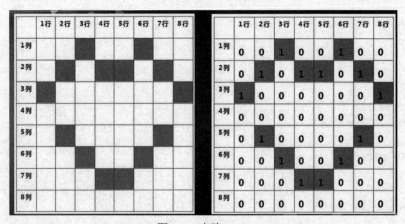

图 5-7　点阵 LED

3. 硬件说明

图 5-8 所示为点阵的正面和反面，图 5-9 所示为点阵引脚图。该数码管插在 LCD1602 的底座上，两个显示模块共用一个底座。

图 5-10 所示为点阵模块与 Arduino 单片机相连的引脚，在本实验中，芯片选择端口 CS 与单片机的 D10 引脚相连，时钟 CLK 与 SPI 接口的时钟引脚相连，数据端口 DIN 与 SPI 的数据引脚相连。实物连接图如图 5-11 所示。

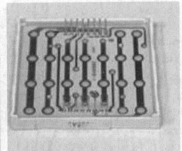

图 5-8　点阵的正面和反面

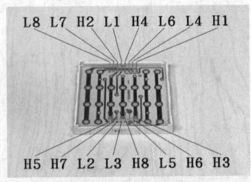

图 5-9　点阵引脚图

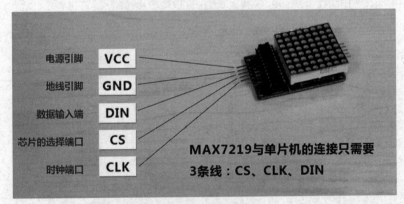

图 5-10　连接方式

4. 实验结果

通过接通 UNO 开发板和点阵 LED 的电源（图 5-11）可以观察到实验现象为点阵 LED 显示心形。

5. 参考代码

```
#include <SPI.h>            //调用 SPI 库
```

```
const byte NOOP=0x0;              //定义 MAX7219 不运行寄存器
const byte DECODE=0x9;            //定义译码强调寄存器
const byte INTEN=0xA;             //定义显示强度寄存器
const byte SCANL=0xB;             //定义扫描限制寄存器
const byte DOWN=0xC;              //定义停机寄存器
const byte DIS=0xF;               //定义显示器检测寄存器
//定义之前设计的 8×8 的图像
const byte symbol[8]={            //数组有 8 个元素，用二进制表示，所以数值前增加一个 B
    B00000100,                    //第 1 列
    B00010010,
    B00100001,
    B01000010,
    B01000010,
    B00100001,
    B00010010,
    B00000100,
};
const byte CS=10;                 //定义 CS 引脚
void max7219(byte reg,byte data)
{
    digitalWrite(CS,LOW);         //将 CS 线设置为 0，选取芯片
    SPI.transfer(reg);            //发送寄存器地址
    SPI.transfer(data);           //发送数据
    digitalWrite(CS,HIGH);        //将 CS 线设置为 1，取消芯片选取
}
void setup() {
    //put your setup code here, to run once:
    pinMode(CS,OUTPUT);           //设置 CS 引脚为输出
    SPI.begin();                  //启动 SPI 联机
    max7219(SCANL,7);             //设置扫描 8 行
    max7219(DECODE,0);            //设置不用 BCD 译码
    max7219(INTEN,8);             //设置中等亮度
    max7219(DIS,0);               //关闭显示器测试
    max7219(DOWN,1);              //开机
}
void loop() {
    //put your main code here, to run repeatedly:
    max7219(1,symbol[0]);
    max7219(2,symbol[1]);
    max7219(3,symbol[2]);
    max7219(4,symbol[3]);
    max7219(5,symbol[4]);
```

```
        max7219(6,symbol[5]);
        max7219(7,symbol[6]);
        max7219(8,symbol[7]);
    }
```

图 5-11　实验结果

6. 点阵驱动芯片 MAX7219

MAX7219 是由 Maxim Integrated（现被 Analog Devices 收购）推出的 LED 驱动芯片，如图 5-12 所示。专为控制 7 段数码管、LED 点阵或条形图设计。其核心优势在于集成度高，支持级联，简化多位数码管或矩阵屏的控制，广泛应用于嵌入式显示系统。MAX7219 寄存器功能表见表 5-1。

图 5-12　MAX7219 引脚图

表 5-1　MAX7219 寄存器功能表

寄存器地址（Hex）	功能描述	数据位（D7-D0）说明
0x01～0x08	数码管/行驱动寄存器	直接控制第 1～8 位数码管或点阵行数据
0x09	解码模式寄存器	设置每位数码管是否启用 BCD 解码（0：禁用，1：启用）
0x0A	亮度控制寄存器	D3～D0 设置 PWM 占空比（0x00～0x0F，16 级亮度）
0x0B	扫描位数寄存器	D2～D0 设置扫描的数码管数量（0x00～0x07，对应 1～8 位）
0x0C	开关显示寄存器	D0=0 关闭显示，D0=1 开启显示
0x0F	测试模式寄存器	D0=0 正常模式，D0=1 全亮测试模式

5.5　Arduino 串行 LCD 显示实验

1. 实验任务

看懂 LCD 显示电路的硬件图，理解 LCD1602 液晶模块的参数和驱动方式。编写程序，在 LCD 的第 1 行的第 3 个位置开始显示"Hello world!"，在 LCD 的第 2 行第 3 个位置开始显示"Hello CJLU！"。

2. 实验原理

定义液晶的 I2C 接口，编写一个 LCD1602 液晶的 2 线驱动函数。主程序首先对 LCD1602 进行初始化，然后调用显示函数进行显示。

3. 硬件说明

如图 5-13 所示，液晶的 I2C 数据接口，其中 SDA 与 Arduino 的 A4 口相接，SCL 与 Arduino 的 A5 口相连。VCC 脚接+5V 电源；GND 引脚接 Arduino 的地。蓝色可变电阻为对比度调节端口，通过改变其阻值，可改变显示对比度。

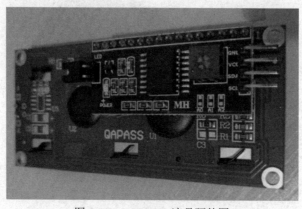

图 5-13　LCD1602 液晶硬件图

4. 实验结果

连接 UNO 开发板和 LCD1602 显示屏，下载代码运行，可以看到如图 5-14 所示的实验结果。

图 5-14 实验结果

5. 参考代码

```
#include <Wire.h>
#include "LiquidCrystal_I2C.h"
LiquidCrystal_I2C lcd(0x27,16,2);   //将 LCD 地址设置为 0x27（适用于 16 字符×2 行的显示模组）
void setup()
{
    lcd.init();                     //初始化 LCD
    //Print a message to the LCD.
    lcd.backlight();
    lcd.setCursor(5,0);             //第 1 行显示
    lcd.print("Hello wordld");
    lcd.setCursor(2,1);             //第 2 行显示
    lcd.print("Hello CJLU!");
}

void loop()
{

}
```

6. 液晶 LCD1602

（1）主要技术参数，见表 5-2。

表 5-2　LCD1062 技术参数

显示容量	16×2 个字符
芯片工作电压	4.5～5.5V
工作电流	2.0mA（5.0V）
模块最佳工作电压	5.0V
字符尺寸	2.95×4.35（W×H）mm

（2）引脚定义说明，见表 5-3。

表 5-3　LCD1602 引脚

编号	符号	引脚说明	编号	符号	引脚说明
1	VSS	电源地	9	D2	Data I/O
2	VDD	电源正极	10	D3	Data I/O
3	VL	液晶显示偏压信号	11	D4	Data I/O
4	RS	数据/命令选择端（H/L）	12	D5	Data I/O
5	R/W	读/写选择端（H/L）	13	D6	Data I/O
6	E	使能信号	14	D7	Data I/O
7	DO	Data I/O	15	BLA	背光源正极
8	D1	Data I/O	16	BLK	背光源负极

（3）基本操作时序，见表 5-4。

表 5-4　LCD1602 操作时序

RS	RW	E	功能
0	0	下降沿	写指令
0	1	高电平	读写标志和 AC 值
1	0	下降沿	写数据
1	1	高电平	读数据

（4）DDRAM。显示数据 RAM，要显示字符的位置，总共有 80 个，每行 40 个。显示地址与屏幕位置的对应关系如下：LCD1602 只用了其中一部分，即每行 16 个字符，共两行。根据 DDRAM 的设定指令，要在第一行的第二个位置显示字符，DDRAM 的值应该写 01H+80H，而不是 01H，这是因为设定 DDRAM 的时候，数据最高位必须为 1。同理，在第二行显示也必须+80H，见表 5-5。

表 5-5　DDRAM 读写地址

	显示位置	1	2	3	4	5	6	7	…	40
DDRAM 地址	第一行	00H	01H	02H	03H	04H	05H	06H		27H
	第二行	40H	41H	42H	43H	44H	45H	46H		67H

（5）CGROM。字符发生存储 ROM，在液晶模块内部存储了 160 个常用字符，如图 5-15 所示。每个字符有固定的代码，比如字符 A 的代码为 41H，显示器把 41H 的内容显示出来，在液晶屏上能看到字符 A。需注意的是在写显示内容之前，应先设定显示的地址。表格中的字符代码与计算机的字符代码基本一致，因此在程序中可以直接赋值：P0='A'，C51 编译器在编译的时候直接把'A'编译成 41H。

（6）CGRAM。字符发生 RAM，用于用户自定义字符的显示。只能定义 8 个 5×7 点的字符，对应的 CGRAM 地址范围是 00H～07H，定义这 8 个字符的命令为 40H、48H、50H、58H、60H、68H、70H、78H。CGRAM 的使用例程如下：

```
#include<at89x52.h>
#include<lcd1602.c>
uchar dotdata[8] = {0x06,0x09,0x09,0x06,0x00,0x00,0x00,0x00};
void wri(uchar dat);
void wrd(uchar dat);
uchar code bbb[]={"temp="};
void    dispTF (uchar line,uchar positionTF)    //positionTF   0-14
{
    unsigned char i;
    wri(0x40);
    for (i = 0; i< 8; i++)
    wrd(dotdata[i]);
    if(line==1)
    {
        wri(0x80+positionTF);
    }
    else
    {
        wri(0xc0+positionTF);
    }
    wrd(0x00);
    wrd('C');
}
void main()
{
    lcd1602init();
```

```
        lcd_clear();
        dispTF(1,9);
        lcd_string(bbb,1);
        while(1);
    }
```

图 5-15   CGROM 字符与地址对应图

5.6   Arduino 小型气象站

1. 实验任务

编写程序，运用 DHT11 模块，通过 Arduino 的 I/O 读取传感器的温湿度数据并将传感器的温湿度数据实时显示在 LCD1602 上。

2. 实验原理

DHT11 通过单总线与微处理器通信，只需要一根线，一次传送 40 位数据，高位先出。数据格式为 8bit 湿度整数数据+8bit 湿度小数数据+8bit 温度整数数据+8bit 温度小数数据+8bit 校验位。将湿度、温度的整数小数累加，只保留低 8 位。MCU 与 DHT11 通信约定如下：DHT11 为从机，MCU 作为主机，只有主机呼叫从机，从机才能应答。MCU 发送起始信号→DHT 响应信号→DHT 通知MCU 准备接收信号→DHT 发送准备好的数据→DHT 结束信号→DHT 内部重测环境温湿度数据并记录数据等待下一次 MCU 的起始信号。由流程可知，每一次 MCU 获取的数据总是 DHT 上一次采集的数据，要想得到实时的数据，连续两次获取即可，每次读取的间隔时间大于 5s 就足够获取到准确的数据。值得注意的是，DHT11 上电时需要 1s 的稳定时间。

3. 硬件说明

DH11 模块如图 5-16 所示。引脚说明：VCC 供电 3.5～5.5V；DATA 串行数据，单总线，必须接上拉电阻 5.1kΩ 左右，这样空闲时 DATA 总是为高电平；GND 接地，NC 空脚不连接。

图 5-16　DH11 模块

4. 实验结果

下载程序成功后会在液晶屏上第一行显示温度值，第二行显示湿度值，如果将温湿度模块放在手心，液晶屏上会有温湿度值的变化，这样一个小型气象站就制作成功了。实验结果如图 5-17 所示。

图 5-17　实验结果

5. 参考代码

```
#include "dht11.h"
#include <Wire.h>
#include "LiquidCrystal_I2C.h"
#define    DHT11PIN 8
dht11 DHT11;
LiquidCrystal_I2C lcd(0x27, 16, 2);    //将 LCD 地址设置为 0x27（适用于 16 字符×2 行的显示屏）
void setup() {
    pinMode(DHT11PIN,INPUT);
    lcd.init();    //initialize the lcd
    lcd.backlight();
}
void loop() {
    int chk = DHT11.read(DHT11PIN);
    lcd.setCursor(0, 0);
    lcd.print("Tep: ");
    lcd.print((float)DHT11.temperature);
    lcd.print("'C");
    //set the cursor to column 0, line 1
    //(note: line 1 is the second row, since counting begins with 0):
    lcd.setCursor(0, 1);
    //print the number of seconds since reset:
    lcd.print("Hum: ");
    lcd.print((float)DHT11.humidity, 2);
    lcd.print("%");
    delay(200);
}
```

5.7　Arduino A/D 转换实验——小夜灯控制

1. 实验任务

通过查阅资料学习 Arduino 的 10 位 A/D 转换知识以及模拟端口使用方法；编写程序，读取 Arduino 上模拟输入 A0 的 AD 转换结果，通过数据处理，把电压显示在串口监视器上。

2. 实验原理

本实验基于 Arduino 微控制器的模拟信号采集功能，通过其内置的 10 位模数转换器将模拟电压信号转换为数字量，并通过串口通信将电压值实时显示。

3. 硬件说明

小夜灯硬件连接如图 5-18 所示，首先将光敏电阻与 10kΩ 电阻串联，另一端接控制板的 GND 端，10kΩ 电阻的另一端接控制板的 5V 接口，在光敏电阻和 10kΩ 电阻之间引出跳线接控制板的模拟输入 A0 端口，用于读取变化的数值，使得光敏电阻和 10kΩ 电阻之间构成分压形式；其次，将 LED 与 400Ω 电阻串联，并将电阻的一端接入数字输入端口 8，用以控制 LED 的亮灭。

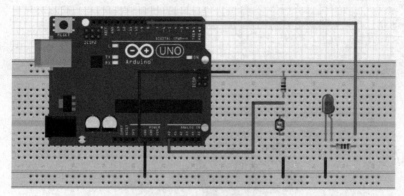

图 5-18 小夜灯硬件电路图

4. 实验结果

下载程序成功后打开串口，可以看到 AD 值的输出结果，如图 5-19 所示。环境亮时，小夜灯不亮，实验结果如图 5-20 所示；环境暗时，小夜灯点亮，实验结果如图 5-21 所示。

图 5-19 AD 打印值

5. 参考代码

```
const byte LED =8;
void setup() {
   //put your setup code here, to run once:
   Serial.begin(9600);
   pinMode(LED,OUTPUT);
}
void loop() {
```

```
//put your main code here, to run repeatedly:
int val = analogRead(A0);
Serial.println(val);
delay(500);
if(val >= 800){
    digitalWrite(LED,HIGH);
    }else{
        digitalWrite(LED,LOW);
    }
```

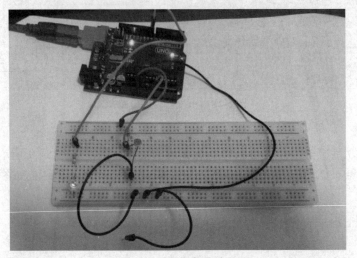

图 5-20　环境亮时效果

图 5-21　环境暗时运行效果

5.8 Arduino 超声波测距实验

1. 实验任务

通过查阅资料学习超声波测距原理及模拟端口使用方法，编写程序，运用 Arduino 驱动超声波测距传感器测试距离，并把测距结果显示在串口监视器上和 LCD1602 上，实现一定范围内的测距实验。

2. 实验原理

声波在空气中常温常压下的传输速度约为 344m/s，距离=速度×时间/2，例如当时间是 60μs 时，距离为 10.3cm。与此同时，超声波传感器的工作电压为 5V，被测距离为 2～400cm，被测物体面积不小于 50cm。图 5-22 所示为超声波传感器工作原理，只要在超声波传感器的 trig 脚输入 10μs 以上的高电平，传感器就可以发射 40kHz 的超声波，并自动检测是否有信号返回，在此期间 Echo 脚会保持高电平，直到有信号返回时，Echo 脚恢复低电平并获得测距结果。

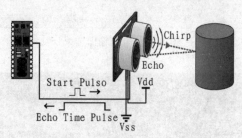

图 5-22 超声波传感器工作原理

3. 硬件说明

超声波传感器上一共有 4 个引脚，分别是 VCC 电源引脚、GND 地线引脚、trig 触发引脚、echo 回波引脚。将 VCC 与 UNO 开发板的+5V 相连，GND 脚与开发板的 GND 相连，trig 脚与 10 脚相连，echo 脚与 A0 相连。LCD1602 连接方式与之前的实验相同，具体连接方式可查看 5.4～5.6 节，硬件连接如图 5-23 所示。

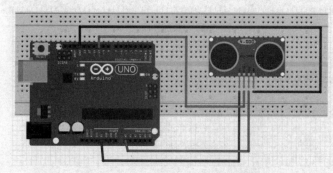

图 5-23 超声波传感器硬件连接图

4. 实验结果

串口输出结果如图 5-24 所示，LCD1602 显示结果如图 5-25 所示。

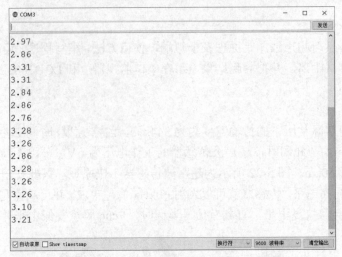

图 5-24　串口输出结果

图 5-25　实验测试结果

5. 参考代码

```
#include <LiquidCrystal_I2C.h>
#include <Wire.h>
LiquidCrystal_I2C lcd(0x27,16,2);
const byte tri=10;          //定义超声波模块的触发脚为控制板 10 脚
const int echo=A0;          //定义超声波模块的回波脚为 A0 脚
float val;
float checkdistance() {
```

```
    digitalWrite(tri, LOW);                //根据超声波传感器模块的使用设置，先在触发端输出低电平
    delayMicroseconds(2);                  //持续 2μs 后
    digitalWrite(tri, HIGH);               //在将触发端设置为高电平
    delayMicroseconds(10);                 //并使高电平维持 10μs，以发射超声波
    digitalWrite(tri, LOW);
    float distance = pulseIn(echo, HIGH) / 58.00;    //调用 Arduino 提供测量脉冲时间长度的 pulse 函数
    delay(10);
    return distance;                       //返回距离值
}
void setup() {
    //put your setup code here, to run once:
    lcd.init();
    lcd.backlight();
    lcd.setCursor(4,0);
    lcd.print("DISTENCE");
    pinMode(tri,OUTPUT);                   //触发脚设置为输出
    pinMode(echo,INPUT);                   //接收脚设置为输入
    Serial.begin(9600);
    Serial.print("hello");
    Serial.print("world");
}
void loop() {
    //put your main code here, to run repeatedly:
    val= checkdistance();
    Serial.println(val);
    lcd.setCursor(4,1);
    lcd.print(val);
    lcd.setCursor(10,1);
    lcd.print("cm");
    delay(1000);
}
```

5.9　Arduino 串行通信实验

1．实验任务

编写程序，通过计算机键盘输入数字来控制 UNO 的 LED 显示或熄灭，串口向上位机发送字符串"hello world"，并学会使用 Arduino IDE 内建串口监视器查看发送数据和变量的值。

2．实验原理

程序设定先对串口进行初始化，建立串口联机的首要任务是设置数据传输率，通信双方的联机速率必须一致，由于 Arduino 程序开发工具有内建的串口通信软件默认采用 9600b/s，

所以通常采用这个速率联机。设置波特率 9600、8 位数据位、1 位停止位、无校验位。当键盘输入数字 1 时，点亮 UNO 的 LED 灯；当键盘输入数字 0 时，熄灭 LED 并调用发送函数把字符串发送出去。上位机用串口调试软件接收数据，软件接收到的信息如图 5-26 所示。

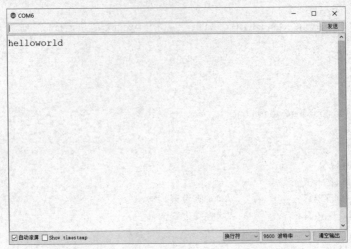

图 5-26　Arduino 内建串口调试软件界面

3. 硬件说明

UNO 板通过 USB 转串口模块与上位机进行通信。用一条 USB 线实现连接。USB 转串口模块插到电脑的 USB 接口上，提示安装驱动，找到合适的驱动。在计算机的设备管理器中查看串口的编号。本例中串口号为 COM6，如图 5-27 所示。

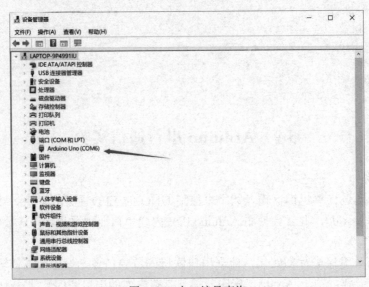

图 5-27　串口编号查询

4. 参考代码

```
const byte led = 13;
char val;
void setup() {
  //put your setup code here, to run once:
  pinMode(led,OUTPUT);
  Serial.begin(9600);
  Serial.print("hello");
  Serial.print("world");
}
void loop() {
  //put your main code here, to run repeatedly:
   if(Serial.available())
   {
      val = Serial.read();
      Serial.println(val);
      switch(val)
      {
        case '0':
        digitalWrite(led,LOW);
        break;
        case '1':
        digitalWrite(led,HIGH);
        break;
      }
   }
}
```

5.10 Arduino 控制舵机实验

1. 实验任务

学习舵机的基本工作原理，通过 Arduino UNO 开发板编写程序控制舵机旋转。使舵机可以在 0°和 180°之间旋转，并且可以通过电位器控制舵机的旋转角度，从而控制舵机旋转至任意角度，需要结合 5.7 节的 A/D 实验。

2. 实验原理

舵机又称伺服电机，是用来控制模型方向的方向舵，广泛地应用在机器人控制领域，在实际的机器人开发过程中，它可以把所接收到的电信号转换成电动机轴上的角位移或角速度输出。信号线接 I/O 口 9 脚。舵机的转动的角度是通过调节 PWM 的占空比来实现的，标准的 PWM 为信号周期为 20ms（50Hz），理论上脉宽分布应在 1ms 和 2ms 之间，但是，事实上的脉宽分布为 0.5ms 和 2.5ms 之间，脉宽和舵机的转动角度相对应。值得注意的是，由于舵机有很多的牌子，对于同一信号，不同牌子的舵机旋转角度也会不同。舵机旋转角度如图 5-28 所示。

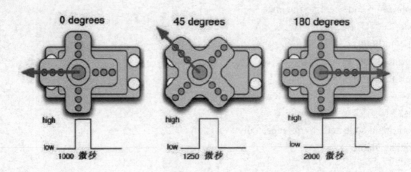

图 5-28　舵机旋转角度和相应的脉宽

在操作舵机的过程中需要用到 Servo 库，它可以帮助使用者方便地控制舵机的运动，需要先定义一个对象 myservo。库中包含以下函数：

（1）attach()函数：设定舵机接口。

（2）write()函数：设定旋转角度。

（3）writeMicroseconds()函数：设定旋转时间。

（4）read()函数：读取舵机角度。

（5）attached()函数：判断参数是否发送到舵机的接口。

（6）detach()函数：舵机接口的分离。

3．硬件说明

本实验所使用的舵机为 MG996，它的最大转动角度为 180°，它有三根控制线，分别为电源线（红色）、地线（黑色）和信号线（白色），需要接 Arduino 开发板上的+5V 进行供电。信号线接 I/O 口 9 脚，如图 5-29 所示。

4．参考代码

```
#include <Servo.h>
Servo myservo;          //创建伺服对象以控制伺服电机
int pos = 0;            //用于存储伺服位置的变量
void setup() {
    myservo.attach(9);  //将引脚 9 连接到伺服对象
}
void loop() {
  for (pos = 0; pos <= 180; pos += 1) {   //从 0°旋转到 180°
    myservo.write(pos);                   //控制伺服电机转到变量 pos 中存储的位置
    delay(15);                            //等待 15ms 让伺服电机到达指定位置
```

```
    }
for (pos = 180; pos >= 0; pos -= 1) {        //从 180°旋转到 0°
    myservo.write(pos);                       //控制伺服电机转到变量 pos 中存储的位置
    delay(15);                                //等待 15ms 让伺服电机到达指定位置
    }
}
```

图 5-29　硬件连接

5.11　Arduino 驱动步进电机实验

1．实验任务

了解 42 步进电机旋转原理，学会使用各类步进电机驱动器，并熟练掌握基于 A4988 的步进电机驱动编程方法，控制步距角，实现步进电机的精确角度和速度控制。

2．实验原理

步进电机是利用电磁铁原理，将脉冲信号转换成线位移或角位移的电机。每来一个电脉冲，电机转动一个角度，带动机械移动一小段距离。特点如下：

（1）给一个脉冲，转一个步距角。

（2）控制脉冲频率，可控制电机转速。

（3）改变脉冲顺序，改变转动方向。分类：反应式——步距角小、永磁式——转矩大、混合式——结合上述两者优点。

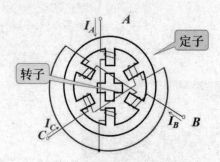

图 5-30　三相反应式步进电动机的原理结构图

图 5-30 所示为三相反应式步进电动机的原理结构图。定子内圆周均匀分布着六个磁极，磁极上有励磁绕组，每两个相对的绕组组成一对。转子有四个齿。给定子绕组通电时，转子齿偏离定子齿一个角度。由于励磁磁通力图沿磁阻最小路径通过，因此对转子产生电磁吸力，迫使转子齿转动，当转子转到与定子齿对齐位置时，因转子只受径向力而无切线力，故转矩为零，转子被锁定在这个位置上。由此可见，错齿是使步进电机旋转的根本原因。图 5-31 所示为错齿示意图。

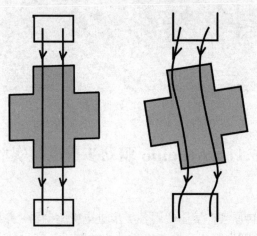

图 5-31　错齿示意图

在步进电机中，有这样几个专业术语：

（1）相：绕组的个数。

（2）齿距角：转子相邻两齿的夹角。

（3）拍：绕组的通电状态。如三拍表示一个周期共有 3 种通电状态，六拍表示一个周期有 6 种通电状态，每个周期步进电机转动一个齿距角。

（4）步距角：转子每拍转动的角度，公式如下：

$$步距角\ \theta=360/(N\cdot Z)$$

其中，N 代表步进电机的拍数，Z 代表转子的齿数。步距角反映出步进电机的精度，步距角越小，该步进电机能够输出的单位位移量越小。步距角与电机本身结构（转子齿数）和工作方式（拍数）有关。

（5）单拍方式：如三相步进电机为三相单三拍。A 相绕组通电，B、C 相不通电。由于在磁场作用下，转子总是力图旋转到磁阻最小的位置，故在这种情况下，转子必然转到图 5-32 所示位置，即 1、3 齿与 A、A' 极对齐。

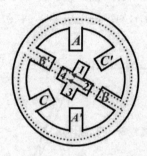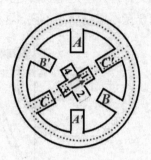

图 5-32　步进电机旋转原理

同理，B 相通电时，转子会转过 30°角，2、4 齿和 B、B'磁极轴线对齐；当 C 相通电时，转子再转过 30°角，1、3 齿和 C'、C 磁极轴线对齐。这种工作方式下，三个绕组依次通电一次为一个循环周期，一个循环周期包括三个工作脉冲，所以称为三相单三拍工作方式。按 A—B—C—A…的顺序给三相绕组轮流通电，转子便一步一步转动起来。每一拍转过 30°（步距角），每个通电循环周期（3 拍）转过 90°（一个齿距角）。

（6）双拍方式：如三相步进电机为三相双三拍。这种工作方式下，按 AB—BC—CA 的顺序给三相绕组轮流通电。每拍有两相绕组同时通电，如图 5-33 所示。

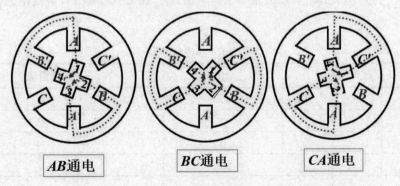

图 5-33　通电顺序

　　与单三拍方式相似，双三拍驱动时每个通电循环周期也分为三拍。每拍转子转过 30°（步距角），一个通电循环周期（3 拍）转子转过 90°（齿距角）。综上所述，单拍实现简单，性能较差，双拍转矩较大，带负载能力较强。

　　步进电机在启动和停止时的速度应该比正常运转时的速度低，特别是刚启动和最后停下来时，速度应该更低，否则由于惯性步进电机会出现"失步"（多走了步或少走了步），失去其精确性。为确保步进电机运行的精确性和快速性，必须变速运行。变速原理：在启动过程的脉冲周期由长（频率低）变短，使步进电机转速缓慢上升到正常运转时的速度；在停止过程脉冲周期由短变长，使步进电机转速从正常转速缓慢下降至 0。变化时间为 0.1～1s。正常运转时脉冲周期要短，速度要高。图 5-34 所示为步进电机速度曲线。

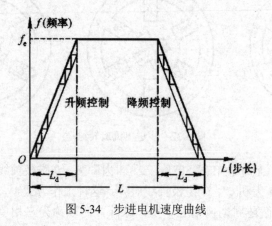

图 5-34　步进电机速度曲线

3. 硬件说明

　　利用 Arduino 和步进电机驱动器 A4988 模块驱动步进电机旋转，A4988 如图 5-35 所示。MS1、MS2、MS3 跳线说明（例子里是低电平，悬空或接地线，使用全步进模式）和详细步进值见表 5-6，另外调节旋钮可以设置步进电机驱动电流大小，顺时针电流增大，逆时针电流减小。

表 5-6　步进值设置

MS1	MS2	MS3	步进值
0	0	0	1
1	0	0	1/2
0	1	0	1/4
1	1	0	1/8
1	1	1	1/16

顺时针扭动使
电流增大
逆时针扭动使
电流减小

图 5-35　A4988 模块和电流调节

4. 参考代码

```
#include <Servo.h>
Servo myservo1,myservo2,myservo3;
int pos = 0,pos1 = 0,pos2 = 0,pos3 = 0;
int des,flag=0,zero=0;
int X,Y,x,y,x1,y1,x2,y2,x3,y3,A,B,a,b,a1,b1,a2,b2,a3,b3;
int Ax=100,Ay=100,   Bx=100,By=1800,   Cx=1800,Cy=1800,   Dx=1800,Dy=100;
int inByte = 0;                 //incoming serial byte
String comdata = "";            //incoming serial byte
char chByte[16];                //incoming serial byte
int sensorValue = 0;            //variable to store the value coming from the sensor
void setup()
{
    myservo1.attach(10);        //舵机控制线连接数字 10
    myservo2.attach(11);        //舵机控制线连接数字 11
    myservo3.attach(12);        //舵机控制线连接数字 12
    pinMode(0,INPUT);pinMode(1,INPUT);
    pinMode(2,INPUT);pinMode(3,INPUT);
    pinMode(4,OUTPUT);          //Dir X
    pinMode(5,OUTPUT);          //Step X
    pinMode(6,OUTPUT);          //Step Y
    pinMode(7,OUTPUT);          //Dir Y
    pinMode(8,OUTPUT);          //X Enable
    pinMode(9,OUTPUT);          //Y Enable

    digitalWrite(8,LOW);        //Set Enable low
    digitalWrite(9,LOW);        //Set Enable low
    //initialize the serial communication:
    Serial.begin(9600);
}
```

```
int pluse(int xa,int ya,int xb,int yb,int speed)        //左右 AB 电机运动算法与脉冲发生
{
        //int speed=1000;
        int done=0;      //完成标志
        X = xb-xa; Y = yb-ya;
        Serial.print("X:"); Serial.println(X);
        Serial.print("Y:"); Serial.println(Y);
        a= X+Y;    b= X-Y;
        if ( a > 0) { digitalWrite(4,HIGH); }        //*=HIGH：A 电机（左）逆时针
        if ( b > 0) { digitalWrite(7,HIGH); }        //*=HIGH：B 电机（右）逆时针
        if ( a <= 0) { digitalWrite(4,LOW); }        //*=LOW：A 电机（左）顺时针
        if ( b <= 0) { digitalWrite(7,LOW); }        //*=LOW：B 电机（右）顺时针
        Serial.print("a:"); Serial.println(a);
        Serial.print("b:"); Serial.println(b); delay(1000);
        Serial.println("---------");
        a=abs(a);    b=abs(b);                        //CXY 运动算法
        long MAX = max(a,b);                          //MAX 为轴的最大脉冲数，既最远距离的脉冲数
        unsigned long time_t = (2000000/speed)*MAX;   //微秒，脉冲总周期
        unsigned long X_interval = time_t/a;          //分 X 的脉冲间隔
        unsigned long X_inter = X_interval;
        unsigned long Y_interval = time_t/b;          //分 Y 的脉冲间隔
        unsigned long Y_inter = Y_interval;
        unsigned long time_last = micros();
        while(a >0 || b>0){
            unsigned long time_now =   micros();  //微秒计时函数
            if (((time_now - time_last) > X_interval) && (a > 0))
            {
                digitalWrite(5,HIGH);digitalWrite(5,LOW);
                X_interval += X_inter; a--;     //X 间隔的脉冲发生
            }
            if (((time_now   - time_last) > Y_interval) && (b > 0))
            {
                digitalWrite(6,HIGH);digitalWrite(6,LOW);
                Y_interval += Y_inter; b--;     //Y 间隔的脉冲发生
            }
        }
        done=1;   //完成标志
        return(done);
}
void loop()
{
    if (flag == 0)   //运动 setp0：接收启动传感器
```

```
    {
        sensorValue = analogRead(A0);        //读入值=0~1024/5V
        delay(30);
        if ( sensorValue<200) { Serial.print("A0:");Serial.println(sensorValue); flag=1; }
    }
if (flag == 1)        //运动 setp1：接收串口指令
{
    if (Serial.available() > 0) {
        Serial.readBytes(chByte,11);
        comdata = chByte;
        if (comdata[0]== 'X') {
            Serial.println(comdata);
            x1=comdata.substring(1, 5).toInt();
            Serial.print("x1:"); Serial.println(x1);        //x1=串口数据
            y1=comdata.substring(6, 10).toInt();        //提取第 6～9 位
            Serial.print("y1:"); Serial.println(y1);        //y1=串口数据
            Serial.println("----------");
            flag=2;
        }
    }
}
Serial.flush();
if (flag == 2)
{
    //A 电机（左电机）B 电机（右电机）
    des = pluse(0,0,x1,y1,1500);
    if ( des == 1)    //完成 setp0
    { des=0;
        for (pos = 0; pos <= 180; pos ++) { myservo1.write(pos);delay(5);}
        for (pos = 0; pos <= 120; pos ++) { myservo2.write(pos);delay(5);}
        for (pos = 0; pos <= 90; pos ++) { myservo3.write(pos);delay(5);}
        for (pos = 180; pos >= 0; pos --) { myservo1.write(pos);delay(5);}
        for (pos = 120; pos >= 0; pos --) { myservo2.write(pos);delay(5);}
        for (pos = 90; pos >= 0; pos --) { myservo3.write(pos);delay(5);}
        flag=3;
    }

}
if (flag == 3)
{
    if (comdata[10]== 'A')
    {
```

```
            zero=1;    //Serial.println("A");
            des = pluse(x1,y1,Ax,Ay,1000);
            comdata[10]= 'T' ;
        }
        if (comdata[10]== 'B')
        {
            zero=2;    //Serial.println("B");
            des = pluse(x1,y1,Bx,By,1000);
          comdata[10]= 'T' ;
        }
        if (comdata[10]== 'C')
        {
            zero=3;    //Serial.println("C");
            des = pluse(x1,y1,Cx,Cy,1000);
            comdata[10]= 'T' ;
        }
        if (comdata[10]== 'D')
        {
            zero=4;    //Serial.println("D");
            des = pluse(x1,y1,Dx,Dy,1000);
            comdata[10]= 'T' ;
        }
        if ( des == 1)
        {
            des=0;
            delay(2000);
            flag=4;
        }
    }
```

5.12　Arduino 驱动直流电机实验

1．实验任务

　　了解直流电机旋转原理，学会使用各类直流电机驱动器并熟练掌握基于 L298N 的直流电机驱动编程方法，通过编码器的学习，学会反馈控制速度，实现直流电机的精确速度控制。

2．实验原理

　　（1）小直流电机的速度控制。直流电机转速 n 的表达式为：

$$n = \frac{U - IR}{K\varPhi}$$

式中，U 为电枢端电压；I 为电枢电流；R 为电枢电路总电阻；$\varPhi$ 为每极磁通量；K 为电动机结构参数。

则电机转速控制方法可采取电枢电压控制法，即励磁恒定不变的情况下，通过调节电枢电压来实现调速。

（2）PWM 原理。如图 5-36 所示，当晶体管 V 的基极输入高电平时，V 导通，直流电机电枢绕组两端有电压 U_s，t_1 秒后，基极输入变为低电平，V 截止，电机电枢两端电压为 0；t_2 秒后，基极输入重新变为高电平，V 的动作重复前面的过程。

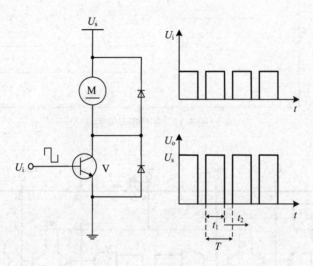

图 5-36　PWM 原理

电机电枢两端的电压平均值 U_o 为：

$$U_o = \frac{t_1 U_s + 0}{t_1 + t_2} = \frac{t_1}{T} U_s = \partial U_s$$

式中，∂ 为占空比，表示在一个周期 T 里，晶体管导通的时间与周期的比值，∂ 的变化范围为 [0,1]。当电源电压 U_s 不变时，电枢端的平均电压 U_o 取决于 ∂ 的大小，改变 ∂ 的值即可改变端电压的平均值，从而进行调速，这就是 PWM 调速原理。如何改变 ∂ 的值呢？常用的一种方法是定频调宽法。即使周期 T 保持不变，同时改变 t_1 和 t_2 的大小。生成 PWM 波的方法有以下几种：延时程序、专用 PWM 波生成器、带 PWM 模块的单片机、单片机的定时器。

（3）小直流电机的方向控制——H 桥电路。

H 桥驱动电路原理图如图 5-37 所示，方向=1：PWM=1 时，Y_1=1；V_1 和 V_4 导通，PWM=0 时，Y_1=0；V_1 和 V_4 截止，V_2 和 V_3 截止。方向=0：PWM=1 时，Y_2=1；V_2 和 V_3 导通，PWM=0 时，Y_2=0；V_2 和 V_3 截止，V_1 和 V_4 一直截止。图 5-38 所示是多路小直流电机的可逆控制器 L298N 原理图。

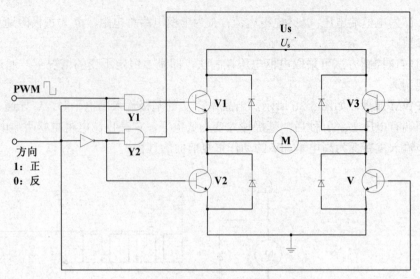

图 5-37　H 桥驱动电路

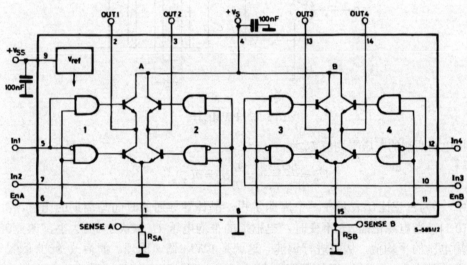

图 5-38　L298N 内部原理图

3. 硬件说明

图 5-39 所示为恒压恒流桥式 2A 驱动芯片 L298N 的引脚分布，它可以驱动两个二相直流电机，驱动一个四相直流电机，驱动一个两相步进电机，引脚功能见表 5-7，原理图如图 5-40所示。

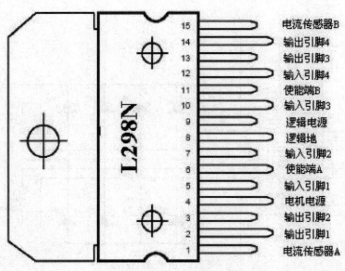

图 5-39 L298N 引脚分布

表 5-7 引脚功能

引脚编号	名称	功能
1	电流传感器 A	在该引脚和地之间接小阻值电阻可用来检测电流
2	输出引脚 1	内置驱动器 A 的输出端 1，接至电机 A
3	输出引脚 2	内置驱动器 A 的输出端 2，接至电机 A
4	电机电源	电机供电输入端，电压可达 46V
5	输入引脚 1	内置驱动器 A 的逻辑控制输入端 1
6	使能端 A	内置驱动器 A 的使能端
7	输入引脚 2	内置驱动器 A 的逻辑控制输入端 2
8	逻辑地	逻辑地
9	逻辑电源	逻辑控制电路的电源输入端为 5V
10	输入引脚 3	内置驱动器 B 的逻辑控制输入端 1
11	使能端 B	内置驱动器 B 的使能端
12	输入引脚 4	内置驱动器 B 的逻辑控制输入端 2
13	输出引脚 3	内置驱动器 B 的输出端 1，接至电机 B
14	输出引脚 4	内置驱动器 B 的输出端 2，接至电机 B
15	电流传感器 B	在该引脚和地之间接小阻值电阻可用来检测电流

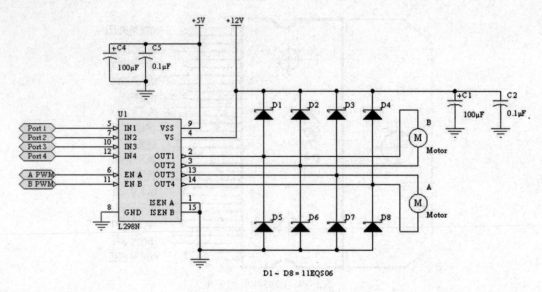

图 5-40　L298N 模块原理图

4. 参考代码

```
include <Servo.h>
#define searchline_1 2
#define searchline_2 4
#define searchline_3 7
#define searchline_4 12
#define searchline_5 13
#define line1 (digitalRead(searchline_1))
#define line2 (digitalRead(searchline_2))
#define line3 (digitalRead(searchline_3))
#define line4 (digitalRead(searchline_4))
#define line5 (digitalRead(searchline_5))
#define highspeed_left    102
#define midspeed_left    (highspeed_left   - 15)
#define lowspeed_left    (highspeed_left   - 24)
#define highspeed_right 112
#define midspeed_right    (highspeed_right - 16)
#define lowspeed_right    (highspeed_right - 27)
//电机驱动控制
#define enable12 5
#define enable34 6
#define input1 A2
#define input2 A3
#define input3 A4
```

```
#define input4 A5
#define searchinglight_1 A0
#define searchinglight_2 A1
#define machine 10
Servo myservo;
#define start 11
#define timing 3
float measuring_distance(void)
{
    int msec;
    float distance;
    digitalWrite(start,HIGH);
    delayMicroseconds(40);
    digitalWrite(start,LOW);
    msec = pulseIn(timing,HIGH);
    distance= 10.0 * msec / 58.0;
    return distance;
}
void setup() {
    //put your setup code here, to run once:
    Serial.begin(9600);
    pinMode(searchline_1,INPUT);
    pinMode(searchline_2,INPUT);
    pinMode(searchline_3,INPUT);
    pinMode(searchline_4,INPUT);
    pinMode(searchline_5,INPUT);
    pinMode(enable12,OUTPUT);
    pinMode(enable34,OUTPUT);
    pinMode(input1,OUTPUT);
    pinMode(input2,OUTPUT);
    pinMode(input3,OUTPUT);
    pinMode(input4,OUTPUT);
    analogWrite(enable12,highspeed_left);
    analogWrite(enable34,highspeed_right);
    digitalWrite(input1,HIGH);
    digitalWrite(input2,LOW);
    digitalWrite(input3,HIGH);
    digitalWrite(input4,LOW);
    pinMode(searchinglight_1,INPUT);
    pinMode(searchinglight_2,INPUT);
    myservo.attach(machine);
    myservo.write(90);
```

```
      pinMode(start,OUTPUT);
      pinMode(timing,INPUT);
      digitalWrite(start,LOW);


}
void loop() {
    //put your main code here, to run repeatedly:
    int searching = 0;
    float s = 0,s_l,s_r;
    float U1,U2;
    long R1,R2;
    if(line3 == 0)
    {
       analogWrite(enable12,highspeed_left);
       analogWrite(enable34,highspeed_right);
       digitalWrite(input1,HIGH);
       digitalWrite(input2,LOW);
       digitalWrite(input3,HIGH);
       digitalWrite(input4,LOW);
    }
    if(line1 == 0)
    {
       analogWrite(enable12,midspeed_left);
       analogWrite(enable34,midspeed_right);
    }
    if(line2 == 0)
    {
       analogWrite(enable12,lowspeed_left);
       analogWrite(enable34,lowspeed_right);
       digitalWrite(input1,LOW);
       digitalWrite(input2,HIGH);
       digitalWrite(input3,HIGH);
       digitalWrite(input4,LOW);
    }
    if(line4 == 0)
    {
       analogWrite(enable12,lowspeed_left);
       analogWrite(enable34,lowspeed_right);
       digitalWrite(input1,HIGH);
       digitalWrite(input2,LOW);
       digitalWrite(input3,LOW);
       digitalWrite(input4,HIGH);
```

```
}
if(line5 == 0)
{
    analogWrite(enable12,midspeed_left);
    analogWrite(enable34,midspeed_right);
}
if( (line3+line2)&&(line3+line4) == 0) searching = 1;
if(searching)
{
    analogWrite(enable12,highspeed_left);
    analogWrite(enable34,highspeed_right);
    digitalWrite(input1,HIGH);
    digitalWrite(input2,LOW);
    digitalWrite(input3,HIGH);
    digitalWrite(input4,LOW);
    while(1)
    {
        U1 = analogRead(searchinglight_1);
        U2 = analogRead(searchinglight_2);
        s   = measuring_distance();
        analogWrite(enable12,highspeed_left - (U1 - U2));
        analogWrite(enable34,highspeed_right+ (U1 - U2));
        digitalWrite(input1,HIGH);
        digitalWrite(input2,LOW);
        digitalWrite(input3,HIGH);
        digitalWrite(input4,LOW);

        if(s <= 200)
        {
            analogWrite(enable12,0);
            analogWrite(enable34,0);
            myservo.write(45);
            delay(1000);
            s_r = measuring_distance();
            myservo.write(135);
            delay(1000);
            s_l = measuring_distance();

            myservo.write(90);

            if((s_l <= 200)&&(s_r > 200))
            {
```

```
      analogWrite(enable12,highspeed_left);
      analogWrite(enable34,5);
      digitalWrite(input1,HIGH);
      digitalWrite(input2,LOW);
      digitalWrite(input3,HIGH);
      digitalWrite(input4,LOW);
    }

    if((s_r <= 200)&&(s_l > 200))
    {
      analogWrite(enable12,5);
      analogWrite(enable34,midspeed_right);
      digitalWrite(input1,HIGH);
      digitalWrite(input2,LOW);
      digitalWrite(input3,HIGH);
      digitalWrite(input4,LOW);
    }
    if((s_l > 200)&&(s_r > 200))
    {
      analogWrite(enable12,5);
      analogWrite(enable34,midspeed_right);
      digitalWrite(input1,HIGH);
      digitalWrite(input2,LOW);
      digitalWrite(input3,HIGH);
      digitalWrite(input4,LOW);
    }
    if((s_r <= 200)&&(s_l <= 200))
    {
      analogWrite(enable12,midspeed_left);
      analogWrite(enable34,midspeed_right);
      digitalWrite(input1,LOW);
      digitalWrite(input2,HIGH);
      digitalWrite(input3,LOW);
      digitalWrite(input4,HIGH);
      delay(1500);
      analogWrite(enable12,0);
      analogWrite(enable34,0);
      delay(100);
      analogWrite(enable12,midspeed_left);
      analogWrite(enable34,midspeed_right);
      digitalWrite(input1,LOW);
      digitalWrite(input2,HIGH);
```

```
            digitalWrite(input3,HIGH);
            digitalWrite(input4,LOW);
        }
        delay(500);
    }

    if((U1 >= 504)&&(U2 >= 504))
    {
        analogWrite(enable12,0);
        analogWrite(enable34,0);
        while((U1 >= 504)&&(U2 >= 504))
        {
            U1 = analogRead(searchinglight_1);
            U2 = analogRead(searchinglight_2);
        }
    }

  }
 }
}
```

第 6 章　创意机器人及上位机

6.1　机器人简介

机器人是自动执行工作的机器装置。它既可以接受人类指挥，又可以运行预先编排的程序，也可以根据人工智能技术制定的原则纲领行动。它的任务是协助或取代人类的工作，例如生产业、建筑业等涉及危险的工作。

国际上对机器人的概念已经逐渐趋近一致，即机器人是靠自身动力和控制能力来实现各种功能的一种机器。标准化组织采纳了美国机器人协会给机器人下的定义："一种可编程和多功能的操作机，或是为了执行不同的任务而具有可用电脑改变和可编程动作的专门系统。"它能为人类带来许多方便之处，图 6-1 所示是不同形态的两种机器人。

图 6-1　不同形态的机器人

6.1.1　机器人组成

机器人一般由执行机构、驱动装置、检测装置和控制系统等组成。

执行机构即机器人本体，其臂部一般采用空间开链连杆机构，其中的运动副（转动副或移动副）常称为关节，关节个数通常为机器人的自由度数。根据关节配置形式和运动坐标形式的不同，机器人执行机构可分为直角坐标式、圆柱坐标式、极坐标式和关节坐标式等类型。出于拟人化的考虑，常将机器人本体的有关部位分别称为基座、腰部、臂部、腕部、手部和行走部等。

驱动装置是驱使执行机构运动的机构，按照控制系统发出的指令信号，借助于动力元件使机器人进行动作。它输入的是电信号，输出的是线、角位移量。机器人使用的驱动装置主要是电力驱动装置，如步进电机、伺服电机等，此外也有采用液压、气动等驱动装置。

检测装置实时检测机器人的运动及工作情况，根据需要反馈给控制系统，与设定信息进行比较后，对执行机构进行调整，以保证机器人的动作符合预定的要求。作为检测装置的传感器大致可以分为两类：一类是内部信息传感器，用于检测机器人各部分的内部状况，如各关节的位置、速度、加速度等，并将所测得的信息作为反馈信号送至控制器，形成闭环控制；另一类是外部信息传感器，用于获取有关机器人的作业对象及外界环境等方面的信息，以使机器人的动作能适应外界情况的变化，使之达到更高层次的自动化，甚至使机器人具有某种"感觉"，向智能化发展，例如视觉、声觉等外部传感器给出工作对象、工作环境的有关信息，利用这些信息构成一个大的反馈回路，从而大大提高机器人的工作精度。

控制系统有两种控制方式：一种是集中式控制，即机器人的全部控制由一台微型计算机完成；另一种是分散式控制，即采用多台微机来分担机器人的控制，如当采用上、下两级微机共同完成机器人的控制时，主机常用于负责系统的管理、通信、运动学和动力学计算，并向下级微机发送指令信息；作为下级从机，各关节分别对应一个中央处理器，进行插补运算和伺服控制处理，实现给定的运动，并向主机反馈信息。根据作业任务要求的不同，机器人的控制方式又可分为点位控制、连续轨迹控制和力控制。

6.1.2　机器人分类

中国的机器人专家从应用环境出发，将机器人分为两大类，即工业机器人和特种机器人。所谓工业机器人就是面向工业领域的多关节机械手或多自由度机器人。而特种机器人则是除工业机器人之外的、用于非制造业并服务于人类的各种先进机器人，包括服务机器人、水下机器人、娱乐机器人、军用机器人、农业机器人、机器人化机器等。在特种机器人中，有些分支发展很快，有独立成体系的趋势，如服务机器人、水下机器人、军用机器人、微操作机器人等。国际上的机器人学者，从应用环境出发将机器人也分为两类：制造环境下的工业机器人和非制造环境下的服务与仿人形机器人，这和中国的分类是一致的。

空中机器人又叫无人机，在军用机器人家族中，无人机是科研活动最活跃、技术进步最大、研究及采购经费投入最多、实战经验最丰富的领域。

6.1.3　机器人能力评价

机器人能力的评价标准包括智能、感觉和感知，包括记忆、运算、比较、鉴别、判断、决策、学习和逻辑推理等；机能，指变通性、通用性或空间占有性等；物理能，指力、速度、可靠性、联用性和寿命等。因此，可以说机器人就是具有生物功能的实际空间运行工具，可以代替人类完成一些危险或难以进行的劳作、任务等。

6.1.4 机器人发展历史

智能型机器人是最复杂的机器人，也是人类最渴望能够早日制造出来的机器。然而要制造出一台智能机器人并不容易，仅仅是让机器模拟人类的行走动作，科学家们就要付出数十年甚至上百年的努力。

1920 年捷克斯洛伐克作家卡雷尔·恰佩克在他的科幻小说中根据 Robota（捷克文，原意为"劳役、苦工"）和 Robotnik（波兰文，原意为"工人"），创造出"机器人"这个词。

1939 年美国纽约世博会上展出了西屋电气公司制造的家用机器人 Elektro。它由电缆控制，可以行走，会说 700 个词，甚至可以抽烟，不过离真正干家务活还差得远。但它让人们对家用机器人的憧憬变得更加具体。

1942 年美国科幻巨匠阿西莫夫提出"机器人三原则"。虽然这只是科幻小说里的创造，但后来成为学术界默认的研发原则。

1948 年诺伯特·维纳出版《控制论——关于在动物和机中控制和通讯的科学》，阐述了机器中的通信和控制机能与人的神经、感觉机能的共同规律，率先提出以计算机为核心的自动化工厂。

1959 年美国人乔治·德沃尔制造出世界上第一台可编程的机器人 Unimate（即世界上第一台真正的机器人），并注册了专利。它是一个机械手，这种机械手能按照不同的程序从事不同的工作，具有通用性和灵活性。

1956 年在达特茅斯会议上，马文·明斯基提出了他对智能机器的看法，智能机器"能够创建周围环境的抽象模型，如果遇到问题，能够从抽象模型中寻找解决方法"。这个定义影响了以后 30 年智能机器人的研究方向。

1959 年德沃尔与美国发明家约瑟夫·英格伯格联手制造出第一台工业机器人。随后，成立了世界上第一家机器人制造工厂——Unimation 公司。由于英格伯格对工业机器人的研发和宣传，他也被称为"工业机器人之父"。

1962 年美国 AMF 公司生产出 VERSTRAN（意思是万能搬运），与 Unimation 公司生产的 Unimate 一样成为真正商业化的工业机器人，并出口到世界各国，掀起了全世界对机器人和机器人研究的热潮。

1962～1963 年传感器的应用提高了机器人的可操作性。人们试着在机器人上安装各种各样的传感器，包括 1961 年恩斯特采用的触觉传感器，托莫维奇和博尼 1962 年在世界上最早的"灵巧手"上用到了压力传感器，而麦卡锡 1963 年则开始在机器人中加入视觉传感系统，并在 1964 年帮助 MIT 推出了世界上第一个带有视觉传感器，能识别并定位积木的机器人系统。

1965 年约翰·霍普金斯大学应用物理实验室研制出 Beast 机器人。Beast 已经能通过声呐系统、光电管等装置，根据环境校正自己的位置。20 世纪 60 年代中期开始，美国麻省理工学院、斯坦福大学、英国爱丁堡大学等陆续成立了机器人实验室。美国兴起研究第二代带传感器、"有感觉"的机器人，并向人工智能进发。

1968 年美国斯坦福研究所公布他们研发成功的机器人 Shakey。它带有视觉传感器，能根据人的指令发现并抓取积木，不过控制它的计算机有一个房间那么大。Shakey 可以算是世界第一台智能机器人，拉开了第三代机器人研发的序幕。

1969 年日本早稻田大学的加藤一郎实验室研发出第一台以双脚走路的机器人。加藤一郎长期致力于研究仿人机器人，被誉为"仿人机器人之父"。日本专家一向以研发仿人机器人和娱乐机器人的技术见长，后来更进一步，催生出本田公司的 ASIMO 和索尼公司的 QRIO。

1978 年美国 Unimation 公司推出通用工业机器人 PUMA，这标志着工业机器人技术已经完全成熟。PUMA 至今仍然工作在工厂第一线。

1984 年英格伯格再推出机器人 Helpmate，这种机器人能在医院里为病人送饭、送药、送邮件。同年，他还预言："我要让机器人擦地板，做饭，出去帮我洗车，检查安全"。

1990 年中国著名学者周海中教授在《论机器人》一文中预言：到二十一世纪中叶，纳米机器人将彻底改变人类的劳动和生活方式。

1998 年丹麦乐高公司推出机器人（Mind-storms）套件，让机器人制造变得跟搭积木一样，相对简单又能任意拼装，使机器人开始走入个人世界。

1999 年日本索尼公司推出犬型机器人爱宝（AIBO），当即销售一空，从此娱乐机器人成为机器人迈进普通家庭的途径之一。

2002 年美国 iRobot 公司推出了吸尘器机器人 Roomba，它能避开障碍，自动设计行进路线，还能在电量不足时，自动驶向充电座。Roomba 是目前世界上销量最大、最商业化的家用机器人。

2006 年 6 月，微软公司推出 Microsoft Robotics Studio，机器人模块化、平台统一化的趋势越来越明显，比尔·盖茨预言，家用机器人很快将席卷全球。

2022 年中国家庭智能机器人市场规模达到 723.6 亿元，同比增长 31.0%；2023 年全年市场规模达到 959.2 亿元，同比增长 32.8%；预计到 2027 年，中国家庭智能机器人市场规模将接近 3000 亿元。

6.1.5　机器人发展特点

如今机器人发展的特点可概括为：横向上，应用面越来越宽。由 95% 的工业应用扩展到更多领域的非工业应用。像做手术、采摘水果、剪枝、巷道掘进、侦查、排雷等应用场景，还有空间机器人、潜海机器人。机器人应用没有限制，只要能想到的，就可以去创造实现；纵向上，机器人的种类会越来越多，像进入人体的微型机器人，已成为一个新方向，可以小到像一个米粒般大小；机器人智能化得到加强，机器人会更加聪明。

为了防止机器人伤害人类，科幻作家阿西莫夫于 1942 年提出了"机器人三原则"：

（1）机器人不应伤害人类。

（2）机器人应遵守人类的命令，与第一条违背的命令除外。

（3）机器人应能保护自己，与以上两条相抵触者除外。

这是给机器人赋予的伦理性纲领。机器人学术界一直将这三个重要原则作为机器人开发的准则。

6.2　创意机器人实验

机器人本体结构是机体结构和机械传动系统，也是机器人的支撑基础和执行机构。机器人本体基本结构由以下五部分组成：传动部件、机身及行走机构、臂部、腕部和手部。机器人本体的主要特点是开式运动链，结构刚度不高，扭矩变化非常复杂，对刚度、间隙和运动精度都有较高的要求，动力学参数（力、刚度、动态性能）都是随位姿的变化而变化，易发生振动或出现其他不稳定现象。下面以 Arduino 平台为载体，具体介绍各类机器人的设计和制作过程。

6.2.1　基于直流电机的寻迹机器人

1. 设计要求

本设计要求采用 Arduino 开源硬件平台为控制核心，传感器检测前方障碍物进行自动避障，利用红外接收模块配上五路寻迹模块进行寻迹，并通过软件编程来控制小车运转。循迹赛道如图 6-2 所示。

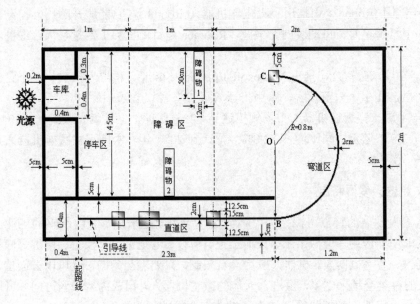

图 6-2　寻迹赛道

2. 系统方案

根据题目要求，有两种解决方案。第一种是精确定时法，这种方案的主要思想是在对电动车直线、转弯行驶速度以及行程的准确把握基础上利用单片机定时来使电动车顺利通过直道区、弯道区、障碍区并且最终到达车库。缺点是供电电压不稳定,易导致小车车速不稳定,且距离不好控制,另外行驶路线固定不变,不能应对意外事件,而且想要准确跑完全程需要对电动车的起始位置、直线行进参数、转弯半径进行精密测量和计算。第二种是传感器引导法,这种方法核心是单片机通过对传感器信号检测来控制制动电机和电机转向的动作,灵活性和智能化极大增强,传感器引导法如图 6-3 所示。

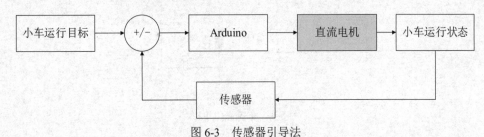

图 6-3 传感器引导法

把任务分成直道区、弯道区和障碍区,划分依据是两个部分所用到的传感器不同,实现方法也存在差别。直道区和弯道区主要用红外接收器以及五路寻线模块。障碍区则用到了超声波传感器和舵机。比起前一种方案来说,这种方案应用面更广,也更接近实用化,智能化,重要的是 Arduino 可以通过对传感器信号的检测来控制电机运作,从而大大提高了运行过程中的实时性,准确性。使得巡线机器人能够轻松地完成整个过程。综上所述,本系统设计选用传感器引导方案。

3. 硬件设计

本设计是一个光、机、电一体的综合实验,在设计中运用了检测技术、电子技术和自动控制技术等。系统可分为传感器检测部分和智能控制部分。传感器检测部分,利用超声波传感器,红外接收器将检测到的一系列的外部信息转化为可控制的电信号。智能控制部分,系统中控制器件根据由传感器变换输出的电信号进行逻辑判断,控制小车的电机,完成小车躲避障碍物、寻迹寻光等各项运动。控制部分主要包括左右电机及其驱动电路。

首先,系统采用两节 18650 电池供电(7.8V),供电简单安全并带有电源指示功能。由于 Arduino 单片机采用 5V 供电,故还需要电源转换电路,将 7.8V 电池电压转变成 5V 供给单片机电路,电源电路如图 6-4 所示。供电电路的核心是 HYM2596S 开关电源芯片,它可以将输入电压转换成 5V 电源输出。

其次,在障碍区放置两个障碍物,障碍物可由包有白纸的砖组成,其长、宽、高约为 50cm×12cm×6cm,两个障碍物分别放置在障碍区两侧的任意位置。要求小车必须在两个障碍物之间通过且不得与其接触。使用 HC-SR04 超声波测距模块进行障碍物检测,超声波检测模块接口电路如图 6-5 所示。

在小车行驶的直道和弯道区采用五路寻迹模块。跑道边线宽度 5cm,引导线宽度 2cm,可以涂墨或粘黑色胶带。可以使用 IR1838 红外接收器加上五路寻线模块进行直线和弯道寻线行驶。五路寻迹电路如图 6-6 所示。

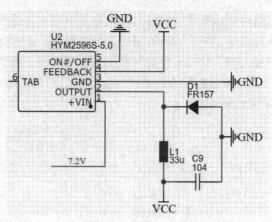

图 6-4　系统供电电路

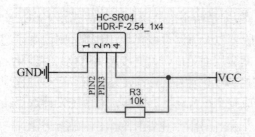

图 6-5　超声波模块接口电路

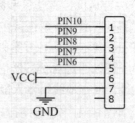

图 6-6　五路寻迹电路

　　最后，是电机驱动电路的设计，电机驱动电路为左轮部分和右轮部分，左前和右前部分负责小车的导向，左后和右后部分负责小车的前后驱动。PWM 调制实现车速控制。基于 L293D 的电机驱动电路如图 6-7 所示，其中，IN1、IN2 连接左电机，IN3、IN4 连接右电机。

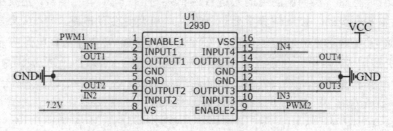

图 6-7　基于 L293D 的电机驱动电路

4. 软件设计

　　首先，系统的开发调试基于 Arduino IDE 程序开发环境。在 IDE 中编写程序代码，将程序上传到 Arduino 电路板后，程序便会告诉 Arduino 电路板要做些什么。Arduino 能通过各种各样的传感器来感知环境，通过控制灯光、马达和其他的装置来反馈、影响环境。板子上的微控制器可以通过 Arduino 的编程语言来编写程序，编译成二进制文件，烧录进微控制器。

其次，智能小车要完成的目标是从起跑线出发，沿着黑色引导线快速地运动，智能车在行进过程中必须能够自动地转弯、寻光和避障，根据智能小车所要完成的功能，软件设计包括总程序设计、电机驱动程序设计、寻线检测程序设计、舵机程序设计和避障程序设计等。Arduino端口分配表见表 6-1。

表 6-1 Arduino 端口分配

端口号	功能
2、4、7、12、13	五路寻迹
5、6、A2、A3、A4、A5	电机驱动
A0、A1	寻光
10	舵机
3、11	超声波测距

最后，为了完成系统的设计，通过分析把系统分为若干个子模块，然后对每个模块逐一地进行编程，然后利用主程序去调用。在智能车的转弯方面，通过改变输入芯片 ENABLE 引脚的 PWM 波的占空比来实现左右轮的差速转弯。通过智能车检测到的信息，即车体偏离黑线的位置，去调节电机转弯的大小。在速度控制方面，主要对直道和弯道这两个不同的跑道类型分别控制。在智能车避障方面，通过超声波传感器来检测障碍物的存在和相对距离来改变运动方向。系统程序的流程如图 6-8 所示。系统先进行初始化，然后对黑线进行检测，通过检测得到的结果判断出智能车处在直道还是弯道。由于直道上的速度可以快于弯道的速度，所以系统采用在直道和弯道运行两种模式。在障碍区，检测障碍物并进行躲避。当检测到终点时，智能小车自动停止运动。软硬件的联调测试是整个设计中最为重要的，也是工作量最大的一部分。为了使智能车在不同电流（大小和频率）环境、行驶轨道下都能快速、稳定、准确地前行，需要不断地调整各部分软硬件参数。相同的条件下在相同的轨道上智能车的性能也是不一样的，其受影响的因素还有很多，如电源，刚充满电与充满电用了一段时间的智能车有时会有完全不同的行驶效果。所以软硬件联调是决定智能车能否在不同条件下，不同轨道上都能够很好适应并能自身协调好各因素完美行驶的关键：智能车在不同轨道上的行驶策略是不同的，直道入弯道、弯道进直道、S 道等有许多情况需要考虑，针对不同情况有不同的算法和策略。当智能车行驶在这些不同轨道上时，既要保证速度的最大化，又不能出现滑出轨道的情况，这就要求智能车有很好的自适应能力。在测试过程中，经常会遇到测试结果与理论不太相符的数据，有的是因为实验室的电压不稳定导致导线的电流不稳定，有的是在测试过程中硬件设施不够精确，这些都会影响测试结果，关键是要让测试环境尽可能的一般化，提高寻迹机器人的鲁棒性。

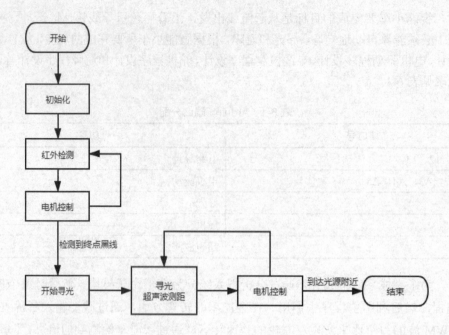

图 6-8　系统程序流程图

5.　参考代码

```
#include <Servo.h>
//五路循迹输入
#define searchline_1 2
#define searchline_2 4
#define searchline_3 7
#define searchline_4 12
#define searchline_5 13
#define line1 (digitalRead(searchline_1))
#define line2 (digitalRead(searchline_2))
#define line3 (digitalRead(searchline_3))
#define line4 (digitalRead(searchline_4))
#define line5 (digitalRead(searchline_5))
#define highspeed_left 102
#define midspeed_left (highspeed_left  - 15)
#define lowspeed_left (highspeed_left  - 24)
#define highspeed_right 112
#define midspeed_right (highspeed_right - 16)
#define lowspeed_right (highspeed_right - 27)
//电机驱动控制
#define enable12 5
```

```
#define enable34 6
#define input1 A2
#define input2 A3
#define input3 A4
#define input4 A5
//寻光
#define searchinglight_1 A0
#define searchinglight_2 A1
//舵机
#define machine 10
Servo myservo;
//测距
#define start 11
#define timing 3
float measuring_distance(void)
{
    int msec;
    float distance;
    digitalWrite(start,HIGH);
    delayMicroseconds(40);
    digitalWrite(start,LOW);
    msec = pulseIn(timing,HIGH);
    distance= 10.0 * msec / 58.0;
    return distance;
}
void setup() {
    //put your setup code here, to run once:
    Serial.begin(9600);
    //寻迹初始化
    pinMode(searchline_1,INPUT);
    pinMode(searchline_2,INPUT);
    pinMode(searchline_3,INPUT);
    pinMode(searchline_4,INPUT);
    pinMode(searchline_5,INPUT);
    //电机驱动初始化
    pinMode(enable12,OUTPUT);
    pinMode(enable34,OUTPUT);
    pinMode(input1,OUTPUT);
    pinMode(input2,OUTPUT);
    pinMode(input3,OUTPUT);
    pinMode(input4,OUTPUT);
    analogWrite(enable12,highspeed_left);
```

```
    analogWrite(enable34,highspeed_right);
    digitalWrite(input1,HIGH);
    digitalWrite(input2,LOW);
    digitalWrite(input3,HIGH);
    digitalWrite(input4,LOW);
    //寻光初始化
    pinMode(searchinglight_1,INPUT);
    pinMode(searchinglight_2,INPUT);
    //舵机初始化
    myservo.attach(machine);
    myservo.write(90);
    //测距初始化
    pinMode(start,OUTPUT);
    pinMode(timing,INPUT);
    digitalWrite(start,LOW);
}
void loop() {
    //put your main code here, to run repeatedly:
    int searching = 0;
    float s = 0,s_l,s_r;
    float U1,U2;
    long R1,R2;
    //寻迹
    if(line3 == 0)
    {
        analogWrite(enable12,highspeed_left);
        analogWrite(enable34,highspeed_right);
        digitalWrite(input1,HIGH);
        digitalWrite(input2,LOW);
        digitalWrite(input3,HIGH);
        digitalWrite(input4,LOW);
    }
    if(line1 == 0)
    {
        analogWrite(enable12,midspeed_left);
        analogWrite(enable34,midspeed_right);
    }
    if(line2 == 0)
    {
        analogWrite(enable12,lowspeed_left);
        analogWrite(enable34,lowspeed_right);
        digitalWrite(input1,LOW);
```

```
      digitalWrite(input2,HIGH);
      digitalWrite(input3,HIGH);
      digitalWrite(input4,LOW);
    }
    if(line4 == 0)
    {
      analogWrite(enable12,lowspeed_left);
      analogWrite(enable34,lowspeed_right);
      digitalWrite(input1,HIGH);
      digitalWrite(input2,LOW);
      digitalWrite(input3,LOW);
      digitalWrite(input4,HIGH);
    }
    if(line5 == 0)
    {
      analogWrite(enable12,midspeed_left);
      analogWrite(enable34,midspeed_right);
    }
    if( (line3+line2)&&(line3+line4) == 0)   searching = 1;
    if(searching)
    {
      analogWrite(enable12,highspeed_left);
      analogWrite(enable34,highspeed_right);
      digitalWrite(input1,HIGH);
      digitalWrite(input2,LOW);
      digitalWrite(input3,HIGH);
      digitalWrite(input4,LOW);
      while(1)
      {
        U1 = analogRead(searchinglight_1);
        U2 = analogRead(searchinglight_2);
        s  = measuring_distance();
        //寻光
        analogWrite(enable12,highspeed_left - (U1 - U2));
        analogWrite(enable34,highspeed_right+ (U1 - U2));
        digitalWrite(input1,HIGH);
        digitalWrite(input2,LOW);
        digitalWrite(input3,HIGH);
        digitalWrite(input4,LOW);
        //避障
        if(s <= 200)
        {
```

```
analogWrite(enable12,0);
analogWrite(enable34,0);
myservo.write(45);
delay(1000);
s_r = measuring_distance();
myservo.write(135);
delay(1000);
s_l = measuring_distance();
myservo.write(90);
if((s_l <= 200)&&(s_r > 200))
{
  analogWrite(enable12,highspeed_left);
  analogWrite(enable34,5);
  digitalWrite(input1,HIGH);
  digitalWrite(input2,LOW);
  digitalWrite(input3,HIGH);
  digitalWrite(input4,LOW);
}
if((s_r <= 200)&&(s_l > 200))
{
  analogWrite(enable12,5);
  analogWrite(enable34,midspeed_right);
  digitalWrite(input1,HIGH);
  digitalWrite(input2,LOW);
  digitalWrite(input3,HIGH);
  digitalWrite(input4,LOW);
}
if((s_l > 200)&&(s_r > 200))
{
  analogWrite(enable12,5);
  analogWrite(enable34,midspeed_right);
  digitalWrite(input1,HIGH);
  digitalWrite(input2,LOW);
  digitalWrite(input3,HIGH);
  digitalWrite(input4,LOW);
}

if((s_r <= 200)&&(s_l <= 200))
{
  analogWrite(enable12,midspeed_left);
  analogWrite(enable34,midspeed_right);
  digitalWrite(input1,LOW);
  digitalWrite(input2,HIGH);
  digitalWrite(input3,LOW);
  digitalWrite(input4,HIGH);
  delay(1500);
```

```
        analogWrite(enable12,0);
        analogWrite(enable34,0);
        delay(100);
        analogWrite(enable12,midspeed_left);
        analogWrite(enable34,midspeed_right);
        digitalWrite(input1,LOW);
        digitalWrite(input2,HIGH);
        digitalWrite(input3,HIGH);
        digitalWrite(input4,LOW);
      }
      delay(500);
    }
    if((U1 >= 504)&&(U2 >= 504))
    {
      analogWrite(enable12,0);
      analogWrite(enable34,0);
      while((U1 >= 504)&&(U2 >= 504))
      {
        U1 = analogRead(searchinglight_1);
        U2 = analogRead(searchinglight_2);
      }
    }
  }
 }
}
```

6.2.2 基于步进电机的寻迹机器人

1. 设计要求

设计要求采用 Arduino 开源硬件平台为控制核心，采用步进电机驱动小车。利用红外传感器配合六路寻迹模块进行寻迹。软件上利用 Arduino 软件进行编程，通过编程来控制小车实现寻迹。

2. 系统方案

根据题目要求，方案控制流程如图 6-9 所示，采用 6.2.1 节的传感器引导法。

图 6-9 步进电机驱动的传感器引导法

3. 硬件设计

本设计是一个光、机、电一体的综合设计，运用了检测技术、电子技术和自动控制技术。

第6章

系统可分为传感器检测部分和智能控制部分。

传感器检测部分：利用超红外接收器将检测到的一系列的外部信息转化为可控制的电信号。

智能控制部分：系统中控制器件根据由传感器变换输出的电信号进行逻辑判断，控制小车的电机，完成寻迹运动。控制部分主要包括左右电机驱动电路。采用电池供电（7.8V）。电源供电电路如图 6-10 所示。

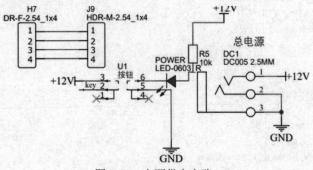

图 6-10　电源供电电路

电机驱动电路为左轮部分和右轮部分，其中左前和右前部分负责小车的导向，左后和右后部分负责小车的前后驱动。PWM 调制实现车速控制。Arduino 相应的 I/O 口输出高电平，小车前进；输出低电平，小车倒退，控制电路图如图 6-11 所示。

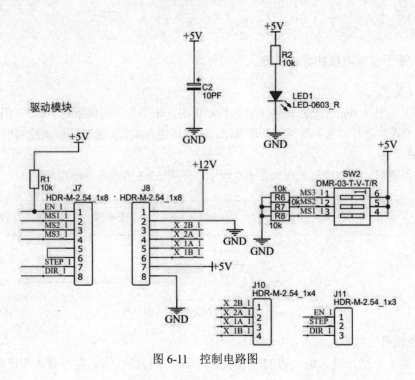

图 6-11　控制电路图

4. 软件设计

系统的开发调试基于 Arduino IDE 程序开发环境，智能小车要完成的目标是从起跑线出发，沿着黑色引导线快速地运动，智能车在行进过程中必须能够自动地转弯，根据智能小车所要完成的功能，软件设计需要包含总程序设计、电机驱动模块设计、寻迹检测模块设计、舵机模块设计和避障模块设计。Arduino 板端口分配见表 6-2。

表 6-2　Arduino 板端口分配

端口号	功能
17、19、21、32、34、36	六路寻迹
27、29、31、42、44、46	电机驱动

为了完成系统的设计，把系统分为若干个子模块，然后对每个模块逐一地进行编程，然后利用主程序去调用相应的运动子函数。在智能车的转弯方面，通过改变输入芯片 ENABLE 引脚的 PWM 波的占空比来实现转弯。通过智能车检测到的信息，即车体偏离黑线的位置，去调节电机转弯的大小。系统先进行初始化，然后对路径进行检测，通过检测得到的结果判断小车所处位置。若在起点，则标志位置 1，开始运动，等到再次检测到起点，标志位置 0，小车停止。

5. 参考代码

```
#include <TimerOne.h>
//#include "driver.h"
//dir 方向 左前，右前
//Vref = 1.2V
//16 细分
//A4988 连接 Arduino 引脚号，左电机
const int dirPin1 = 27;
const int stepPin1 = 29;
const int Enable1 = 31;
//右电机
const int dirPin2 = 42;
const int stepPin2 = 44;
const int Enable2 = 46;
//红外
const int right1 = 36;
const int right2 = 34;
const int right3 = 32;
const int left3 = 17;
const int left2 = 19;
const int left1 = 21;
int right_in_1;
int right_in_2;
```

```
    int right_in_3;
    int left_in_1;
    int left_in_2;
    int left_in_3;
    //电机频率
    int right_time = 50;    //100=5K, 50=10K
    int left_time = 50;
    //电机每圈步数
    const int STEP_PER_REV = 200;
    //定时器中断
    int state = 0;          //挡位，0 代表直行，1 代表左慢转，2 代表左快转，-1 代表右慢转，-2 代表右快转
    int pos;                //记录挡位变更时的灯位
    int last_state = 0;     //记录上一次挡位状态
    int flag = 0;           //启动标志位
    int time5;
    int time7 = 0;
    int a = 1,b = 1;
    int count1 = 0,count2 = 0;
    int speed1 = 12,speed2 = 12;
    void onTimer(){
        if(count1>speed1){
            digitalWrite(stepPin1,LOW);
            count1 = 0;
        }
        if(count2>speed2){
            digitalWrite(stepPin2,LOW);
            count2 = 0;
        }
        count1 += a;
        count2 += b;
        digitalWrite(stepPin1,HIGH);
        digitalWrite(stepPin2,HIGH);
    }
    void setup() {
        //put your setup code here, to run once:
        Serial.begin(9600);
        Timer1.initialize();
        Timer1.attachInterrupt(onTimer,25);
        pinMode(dirPin1,OUTPUT);
        pinMode(stepPin1,OUTPUT);
        pinMode(Enable1,OUTPUT);
        pinMode(right1,INPUT);
```

第 6 章

```
        pinMode(right2,INPUT);
        pinMode(right3,INPUT);
        pinMode(left1,INPUT);
        pinMode(left2,INPUT);
        pinMode(left3,INPUT);

        pinMode(dirPin2,OUTPUT);
        pinMode(stepPin2,OUTPUT);
        pinMode(Enable2,OUTPUT);
        digitalWrite(dirPin1,HIGH);        //前进
        digitalWrite(dirPin2,HIGH);        //前进
        digitalWrite(Enable2,LOW);         //前进
        digitalWrite(Enable1,LOW);         //前进
        right_in_1 = digitalRead(right1);
        right_in_2 = digitalRead(right2);
        right_in_3 = digitalRead(right3);
        left_in_1 = digitalRead(left1);
        left_in_2 = digitalRead(left2);
        left_in_3 = digitalRead(left3);
        time5 = 0;
}
void loop() {
    if(flag == 0){
        delay(100);
        flag = 1;
    }
    right_in_1 = digitalRead(right1);
    right_in_2 = digitalRead(right2);
    right_in_3 = digitalRead(right3);
    left_in_1 = digitalRead(left1);
    left_in_2 = digitalRead(left2);
    left_in_3 = digitalRead(left3);
    if(time5 > 100){
        if(left_in_3 == 1){
          while(left_in_2 == 0){
              right_in_1 = digitalRead(right1);
              right_in_2 = digitalRead(right2);
              left_in_1 = digitalRead(left1);
              left_in_2 = digitalRead(left2);
              speed1 = 8;
              speed2 = 4;
              Serial.print(speed1);
```

```
                    Serial.print(" 1 ");
                    Serial.println(speed2);
                }
            }
        else if(left_in_1 == 1){
            while(left_in_2 == 0){
                right_in_1 = digitalRead(right1);
                right_in_2 = digitalRead(right2);
                left_in_1 = digitalRead(left1);
                left_in_2 = digitalRead(left2);
                speed1 = 4;
                speed2 = 8;
                Serial.print(speed1);
                Serial.print(" 2 ");
                Serial.println(speed2);
            }
        }
        else{
            speed1 = 8;
            speed2 = 8;
        }
        time5 = 0;
    }
    if(left_in_1 == 1 && left_in_2 == 1 && left_in_3 == 1){
        digitalWrite(dirPin1,LOW);          //前进
        digitalWrite(dirPin2,LOW);          //前进
        delay(100);
        digitalWrite(Enable2,HIGH);         //前进
        digitalWrite(Enable1,HIGH);         //前进
    }
    time5++;
}
```

6.2.3 迷宫机器人

1. 设计要求

迷宫机器人是移动机器人路径规划算法的典型应用，在国内外迷宫机器人一直是计算机领域和控制领域的研究热点话题。1969 年，The Machine Design 组织了一次走迷宫比赛，从那以后世界各地举办了很多关于迷宫机器人的比赛，至 1980 年，为了很好地解决迷宫机器人的路径问题，IEEE Magazine 提出了 Micrometer 概念。后来，关于走迷宫的比赛就一直没有中断过。迷宫机器人硬件越来越先进，算法越来越多。早期有随机算法、概率算法、向左（右）算

法等。在迷宫中，机器人一直沿着迷宫隔栅走，在岔路口用随机选择的办法可以顺利走出迷宫，但这种算法就容易陷入死循环，后来又有了流水法，即广度优先算法等。典型的迷宫机器人场地如图 6-12 所示。

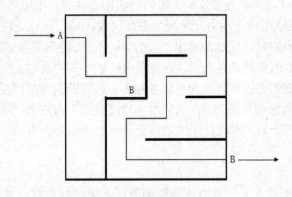

图 6-12   迷宫机器人场地

2. 系统方案

迷宫机器人用到的传感器主要是避障传感器。避障传感器具有一对红外信号发射与接收二极管，发射管发射一定频率的信号，接收管接收这种频率的红外信号，当红外传感器检测到障碍物时，红外信号反射回来被接收管接收，经过处理之后，通过数字传感器接口返回到机器人主机，机器人即可利用红外波的返回信号来识别是否有障碍。

3. 硬件设计

由于采用 ST188 型红外线传感器，易受外界干扰不能准确地检测墙壁信号，尤其是在强光下无法正常运行，小车不能准确地走出迷宫。引起干扰的原因是阳光所发出的红外线与 ST188 型红外传感器默认情况下发出的红外线是一样的，都是连续的，无法区别。解决办法是通过 555 电路使 ST188 红外传感器发一种有固定频率有别于周围红外的信号（200Hz 的信号）。对于接收方也进行电路处理，使其有辨别能力接收有固定频率的红外信号。改进传感器电路如图 6-13 所示。

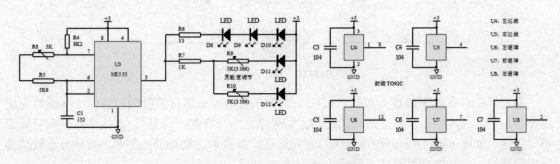

图 6-13   抗干扰红外避障传感器

其工作原理是 555 电路发出频率为 200Hz 的方波，驱动 ST188 发射端发光二极管以 200Hz 的频率闪动，发出闪烁的光波，当有障碍物接近时，反射光引起 ST188 接收端的光电三极管以相同的频率变化，使得图中 A 点的电压值发生相应变化。A 点的电压中包含直流成分和频率为 200Hz 的交流成分，其中后者反映了障碍物的接近情况。用隔直电容 C_1 来完成隔直通交的功能，并由第一个运放电路完成对交流成分进行放大，由第二个运放实现直流到交流的转换。具体来说，当远离障碍物时，运放的输出 V_O 为高电平；当传感器接近障碍物时，V_O 输出低电平。也可以采用市面上所售的光电开关，它是光电接近开关的简称，所有能反射光的物体均可被检测。光电开关将输入光信号转换为电信号输出。它的用途非常广泛，在安防系统中常用光电开关做烟雾报警器的检测传感器，自动门用来检测是否有人进入，在工业场景中经常用它来计数，例如产品的生产个数。本次设计用来检查前方或两侧是否有墙，从而辨别机器人所在迷宫的位置。

4. 软件设计

迷宫车（即迷宫机器人）一般有两种控制算法。第一种是靠左算法，即一直沿着左墙壁走，左边有墙时一直沿着左边墙壁前进，当左边没有墙时左转，然后继续靠左边墙壁运行。该算法是最简单的迷宫走法。程序流程如图 6-14 所示。

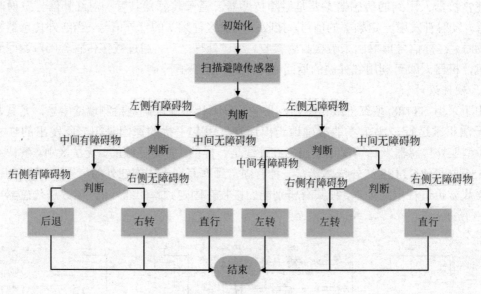

图 6-14　程序流程图

靠左算法存在以下弊端。按照该算法，小车在走第二遍迷宫的时候，可以一次性地走出迷宫，但是这条道路不一定是最短的道路；如果迷宫本身存在"孤岛"，那么小车很有可能走不出迷宫。如图 6-15 所示，小车从入口进入迷宫，靠左前进则会导致小车一直按照虚线所描绘出的路线一直在迷宫里循环，最终走不出迷宫。

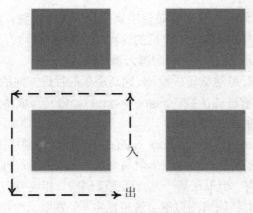

图 6-15 靠左算法的孤岛效应

第二种是靠前算法。靠前算法即一直沿着前方道路前行（前方没有任何障碍时一直前进），当前边没有墙时判断左边情况，左边没墙左转，左边有墙则判断右边情况。然后重复该循环。算法流程如图 6-16 所示。

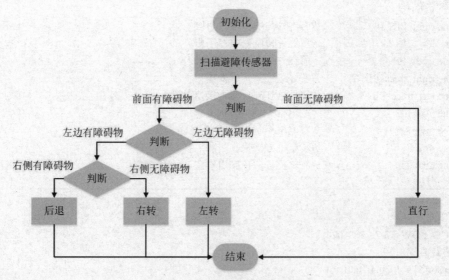

图 6-16 靠前算法流程图

程序思路：前边没墙向前走，前面有墙判断左边是否有墙，左边没墙左转，左边前边都有墙再判断右边是否有墙，右边没有墙右转，三面都有墙直接后退转 180°，继续向前走。0 表示有墙，1 表示没墙，D6 脚接左传感器；D8 脚接前传感器；D4 表示右传感器。转角控制思路：计算轮子的转速，测出小车转 90° 时每个轮子所行的路程，用路程来除速度，求出一个时间作为小车转弯时的延迟时间，再通过调试进一步精确转角。其他还有洪水算法和铺路算法，因篇幅有限，这里不一一介绍，感兴趣的读者可自行查阅有关资料。

在单片机启动开始工作后，首先要对使用到的管脚进行配置，将连接到红外接收三极管输出端的管脚配置为输入模式，将控制电机的管脚配置为输出模式，将连接按键的管脚配置为输入模式，将控制用作警示 LED 的管脚配置为输出模式。

主循环函数中主要执行电池低电压检测、判断小车的行进方向的函数（read_sensor_values）与驱动电机向所行进方向前进的函数（motor_control）。将其写成函数的目的是提高代码的简洁性与可读性，便于后期的维护与调整。

判断小车行进方向的函数（read_sensor_values），因为其需判断的条件较少，故使用 if 嵌套，直观地达到判断方向的目的。定义一个全局变量 decide，将方向分为 0——前进、1——左转、2——右转、3——转身。小车在某一方向遇到障碍时，相应方向的红外发射三极管就会接收到经过反射的红外信号，其输出端口就会输出低电平。判断三个接收管输出引脚的电平，即可得到不同值的 decide。

驱动电机向所行进方向前进的函数（motor_control）使用 switch...case 语句，判断全局变量 decide 的值，根据不同的值执行不同的代码。为了防止小车无法及时调整方向，应加入停止和倒退函数。

5. 参考代码

```
#define right_PIN 4          //右红外传感器接口引脚
#define left_PIN 6           //左红外传感器接口引脚
#define front_PIN 8          //前红外传感器接口引脚
#define right_trace_PIN 7    //右寻迹红外传感器接口引脚
#define left_trace_PIN 9     //左寻迹红外传感器接口引脚
#define pwmL 5               //左电机控制引脚定义
#define pwmR 10              //右电机控制引脚定义
#define dirL 3               //左电机方向控制引脚定义
#define dirR 11              //右电机方向控制引脚定义
//方向
int decide = 0;
int VCC;
int VCC_LOW = 3.7 / 5 * 1024;
//传感器信号
int sensor[5] = {0, 0, 0, 0, 0};
void setup() {
  //LED
  pinMode(13, OUTPUT);
  //PWM
  pinMode(dirL, OUTPUT);
  pinMode(pwmL, OUTPUT);
  pinMode(pwmR, OUTPUT);
  pinMode(dirR, OUTPUT);
  //寻迹
```

```
        pinMode(right_trace_PIN, INPUT);
        pinMode(left_trace_PIN, INPUT);
        //避障
        pinMode(right_PIN, INPUT);
        pinMode(left_PIN, INPUT);
        pinMode(front_PIN, INPUT);
        //KEY
        pinMode(15, INPUT);
        pinMode(16, INPUT);
        //报警
        pinMode(2, OUTPUT);
}
void loop() {
        //低电压检测
        VCC = analogRead(7);
        if (VCC < VCC_LOW)
            digitalWrite(2, LOW);        //LED 发光
        else
            digitalWrite(2, HIGH);       //LED 不发光
        read_sensor_values();            //判断小车行进方向
        motor_control();                 //驱动电机向所行进方向前进
}
void read_sensor_values()
{
        sensor[0] = digitalRead(right_PIN);
        sensor[1] = digitalRead(left_PIN);
        sensor[2] = digitalRead(front_PIN);
        sensor[3] = digitalRead(right_trace_PIN);
        sensor[4] = digitalRead(left_trace_PIN);
        if (sensor[1] == 1) {
            if (sensor[2] == 1) {
                if (sensor[0] == 1) {
                    decide = 0;
                } else {
                    decide = 1;
                }
            } else {
                decide = 1;
            }
        } else if (sensor[2] == 1) {
            decide = 0;
        } else if (sensor[1] == 1) {
```

```
        decide = 3;
    } else {
        decide = 4;
    }
void motor_control()
{
    switch (decide)
    {
        case 0:      //直行
            analogWrite(pwmR, 50);
            analogWrite(dirR, 0);
            analogWrite(dirL, 0);
            analogWrite(pwmL, 50);
            break;
        case 1:      //左转
            analogWrite(pwmR, 0);
            analogWrite(dirR, 0);
            analogWrite(dirL, 150);
            analogWrite(pwmL, 0);
            break;
        case 2:      //左转身
            analogWrite(pwmR, 0);
            analogWrite(dirR, 150);
            analogWrite(dirL, 0);
            analogWrite(pwmL, 150);
            break;
        case 3:      //右转
            analogWrite(pwmR, 150);
            analogWrite(dirR, 0);
            analogWrite(dirL, 0);
            analogWrite(pwmL, 0);
            break;
        case 4:      //右转身
            analogWrite(pwmR, 150);
            analogWrite(dirR, 0);
            analogWrite(dirL, 150);
            analogWrite(pwmL, 0);
            break;
    }
}
void stop()
{
```

```
    analogWrite(10, 0);
    analogWrite(11, 0);
    analogWrite(3, 0);
    analogWrite(5, 0);
    delay(20);        //简单的刹车延时
}
void back()
{
    stop();
    //倒退速度
    analogWrite(10, 0);
    analogWrite(11, 50);
    analogWrite(3, 0);
    analogWrite(5, 50);
    delay(40);        //倒退距离
}
```

6.2.4　灭火机器人

1．设计要求

灭火机器人的设计应该具备以下几个方面的功能：火灾探测、环境感知、路径规划、自主导航、火灾定位和灭火器械操作。整个系统需要由传感器、控制器和执行器构成，并通过智能算法对各个模块进行智能化的协调与控制。

2．系统方案

灭火机器人结构稍复杂，用到了 3 种传感器，还有灭火机构。采用反射式红外传感器识别黑线轨迹，用红外火源传感器检测火源，红外传感器（或超声波传感器）测量规定区域，由单片机对传感器识别到的信号加以分析和判断，通过对直流电机的控制来实现自动寻迹并灭火，灭火机器人组成如图 6-17 所示。

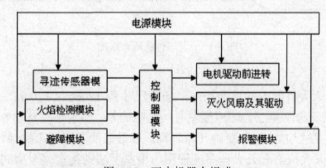

图 6-17　灭火机器人组成

寻迹传感器和避障传感器在前面已有介绍，下面来讨论火焰传感器的方案。

方案 1 是采用热敏电阻和光敏电阻作为传感器，在一定范围内空气温度变化非常小，热敏电阻几乎不发生变化，光敏电阻受外界干扰比较大，抗干扰能力极差，误差偏大，不能准确测定火源位置。方案 2 是采用红外接收二极管，红外接收二极管将外界红外光的变化转变为电流的变化，利用 LM324 进行电压比较后输出数字开关量。红外火焰传感器可以用来探测火源或其他一些波长在 760～1100nm 范围内的热源，探测角度达 60°，红外光波长在 940nm 附近时，其灵敏度最大。比较两种方案，方案 2 受外界干扰小，容易探测到火源，因此选用方案 2。

3. 硬件设计

图 6-18 所示为火焰传感器电路图。图中传感器除了可输出数字量以外，还可以输出模拟量，单片机通过判断模拟量值的大小，可大致判断小车离火焰的距离。灭火执行机构直接利用 2SC8050 三极管驱动直流电机。将电机放在三极管的发射极，然后在基极加上一个限流电阻即可驱动电机正常工作，方案电路简单、容易实现，可减少器件使用、降低故障率，同时驱动效率大、稳定性好。如果想放大更多，可以采用多个三极管并联供电的方式。

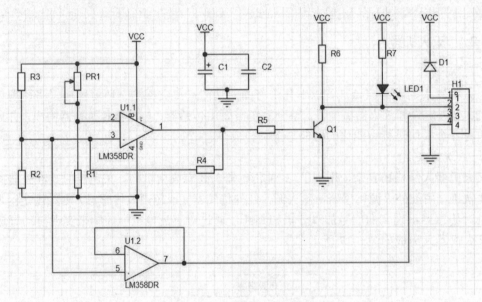

图 6-18　火焰传感器电路图

4. 软件设计

图 6-19 所示为灭火机器人的典型场地，场地尺寸为 180cm×120cm，内部用黑线分隔成 24 个边长为 30cm 的正方形格子，场地偏左有一处障碍物，要求小车从出库开始，找到全部火源（蜡烛）并熄灭，在行进过程中要避开障碍物，以最短的时间熄灭蜡烛。

图 6-20 所示为灭火机器人灭火程序流程图，用左手法则搜索整个房间，可以容易地检测到房间各个角落，避免出现检测盲区。在小车行进过程中检测火焰，一旦发现火焰则切换到趋光程序，计算火焰位置，准确定位并启动风扇灭火，灭火后检测火焰是否被扑灭，确定火焰被

扑灭后计数并回到发现火焰的位置继续搜索房间，直至扑灭所有火焰后，启动回家程序回到原始位置。将小车置于跑道一侧，启动小车，观察小车是否能避障。在没有障碍时，能否直走通过。灭火机器人在有障碍的区域能检测到障碍，并及时作出反应，在无障碍区，能快速直行通过。但若跑道另一侧挡板高度过低，则小车左侧红外线无法准确捕捉，效果可能不理想。

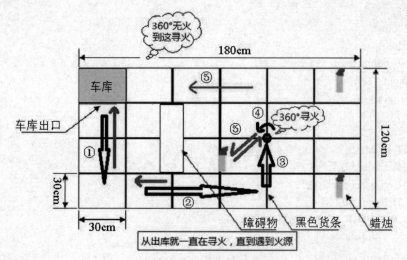

图 6-19　灭火机器人场地

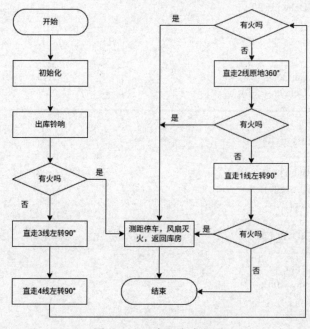

图 6-20　灭火程序流程图

5. 参考代码（寻火）

```
int main(void)
{
    delay_init();
    GPIOCLKInit();
    UserLEDInit();
    TIM2_Init();
    MotorInit();
    UltraSoundInit();
    RedRayInit();
    ServoInit();
    while(1)
    {
        DuojiMid();
        Delayms(50);
        GetDistanceDelay();
        Delay_us(20);
        if((VOID_R_IO==0)&&(VOID_L_IO==1))  {
            if(distance_cm<30)
            {
                CarRight();
                Delayms(20);
            }
            else
            {
                CarGo();
                Delayms(200);
            }
        }
        else if(VOID_L_IO==0)
        {
            CarRight();
            Delayms(500);
            CarStop();
        }
        else if(VOID_R_IO==1)
        {
            CarLeft();
            Delayms(100);
            CarStop();
        }
    }
}
```

6.2.5 垃圾分类机器人

1. 设计要求

自主设计并制作一款外观精致时尚、分类标识简洁醒目的单投入口智能垃圾分类装置，实现可回收垃圾、厨余垃圾、有害垃圾和其他垃圾这四类城市生活垃圾的智能判别、分类与储存，并能实现对可回收垃圾中可压缩的垃圾进行压缩。生活垃圾智能分类装置对投入的垃圾具有自主判别、分类并投放到相应的垃圾桶、垃圾压缩、满载报警、播放自主设计制作的垃圾分类宣传片等功能。不允许采用任何交互手段与分类装置进行通信及控制装置。

2. 系统方案

本项目的内容是在 Linux 系统中利用 YOLOX 进行实时垃圾检测。自制 5000 张带标注的图片，在摄像头检测到垃圾后，自动识别分析出垃圾种类、具体坐标和最佳夹持角度，通过机械臂进行自动分拣。借助英伟达官方支持的 Tensor RT 加速技术，该模型可用于低成本的嵌入式设备，可以近乎实时检测垃圾而不需要稳定的互联网连接，具有普适性。图 6-21 所示为总体框架图。

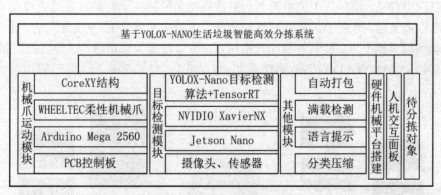

图 6-21　垃圾分类系统框图

整个系统可分为四个部分：多目标检测部分、最佳夹持角度判断算法、机械爪运动模块以及硬件平台搭建。通过插件式连接，可以最大程度避免相互干扰的问题产生，同时可以解决极端情况下的时序错乱问题。

首先，垃圾分类模型的训练是系统工作的重中之重，作为最新一代的 YOLO 模型，YOLOX 官方实现了 CNN、TensorRT 等加速技术，同时使用了 Anchor-Free 等技术，使得自身的准确度也超过其他算法。受到此算法的启发，同时也对比了使用 YOLOV3、V5 和 YOLOX 得到的训练结果，系统使用 YOLOX+TensorRT 的组合，使其能够达到精度与速度的平衡。一方面，制作数据集，收集了四类垃圾，共计 12 小类；另一方面，图像处理及增强，在数据增强中使用了 flip、mosaic、clip 等方法来扩大数据集。在训练时，将图片进行裁剪、翻转、缩放、色域变化等操作，随机选取四张拼接作为训练数据。丰富了图片的背景。同时，为了避免背景、反光造成过多的干扰，还使用高斯模糊方法来进行数据增强。

其次，最佳夹持角度判定算法设计。为防止机械爪夹持矩形垃圾如矿泉水瓶等发生滑落，需要对最佳夹持角度进行判断，从而顺利夹持矩形垃圾。通过 YOLOX 算法获取到的矩形框，截取出图像采用自适应阈值进行二值化。此时的阈值是根据图像上的中心点外延的一小部分区域计算与其对应的阈值，因此阈值会随着图片的变化而变化，增强了角度计算的准确率。为避免截取出的图像中存在多类物体，对二值化后的图像进行了腐蚀和膨胀操作。随后，通过最小二乘法，做出剩余部分的最小外切矩形。求解矩形最长边与水平线的夹角，即可获得最佳夹持角度的补角。

最后，机械爪运动控制算法设计。为了减少延时和稳定传送数据，使用了 WebSocket 协议。通过建立 TCP 长连接，传送图像和识别分类信息，一定程度上避免了链路拥堵及丢包情况下遗失重要数据的情况。通过上下位机结合实现以下运动控制：一是将机械爪移动至垃圾位置。已知垃圾坐标，以平台结构左下角为坐标原点，分别算出 x 和 y 的差值，计算得步进电机每个脉冲移动的距离，进而求得移动到目标位置所需要的两个坐标上的脉冲个数。然后给 A4988 步进电机驱动模块输入对应的脉冲个数，即可到达指定位置；二是抓取垃圾，通过舵机控制机械爪上下移动，根据从上位机得到的最佳夹持角度转换为舵机打角值夹取垃圾；三是投放垃圾，以垃圾坐标为起始点，已知垃圾桶坐标，可得出两者的 x、y 坐标差值。重复动作一，将垃圾移动到垃圾桶上方，控制舵机松开机械爪，将垃圾放入垃圾桶内，最后再回到坐标原点完成复位动作。通过 YOLOX+TensorRT 的组合，如图 6-22 所示，满足速度精度需求。

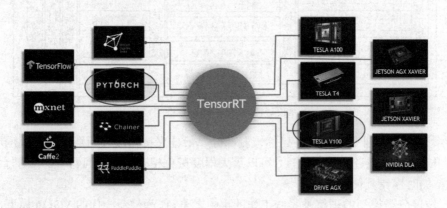

图 6-22　YOLOX+TensorRT

本实验提出的基于 YOLOx+TensorRT 轻量级网络检测模型的垃圾检测与抓取装置，借助官方支持的 TensorRT 加速技术，该模型可部署到低成本的嵌入式设备。在精度保证需求的前提下，实现了实时检测与四类垃圾的自动分拣。另外，采用 coreXY 等多重坐标变换减小物理误差。在下位机 Arduino 上编写程序，coreXY 运动方程为式（6-1）至式（6-4），原理如图 6-23 所示。

$$\Delta x = \frac{1}{2}(\Delta A + \Delta B) \tag{6-1}$$

$$\Delta y = \frac{1}{2}(\Delta A - \Delta B) \tag{6-2}$$

$$\Delta A = \Delta x + \Delta y \tag{6-3}$$

$$\Delta B = \Delta x - \Delta y \tag{6-4}$$

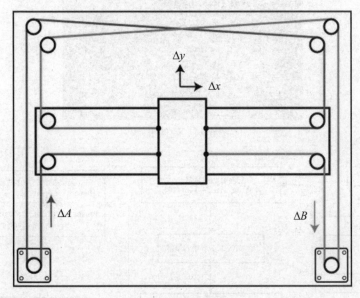

图 6-23　CoreXY 算法原理图

3. 硬件设计

采用铝材结合角连接件搭建了大致的框架，其中角连接件不仅起到了连接的作用，三角形的结构使得整个框架更加的稳定，同时还有一些连接件可进行非典型结构的连接。图 6-24 所示为框架部分连接。

摄像头固定在垃圾桶的顶部，同时为了更好地适应复杂的环境，尤其是复杂的光线环境，使用黑色吸光材料包裹垃圾桶，从而避免了外界环境光对物体光泽产生影响，导致无法正确识别。机械手的移动采用了 CoreXY 设计方案，在底角两侧装上步进电机，同时为了对机械爪进行控制，还加入了三个舵机。顶部舵机控制机械爪的上下运动，中间舵机控制机械爪的旋转，底部舵机控制机械爪做出抓取垃圾的动作。

4. 软件设计

当将深度学习模型部署到嵌入式设备中时，TensorRT 是一个非常有用的工具。TensorRT 可以对深度学习模型进行优化，以提高推理性能和减少内存占用。在使用 TensorRT 之前需要先训练一个深度学习模型，可使用 PyTorch 的深度学习框架来完成训练，如图 6-25 所示。训练过程中可以使用各种优化算法和技术来提高模型的性能和准确度。

图 6-24　硬件平台

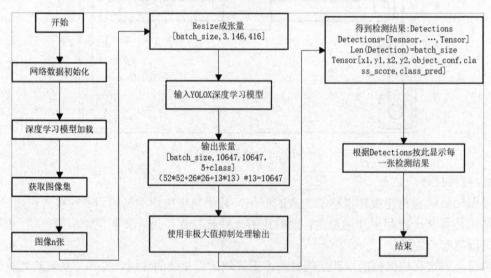

图 6-25　PyTorch 的深度学习框架

同时使用 Int8 量化可以提高模型的计算速度和节省存储空间，如图 6-26 所示。假设卷积神经网络的输入和输出分别为 Y 和 X，则 Y 和 X 之间的映射关系如下：

$$Y = F(X|\Theta) = f_L\{\cdots f_2[f_1(X|\theta_1)|\theta_2]|\theta_L\} \tag{6-5}$$

式中，$F(X|\Theta)$ 表示非线性映射和学习参数构成的函数，$f_1(X|\theta_1)$ 为卷积层、池化层、全连接层的计算过程，Θ 为学习参数集合。通过使用 Int8 量化，可以在保持一定准确性的同时，提高模型的计算速度和存储效率。这对于在边缘设备等计算资源有限的环境中部署模型非常有帮助。

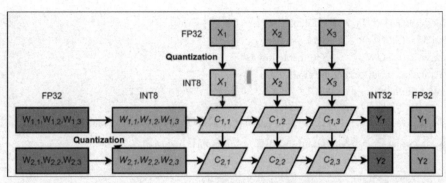

图 6-26 Int8 卷积层量化推理流程

　　TensorRT 具有强大的优化功能，可以对模型进行层融合和内存优化。层融合可以将多个层合并为一个层，减少计算量和内存使用。内存优化可以通过重用中间计算结果和使用低精度数据表示等方法，减少内存占用并提高计算速度。构建 TensorRT 引擎是对优化后的模型进行编译和优化的结果。引擎构建的过程包括网络定义、层参数设置、内存分配等步骤。TensorRT会根据设备的硬件特性和运行时环境进行自动优化和调整，以获得最佳的推理性能。

　　5. 参考代码

```
#include <Servo.h>
Servo myservo1,myservo2,myservo3;        //定义 Servo 对象来控制三个舵机
int pos = 0,pos1 = 0,pos2 = 0,pos3 = 0;  //角度存储变量
int des,flag=0,zero=0;                   //运动逻辑状态标志
int X,Y,x,y,x1,y1,x2,y2,x3,y3,A,B,a,b,a1,b1,a2,b2,a3,b3;    //运动差值计算
int Ax=100,Ay=100,  Bx=100,By=1800,  Cx=1800,Cy=1800,  Dx=1800,Dy=100;     //垃圾投放点坐标
int inByte = 0;                          //incoming serial byte
String comdata = "";                     //incoming serial byte
char chByte[16];                         //incoming serial byte
int sensorValue = 0;                     //variable to store the value coming from the sensor
//************************************************************************************
void setup()
{
  myservo1.attach(10);      //舵机控制线连接数字 10
  myservo2.attach(11);      //舵机控制线连接数字 11
  myservo3.attach(12);      //舵机控制线连接数字 12
  pinMode(0,INPUT);pinMode(1,INPUT);
  pinMode(2,INPUT);pinMode(3,INPUT);
  pinMode(4,OUTPUT);    //Dir X
  pinMode(5,OUTPUT);    //Step X
  pinMode(6,OUTPUT);    //Step Y
  pinMode(7,OUTPUT);    //Dir Y
  pinMode(8,OUTPUT);    //X Enable
```

```
        pinMode(9,OUTPUT);      //Y Enable
        digitalWrite(8,LOW);    //Set Enable low
        digitalWrite(9,LOW);    //Set Enable low
        //initialize the serial communication:
        Serial.begin(9600);
}
//********************************************************************************
int pluse(int xa,int ya,int xb,int yb,int speed)    //左右 AB 电机运动算法与脉冲发生
{
        //int speed=1000;
        int done=0;                             //完成标志
        X = xb-xa; Y = yb-ya;                   //计算某点的 XY 坐标差值
        Serial.print("X:"); Serial.println(X);
        Serial.print("Y:"); Serial.println(Y);
        a= X+Y;   b= X-Y;                       //CXY 运动算法
        if ( a > 0) { digitalWrite(4,HIGH); }   //*=HIGH：A 电机（左）逆时针
        if ( b > 0) { digitalWrite(7,HIGH); }   //*=HIGH：B 电机（右）逆时针
        if ( a <= 0) { digitalWrite(4,LOW); }   //*=LOW：A 电机（左）顺时针
        if ( b <= 0) { digitalWrite(7,LOW); }   //*=LOW：B 电机（右）顺时针
        Serial.print("a:"); Serial.println(a);
        Serial.print("b:"); Serial.println(b); delay(1000);
        Serial.println("----------");
        a=abs(a);   b=abs(b);                   //CXY 运动算法
        long MAX = max(a,b);                    //MAX 为轴的最大脉冲数，既最远距离的脉冲数
        unsigned long time_t = (2000000/speed)*MAX;  //微秒，脉冲总周期
        unsigned long X_interval = time_t/a;    //分 X 的脉冲间隔
        unsigned long X_inter = X_interval;
        unsigned long Y_interval = time_t/b;    //分 Y 的脉冲间隔
        unsigned long Y_inter = Y_interval;
        unsigned long time_last = micros();
        while(a >0 || b>0){
            unsigned long time_now =  micros();      //微秒计时函数
            if (((time_now - time_last) > X_interval) && (a > 0))
              {
                  digitalWrite(5,HIGH);digitalWrite(5,LOW);
                  X_interval += X_inter; a--;       //X 间隔的脉冲发生
              }
            if (((time_now  - time_last) > Y_interval) && (b > 0))
              {
                  digitalWrite(6,HIGH);digitalWrite(6,LOW);
                  Y_interval += Y_inter; b--;       //Y 间隔的脉冲发生
              }
```

```
            }
        done=1;    //完成标志
        return(done);
}
//********************************************************************************
void loop()
{
    if (flag == 0)
        {
        sensorValue = analogRead(A0);
        delay(30);
        if(sensorValue<200) { Serial.print("A0:");Serial.println(sensorValue); flag=1; }
        }
//********************************************************************************
    if (flag == 1) //运动 setp1：接收串口指令
        {
        if (Serial.available() > 0) {
            Serial.readBytes(chByte,11);
            comdata = chByte;

            if (comdata[0]== 'X')
                {
                Serial.println(comdata);
                x1=comdata.substring(1, 5).toInt();
                Serial.print("x1:"); Serial.println(x1);
                y1=comdata.substring(6, 10).toInt();
                Serial.print("y1:"); Serial.println(y1);
                Serial.println("----------");
                flag=2;
                }
            }
        }
    Serial.flush();
//********************************************************************************
    if (flag == 2)
        {
            des = pluse(0,0,x1,y1,1500);
            if ( des == 1)
                { des=0;
                //0°到 180°//in steps of 1 degree
                for (pos = 0; pos <= 180; pos ++) { myservo1.write(pos);delay(5);}
                for (pos = 0; pos <= 120; pos ++) { myservo2.write(pos);delay(5);}
```

```
              for (pos = 0; pos <= 90; pos ++) { myservo3.write(pos);delay(5);}

              for (pos = 180; pos >= 0; pos --) { myservo1.write(pos);delay(5);}
              for (pos = 120; pos >= 0; pos --) { myservo2.write(pos);delay(5);}
              for (pos = 90; pos >= 0; pos --) { myservo3.write(pos);delay(5);}
              flag=3;
            }
        }
//*******************************************************************************
    if (flag == 3)
        {
            if (comdata[10]== 'A')
                { zero=1;    //Serial.println("A");
                    des = pluse(x1,y1,Ax,Ay,1000);
                    comdata[10]= 'T' ;
                }
            if (comdata[10]== 'B')
                { zero=2;    //Serial.println("B");
                    des = pluse(x1,y1,Bx,By,1000);
                    comdata[10]= 'T' ;
                }
            if (comdata[10]== 'C')
                { zero=3;    //Serial.println("C");
                    des = pluse(x1,y1,Cx,Cy,1000);
                    comdata[10]= 'T' ;
                }
            if (comdata[10]== 'D')
                { zero=4;    //Serial.println("D");
                    des = pluse(x1,y1,Dx,Dy,1000);
                    comdata[10]= 'T' ;
                }
            if ( des == 1)
                {
                    des=0;
                    delay(2000);
                    flag=4;
                }
        }
//*******************************************************************************
    if (flag == 4)
        {
            if (zero == 1) { zero=0; des = pluse(Ax,Ay,0,0,1500); }    //A
```

```
            if (zero == 2) { zero=0; des = pluse(Bx,By,0,0,1500); }    //B
            if (zero == 3) { zero=0; des = pluse(Cx,Cy,0,0,1500); }    //C
            if (zero == 4) { zero=0; des = pluse(Dx,Dy,0,0,1500); }    //D

            if ( des == 1)
                { des=0;    Serial.println("ok"); flag=0; }


        }

    }
```

6.2.6 App 蓝牙遥控机器人

1. 设计要求

设计制作基于 Arduino 的自制手机 App 遥控小车，能实现小车的前进、后退、左转、右转等功能。通过本实验，能够掌握使用立创 EDA 绘制电路原理图和 PCB，焊接后调试，并且通过手机串口软件能够与蓝牙模块进行连接。

2. 系统方案

蓝牙是一种无线技术标准，可实现固定设备、移动设备和楼宇个人局域网之间的短距离数据交换（使用 2.4～2.485GHz 的 ISM 波段的 UHF 无线电波）。本实验使用的蓝牙模块（HC-05）已经在内部实现了蓝牙协议，无需自己开发调试协议。这类模块一般都是借助串口协议通信，因此只需借助单片机串口将需要发送的数据发送给蓝牙模块，蓝牙模块会自动将数据通过蓝牙协议发送给配对好的蓝牙设备。本实验方案如下：由于要借助串口实现蓝牙通信功能，需要先了解下 Arduino 的串口通信，Arduino UNO 开发板上的 D0 脚为串口接收 RX，D1 脚为串口发送 TX，在开发板内部也已经配置好了串口的功能，只需调用函数接口即可。另外，蓝牙模块的 TX 接 Arduino UNO 开发板 RX 引脚，蓝牙的 RX 接 Arduino UNO 开发板 TX 引脚，蓝牙的 GND 接 Arduino UNO 开发板 GND 引脚，蓝牙的 VCC 接 Arduino UNO 开发板 5V 或 3.3V 引脚。

3. 硬件设计

硬件设计可参考 4.3.2 节的 Arduino 创意机器人实验平台。

4. 软件设计

利用 App Inventor 进行 App 软件设计。设计界面如图 6-27 所示。

App Inventor 是一款免费的基于可视化编程平台的移动应用开发工具。它允许用户通过简单的图形化编程界面和拖拽式的组件来创建自己的应用程序，而无需具备高级编程知识。App Inventor 提供了丰富的组件库，包括用户界面组件、多媒体组件、传感器组件等，用户可以根据实际需求进行选择和配置。设计好的手机 App 软件如图 6-28 所示，完成组件设计之后进行逻辑设计，具体逻辑如下：初始化，启用蓝牙连接为真，即启用蓝牙连接，不启用蓝牙断开按键，点击蓝牙连接，选择蓝牙客户端，当蓝牙连接后，蓝牙连接启用为假，蓝牙断开启用为真；点击蓝牙断开，执行与初始化相同的逻辑。对各个按钮，即前进、左转、后退、右转、停止赋予了发送"f""l""b""y""s"文本的逻辑。App 界面如图 6-28 所示。

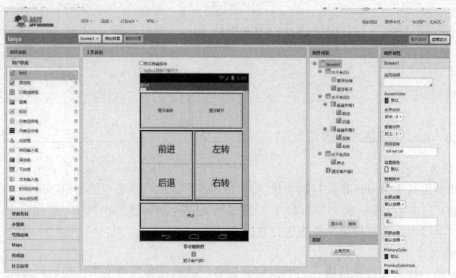

图 6-27　蓝牙设计界面

图 6-28　App 界面

在小车的行进过程中，通过蓝牙模块对小车发送前进、后退、左转、右转、停止、加速、减速7个指令，用小车测试迷宫小车的赛道，小车完美地实现了所有的指令。但是因为左右电机存在差异，导致小车的左右电机转速不同，智能小车走不了直线的原因是小车采用了"差分驱动"，就是左右轮分别用电机驱动，通过改变两个电机的转速实现小车前进和转向。因为两个电机驱动的差异性，导致两个轮子的转速不同，就使得小车本该直线行驶的轨迹发生偏移。当然如果有电机编码器，就可以测出电机转速来解决这个问题。还有就是如果车速过快，当距离障碍物较近时，不能快速实现左右转，可以考虑加入加减速的功能，通过设置多挡配速，让其在直线部分可以快速行动，当遇到转角和十字或T字路口可以减速，不至于撞墙。

5. 参考代码

```
#include <SoftwareSerial.h>
//实例化软串口，设置虚拟输入输出串口。
SoftwareSerial BT(7, 8);        //设置数字引脚 0 是 Arduino 的 RX 端，1 是 TX 端
SoftwareSerial(uint8_t receivePin, uint8_t transmitPin, bool inverse_logic = false);
                                //所以蓝牙的 TX 接 1，RX 接 0
int wheel_R_1 = 5;     //右轮前进
int wheel_R_2 = 3;     //右轮后退
int wheel_L_1 = 11;    //左轮前进
int wheel_L_2 = 10;    //左轮后退
void setup()
{
    pinMode(wheel_L_1, OUTPUT);
    pinMode(wheel_L_2, OUTPUT);
    pinMode(wheel_R_1, OUTPUT);
    pinMode(wheel_R_2, OUTPUT);
    Serial.begin(9600);         //设置 Arduino 的串口波特率与蓝牙模块的默认值相同为 9600
    BT.begin(9600);             //设置虚拟输入输出串口波特率与蓝牙模块的默认值相同为 9600
    Serial.println("HELLO");    //如果连接成功，在电脑串口显示 HELLO，在蓝牙串口显示 hello
    BT.println("hello");
}
void loop()
{
 if(Serial.available()>0)
  {
    char cmd = Serial.read();    //读取蓝牙模块发送到串口的数据
    Serial.println(cmd);
    BT.println(cmd) ;
    zhuanq();
  }
 if(BT.available()>0)
  {
```

```
        int cmd1 = BT.read();        //读取蓝牙模块发送到串口的数据
        BT.println(cmd1);
        Serial.println(cmd1);
        switch(cmd1)
        {
          case 97:        //a
          turn_left();
          break;
          case 119:        //w
          move_ahead();
          break;
          case 100:        //d
          turn_right();
          break;
          case 120:        //x
          move_backwards();
          break;
          case 115:        //s
          stop();
          break;
          case 113:        //q
          zhuanq();
          break;
          case 101:        //e
          zhuane();
          break;
        }
    }
}
//定义直行函数
void move_ahead(){
    analogWrite( wheel_L_1, 80);
    analogWrite( wheel_L_2, 0);
    analogWrite( wheel_R_1, 80);
    analogWrite( wheel_R_2, 0);
}
//定义逆时针转圈函数
void zhuanq(){
    analogWrite( wheel_L_1, 0);
    analogWrite( wheel_L_2, 80);
    analogWrite( wheel_R_1, 80);
    analogWrite( wheel_R_2, 0);
```

```
}
//定义顺时针转圈函数
void zhuane(){
    analogWrite( wheel_L_1, 80);
    analogWrite( wheel_L_2, 0);
    analogWrite( wheel_R_1, 0);
    analogWrite( wheel_R_2, 80);
}
//定义后退函数
void move_backwards(){
    analogWrite( wheel_L_1, 0);
    analogWrite( wheel_L_2, 255);
    analogWrite( wheel_R_1, 0);
    analogWrite( wheel_R_2, 255);
}
//定义左转函数
void turn_left(){
    analogWrite( wheel_L_1, 0);
    analogWrite( wheel_L_2, 0);
    analogWrite( wheel_R_1, 80);
    analogWrite( wheel_R_2, 0);
}
//定义右转函数
void turn_right(){
    analogWrite( wheel_L_1, 80);
    analogWrite( wheel_L_2, 0);
    analogWrite( wheel_R_1, 0);
    analogWrite( wheel_R_2, 0);
}
void stop(){
    analogWrite( wheel_L_1, 0);
    analogWrite( wheel_L_2, 0);
    analogWrite( wheel_R_1, 0);
    analogWrite( wheel_R_2, 0);
}
```

6.2.7　相扑机器人

1. 设计要求

机器人相扑比赛的规则要求机器人的长和宽不得超过 20cm，重量不得超过 3kg，对机器人的身高没有要求。机器人的比赛场地是高 5cm、直径 154cm 的圆形台面。台面上敷以黑色的硬质橡胶，硬质橡胶的边缘处涂有 5cm 宽的白线。这种以黑白两色构成边界线的比赛场地便于相扑机器人利用低成本的光电传感器进行边界识别。相扑机器人使用的传感器有超声波传感器、触觉传感器等，成本都不高。由于竞技过程是双方机器人"身体"的直接较量，气氛紧张、比赛激烈。机器人相扑比赛的规则比较宽松，给参赛者留有较大的发挥空间。比如，为了防止被对手推下赛台，有的相扑机器人采用了必要时可将自己的底部吸附在比赛场地的方法，并靠这种策略多次赢得了胜利。相扑机器人比赛的场地如图 6-29 所示。形状为一个圆形，最大半径为 1200mm，场地为白色，场地中间和周围有黑色边界线，防止机器人掉下台。

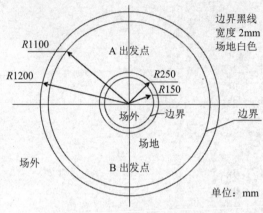

图 6-29　相扑机器人比赛的场地

2. 系统方案

相扑机器人用到的传感器比较简单，主要是检测边界的传感器和检测目标的传感器，一般可用红外传感器，例如检测边界可用寻迹传感器，检测目标可用避障传感器等，其他还有检测机器人碰撞的传感器。此外，机器人在比赛时往往相持不下，这时电机电流很大，所以需要电机保护电路，以防止电机损坏。相扑机器人电路组成如图 6-30 所示。

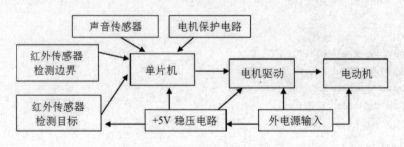

图 6-30　相扑机器人电路组成

3. 硬件设计

碰撞检测传感器采用微动开关，当有碰撞时，微动开关闭合，输出低电平；没有碰撞时，微动开关打开，输出高电平。碰撞传感器电路和传感器布置、数量如图 6-31 所示。

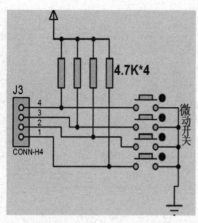
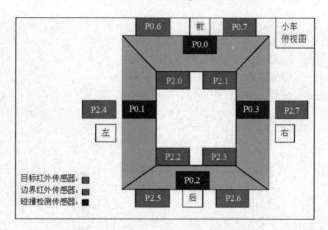

图 6-31 相扑机器人电路组成

4. 软件设计

首先从相扑机器人要求出发分析程序设计任务。机器人应能进行自由运动，动作有前进、倒车、左转、右转、左后转、右后转、原地左转、原地右转、加速前进、加速倒车、加速左转、加速右转、加速左后转、加速右后转等；其次，机器人应能完成检测声音、检测边界、检测目标、检测碰撞、检测过流等任务；然后确定程序设计任务的实现方法。通过控制左右两侧电机的正转、反转、运行和停止，即可实现小车的前进、倒车和转向，赋给 I/O 口不同的值即可控制电机的转动，进而形成不同的动作；小车在检测到对方时，要采取加速的动作，调速可以采用 PWM 脉宽调制方法即调节电机驱动脉冲的占空比来实现。另外，检测功能的实现有两种方法：一是查询法，依次检测每一个传感器输入信号是否有效，若有效则转入执行相应的处理程序，使小车产生相应的动作；二是中断法，若传感器输入信号有效则立刻执行相应的处理程序，使小车产生相应的动作。检测声音、检测边界、检测目标、检测碰撞适宜采用查询法；检测过流，因其具有立即要求处理的性质，宜采用中断法。程序流程图如图 6-32 所示。

5. 参考代码

```
void setup() {
    //put your setup code here, to run once:
    pinMode(0,OUTPUT);
    pinMode(1,OUTPUT);
    pinMode(2,OUTPUT);
    pinMode(3,OUTPUT);
    pinMode(4,OUTPUT);
    pinMode(5,INPUT);
    pinMode(6,INPUT);
    pinMode(7,INPUT);
    pinMode(8,OUTPUT);
    pinMode(9,OUTPUT);
    pinMode(10,OUTPUT);
    pinMode(11,OUTPUT);
```

```
        pinMode(12,INPUT);
        pinMode(13,INPUT);
        pinMode(14,INPUT);
        pinMode(15,INPUT);
    }
    void loop() {
        //put your main code here, to run repeatedly:
        start:
            if(pin14==1) or (pin15==1)    ht1;
            if (pin11==1) or (pin12==1)    qjl;
            if pin5==0    qj;
            if pin6==0    zz;
            if pin7==0    yz;
            if pin13==0    ht;

            pinbO=%00010101;
            pause 1;
            pinbO=%00010101
            pause 1;
            pause 3;
        g
    }
```

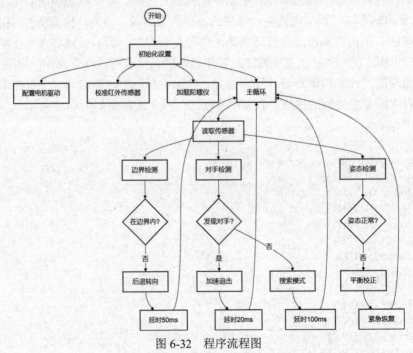

图 6-32　程序流程图

6.2.8 爬坡机器人

1. 设计要求

利用 Arduino 机器人平台设计制作一个四轮电动小车。要求小车能沿着指定路线在坡道上自动循迹行驶。小车必须独立运行，不能使用任何外置设备（包括电源）。小车（含电池）重量小于 1.5kg，外形尺寸要求是在地面投影不大于 25cm×25cm。坡道用长宽均约 1m 的细木工板制作，允许板上有木质本色及自然木纹。木工板表面铺设画有 1cm×1cm 黑白间隔的纸条（以下称为标记线）作为路线指示；标记线起始段为直线，平行于木工板两边；标记线在坡顶转向90°，转弯半径为 20cm；标记线平行坡顶距离≥30cm，距坡顶距离≤20cm；标记线总长度为1m。停车标记为宽 1cm 长 5cm 的黑色线条，垂直于坡顶标记线。

2. 系统方案

本系统主要由控制模块、循迹模块、电源模块、电机模块、降压模块、电机驱动模块、声音模块组成。下面分别论证这几个模块的方案设计。

首先是控制模块，方案一是在面包板上搭建简易单片机系统，在面包板上搭建单片机系统可以方便地对硬件做修改，也易于搭建，但是系统连线较多，不仅相互干扰，使电路杂乱无章，而且系统可靠性低，不适合本设计。方案二是自制单片机印刷电路板，自制印刷电路实现较为困难，实现周期长，此外也会花费较多的时间调试电路，影响整体设计进程。不宜采用该方案。方案三是采用单片机最小系统，单片机最小系统包含了显示、矩阵键盘、A/D、D/A 等模块，能明显减少外围电路的设计，降低系统设计的难度，非常适合本系统的设计。综合以上分析，选择方案三。在单片机选型上，方案一是 STM32 系列单片机，它是一款 32 位单片机，专为要求高性能、低功耗的嵌入式应用设计的 ARM Cortex-M3 内核功耗小、集成度高、运行速度快，但价格高。方案二是 MSP430 系列单片机，它是美国德州仪器 1996 年开始推向市场的一款 16 位超低功耗、具有精简指令集的混合信号处理器，并将多个不同功能的模拟电路、数字电路模块和微处理器集成在一个芯片上，该系列单片机多应用于需要电池供电的便携式仪器仪表中，对编程基础要求较高。方案三是采用 Arduino 开源硬件平台，具有编程易上手、代码开源等优势，故选择方案三。

其次是循迹模块的论证与选择。方案一是 CCD 摄像头传感方案，此种方法虽然能对路面信息进行准确完备的反应，但是电路设计相对复杂，检测信息更新速度慢，软件处理数据较多，因此采用 CCD 传感器无疑会加重单片机的处理负担，不利于实现更好的控制策略。方案二是采用发光二极管加光敏电阻，这种方案易受到外界光源的干扰，有时甚至检测不到黑线，主要是因为可见光的反应效果与地表的平坦程度、地表材料的反射情况均对检测效果产生直接影响。方案三是红外探测法，利用红外线在不同颜色的物体表面具有不同的反射强度的特点，大幅度减少外界干扰，电路设计相对简单，检测信息速度快，成本低。根据以上分析，本实验选择方案三。

再次是电源模块的论证与选择。方案一是选用干电池，干电池工作原理是电池单向化学反应中产生电能，干电池放电导致电池化学成分永久和不可逆地改变。但是随着电能的放出，干电池的电压会降低，使实验所需的电压发生变化从而导致实验失败。干电池还会污染环境。

方案二是选用可充电电池，可充电电池又称为二次电池，工作原理是化学能和电能相互转化。在电压不足时可进行充电保持电压的稳定，使电压维持在一个稳定的数值，使实验更加精准。可充电电池可多次利用，有利于保护环境。综上，从设计要求和保护环境以及小车携带便捷度上，电源模块供电选用方案二。同时配合降压模块，可以更好地控制小车的行驶速度。

最后是电机驱动模块的论证与选择。方案一是选择 ULN2003 作为驱动电机，它只能驱动四相步进电机，如果驱动直流电机只能按一个方向转动，换向则要改变电机的接法。方案二是选用直流驱动电机 L298N，它是线圈式电机，可以为负载提供双向的电流，适合驱动两相或四相的步进电机，也可以驱动两台普通的有刷直流电机。从实验所要求的转弯功能来看，如果驱动直流电机只能按一个方向转动并不能很好地实现实验中的要求，故选择方案二。

3. 硬件设计

项目选用 Adruino UNO 为主控模块，硬件原理框图如图 6-33 所示。

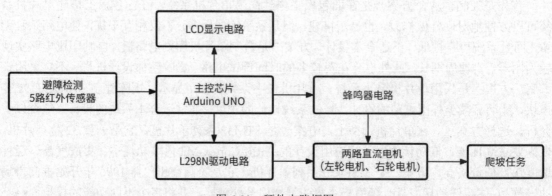

图 6-33　硬件电路框图

机器人沿标记线行驶，可以采用红外循迹模块，由于黑色吸光，当红外发射管照射在黑色物体上时反射回来的光较少，接收管接收到的红外光就较少，表现为电阻大，通过外接电路就可以读出检测的状态；同理，当照射在白色表面上时反射的红外线就比较多，表现为接收管的电阻较小，此时通过外接电路就可以读出另外一种状态，如用电平的高低来描述上面两种现象就会出现高低电平之分，也就是会出现 0 和 1 两种状态，此时再将此电平变化送到单片机的 I/O 口，单片机就可以判断黑白路面，进而完成相应的功能，如循迹、避障等，故在此选择 TCRT5000 红外循迹避障传感器，此红外光电管有两部分：一部分是无色透明的 LED，此为发射管，通电后能够产生红外光；另一部分为黑色的接收部分，内部的电阻会随着接收到红外光的多少而变化。

在调试小车过程中，由于小车转弯速度过快，不利于循迹行驶，故需将转弯过程中外道车轮顺时针前进，内道车轮不动改为转弯时外道车轮顺时针前进，内道车轮顺时针后退，从而可降低小车速度,使变道过程中的小车减速行驶。在调试小车过程中,由于小车灵敏度高不易控制,故在小车周围增加红外传感器的接收与发射端 5 对,其中左侧一对帮助小车识别左侧轨迹实现左转,右侧两对帮助小车解决右转问题,中间两对为小车直线行驶提供帮助。当中间四个红外传感器同时达到标记线黑色胶带时小车停止。在调试小车过程中,发现小车爬坡能力与摩擦力有关,故可增加摩擦力来使小车更好地爬坡,增加摩擦力一方面可以增加接触面积和粗糙程度,如将小车的四个轮胎换为花纹复杂粗糙程度较大的轮胎,另一方面可以增加压力,如在一定范围内增加小车总重量。

4. 软件设计

根据设计要求,软件部分主要实现按键控制和屏幕显示。键盘实现的功能有设置频率值、频段、电压值、输出信号类型,显示的信息主要包括显示电压值、频段、步进值、信号类型、频率等。程序流程图如图 6-34 所示。

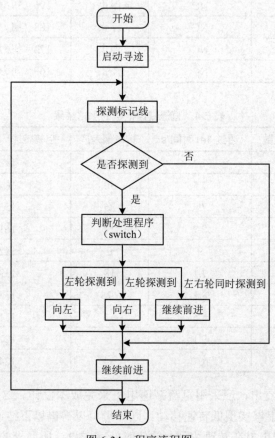

图 6-34 程序流程图

在软硬件设计完成后对系统进行测试,主要的测试仪器仪表有万用表、稳压电源、秒表、直尺、手机"指南针"App 等。普通直流电机的测试结果见表 6-3，直流减速电机的测试结果见表 6-4。

表 6-3　普通直流电机的测试结果

电机类型	测试次数	通过 1m 时间/s	转弯偏差/°	空转转速/（r/min）	整车质量/g
普通直流电机	1	3.5	91	241	765
	2	4.7	71	233	
	3	5	−70	225	
	4	4.2	69	218	
	5	7.8	50	210	
	6	7.1	−32	201	
	7	NC	停止	196（扭力过小）	
	8	NC	停止	188（扭力过小）	
	9	NC	停止	172（扭力过小）	
	10	NC	停止	169（扭力过小）	

表 6-4　直流减速电机的测试结果

电机类型	测试次数	通过 1m 时间/s	转弯偏差/°	空转转速/（r/min）	整车质量/g
直流减速电机	1	7.2	32	182	815
	2	7.5	30	164	
	3	7.9	25	153	
	4	8.7	19	161	
	5	9	9	142	
	6	7.1	18	139	
	7	8.2	−23	135	
	8	8.5	−7	131	
	9	9.1	6	127	
	10	10.2	−4	124	

通过测试结果可以看出，应采用直流减速电机来完成本设计。这是因为直流减速电机的转速较低时扭力较大，能够实现低转速移动。同时也可以得出以下结论：

（1）采用直流减速电机在转速达到一定值时能完成设计所要求的功能。

（2）采用直流减速电机可以较好地增加时间长度。

（3）适当地增加延时可以较好地提高转弯时的准确度和顺滑度。

5. 参考代码

```
#include <SoftwareSerial.h>
SoftwareSerial Blue(0, 1);
long int data;
int nob = 0;
int nobdata = 0;
long int password1 = 92;
long int.password2 = 91;
long int password3 = 71;
long int password4 = 79;
long int password5 = 89;

char state = 0;

int urmw1 = 2;
int urmw2 = 3;

int drmw1 = 4;
int drmw2 = 5;

int ulmw1 = 6;
int ulmw2 = 7;

int dlmw1 = 8;
int dlmw2 = 9;

int bdm = 11;
void setup()
{
    pinMode(bdm, OUTPUT);
    pinMode(nob, INPUT);
    pinMode(urmw1, OUTPUT);
    pinMode(urmw2, OUTPUT);
    pinMode(drmw1, OUTPUT);
    pinMode(drmw2, OUTPUT);

    pinMode(ulmw1, OUTPUT);
    pinMode(ulmw2, OUTPUT);
    pinMode(dlmw1, OUTPUT);
    pinMode(dlmw2, OUTPUT);

    digitalWrite(urmw1, LOW);
```

```
        digitalWrite(urmw2, LOW);
        digitalWrite(drmw1, LOW);
        digitalWrite(drmw2, LOW);

        digitalWrite(ulmw1, LOW);
        digitalWrite(ulmw2, LOW);
        digitalWrite(dlmw1, LOW);
        digitalWrite(dlmw2, LOW);
        Serial.begin(9600);
        Blue.begin(9600);

        delay(1000);
}

void loop()
{
    //while(Blue.available()==0) ;
    nobdata = analogRead(nob);
    nobdata = map(nobdata, 0, 1023, 0, 255);
    analogWrite(bdm,nobdata);
    //Serial.println(nobdata);
    delay(20);

    if(Blue.available()>0)
    {
        data = Blue.parseInt();

        delay(200);
    }
    //delay(1000);
    //Serial.print(data);

    if (data == password1)
    {
        digitalWrite(urmw1, HIGH);
        digitalWrite(urmw2, LOW);
        digitalWrite(drmw1, HIGH);
        digitalWrite(drmw2, LOW);

        digitalWrite(ulmw1, LOW);
        digitalWrite(ulmw2, HIGH);
        digitalWrite(dlmw1, LOW);
```

```
        digitalWrite(dlmw2, HIGH);

        data = 45;
        Serial.println("Forward");
    }
    if( data == password2)
    {
        digitalWrite(urmw1, LOW);
        digitalWrite(urmw2, HIGH);
        digitalWrite(drmw1, LOW);
        digitalWrite(drmw2, HIGH);

        digitalWrite(ulmw1, HIGH);
        digitalWrite(ulmw2, LOW);
        digitalWrite(dlmw1, HIGH);
        digitalWrite(dlmw2, LOW);
        data = 45;
        Serial.println("Reverse");

    } else
    if( data == password3)
    {
        digitalWrite(urmw1, LOW);
        digitalWrite(urmw2, HIGH);
        digitalWrite(drmw1, LOW);
        digitalWrite(drmw2, HIGH);

        digitalWrite(ulmw1, LOW);
        digitalWrite(ulmw2, HIGH);
        digitalWrite(dlmw1, LOW);
        digitalWrite(dlmw2, HIGH);
        data = 45;

        Serial.println("right");
    }
else
    if( data == password4)
    {
        digitalWrite(urmw1, HIGH);
        digitalWrite(urmw2, LOW);
        digitalWrite(drmw1, HIGH);
        digitalWrite(drmw2, LOW);
```

```
            digitalWrite(ulmw1, HIGH);
            digitalWrite(ulmw2, LOW);
            digitalWrite(dlmw1, HIGH);
            digitalWrite(dlmw2, LOW);
            data = 45;      //garbage value to stop repetition
            Serial.println("Left");
      }
      else
      if( data == password5)
      {
            digitalWrite(urmw1, LOW);
            digitalWrite(urmw2, LOW);
            digitalWrite(drmw1, LOW);
            digitalWrite(drmw2, LOW);
            digitalWrite(ulmw1, LOW);
            digitalWrite(ulmw2, LOW);
            digitalWrite(dlmw1, LOW);
            digitalWrite(dlmw2, LOW);
            data = 45;
            Serial.println("stop");
      }
}
```

6.2.9 自适应跟随机器人

1. 设计要求

设计一套自适应跟随机器人，采用 Arduino 为控制核心，由一辆领头小车（头车）和一辆跟随小车（尾车）组成，要求小车具有循迹功能，且速度在 0.3~1m/s 范围内可调，能在指定路径上完成行驶操作，场地如图 6-35 所示。其中，路径上的 A 点为领头小车每次行驶的起始点和终点。当小车完成一次行驶到达终点时，领头小车和跟随小车要发出声音提示。领头小车和跟随小车既可以沿着 ABFDE 圆角矩形（内圈）路径行驶，也可以沿着 ABCDE 的圆角矩形（外圈）路径行驶。当行驶在内圈 BFD 段时，小车要发出灯光指示。此外，在测试过程中，可以在路径上 E 点所在边的直线区域，由测试专家指定位置放上"等停指示"标识，指示领头小车在此处须停车，等待 5s 后再继续行驶。

2. 系统方案

根据设计要求，为了实现小车跟随系统，保证小车跟随且不相撞，头车与尾车整体设计相似。头车采用 Arduino 单片机作为主控模块，借助七路数字量灰度传感器进行路线识别，通过 Arduino 单片机计算路径的偏差，采取 PID 闭环控制算法控制带有霍尔编码器的直流无刷电机的转向与转速。且在头车的上方装上一个直径 65mm 的红色小球，配合尾车进行图像识别。尾车整体架构与头车相似，采用 Arduino 单片机与七路数字量灰度传感器，仍将 PID 控制算法用于直流无刷电机转向与转速的控制。未来实现跟随与防撞,在尾车上安装二维云台加摄像头,通过带处理器的 K210 视觉模块对头车小球进行追踪识别,并根据红色小球大小判断两车距离是否合适,若过大或过小则控制尾车电机转速的增大或减小。对于双车之间的协同运动,两车之间采用蓝牙无线通信。

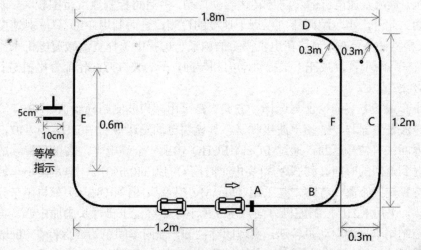

图 6-35　自适应跟随运行场地示意图

　　首先是主控模块的论证与选择。方案一是采用 STM32 系列单片机,它是一款 32 位单片机,功耗小,集成度高,运行速度快。方案二是采用 MSP430 系列单片机,这是一款 16 位超低功耗、具有精简指令集的混合信号处理器。该系列单片机多应用于需要电池供电的便携式仪器仪表中。方案三是采用 Arduino 开源硬件平台,具有编程易上手、代码开源等优势。方案一成本高,方案二对编程基础要求高,故选择方案三。

　　其次是巡线模块的论证与选择。方案一是采用四路红外循迹模块,四路红外循迹模块通过传感器的红外发射管不断发射红外线,当发射的红外没有被反射回来或者被反射回来但强度不够大时,红外接收管处于关断状态,输出端为高电平;当有强度合适的红外线被反射回来时,输出端为低电平。但基于这种循迹模块进行的循迹测试速度慢、效果差,并且黑线检测失误率高。方案二是采用七路数字量灰度传感器模块,七路数字量灰度传感器含有 7 个光敏电阻以及对应的 LED 灯照明,其内置一块 STM32 芯片对地面的图像进行处理,发光二极管发出的光照射在检测面上,检测面反射部分光线,光敏二极管检测此光线的强度并将其转换为单片机可以识别的电信号。单片机可以根据模拟值的大小进行二值化处理,当电压大于某个值时输出一个高电平(或低电平),当电压小于一个值时输出一个低电平(或高电平)。其对于白底黑线的场地识别在能保证速度的情况下做到精准度更高,并能去除红线以及其他实物的干扰。综上,灰度巡线相较于红外巡线更加智能,只需调节灵敏度即可得到期望的结果。同时可靠性也大大提升,选择方案二。

然后是电机模块的论证与选择。方案一是采用步进电机，步进电机在低转速运行的时候容易发生异常抖动，高转速运行时转矩损失大，这对步进电机的使用产生了很大的影响。其次步进电机以及步进电机驱动器的体积较大，不利于跟随小车的机械设计。此外，步进电机抖动会对小车行进过程之中的图像采集以及处理造成不必要的误差。方案二是采用带霍尔编码器的直流减速电机，直流减速电机的转向与转速容易控制，并且可控制速度范围较大，能够缩短小车的运行时间。此外，霍尔编码器可以用于速度的检测，进而利用 PID 算法对速度实现闭环控制。综上，根据任务要求，最终在电机模块的论证与选择中选择直流减速电机来作为运动的执行模块，以车后两个直流减速电机提供动力和转向，车头装有万向轮配合电机进行转向，最终小组选择方案二。

再次是小车跟随方案的论证与选择。方案一是采用超声波测距模组 AC-SR04 测距，其中含有一个超声波发生器与一个超声波接收器，其模块自动发送 8 个 40kHz 的方波，自动检测是否有信号返回；有信号返回，通过 I/O 口 ECHO 输出一个高电平，高电平持续的时间就是超声波从发射到返回的时间。测试距离[高电平时间×声速(340m/s)]/2；但是在小车转弯时或超车后难以保持稳定的距离。方案二是采用 OpenMv 摄像头图像识别，头车与尾车分别装上识别球和摄像头，采用 K210 控制舵机方向，使红色小球始终位于摄像头画面中心。再根据红色小球的大小控制尾车直流电动机转速，实现闭环控制，使两车间距始终保持在 20cm 且完成防撞。由于舵机可以 180° 旋转，所以在转弯与超车时也能有很好的表现。由于 OpenMv 自带的库函数可以使功能实现较为简单简洁，而且 K210 处理简单几何图形时快速准确，并且可以更好地适应转弯，超车等环境。因此选择 OPENMV 摄像头识别方案。

最后是控制算法的论证与选择。方案一是采用模糊控制算法，模糊控制算法有许多良好的特性，它不需要事先知道对象的数学模型，具有系统响应快、超调小、过渡时间短等优点，但编程复杂，数据处理量大。方案二是采用 PID 控制算法按比例、积分、微分的函数关系进行运算，最后将其运算结果用以输出控制，PID 控制算法是控制系统中非常普遍的运算方法。综合比较以上两个方案，本系统选择方案二。

3. 硬件设计

HC-12 无线串口通信模块是新一代的多通道嵌入式无线数传模块。无线工作频段为433.4～473.0MHz，可设置多个频道，步进是400kHz，总共100个。模块最大发射功率为100mW，5000b/s 空中波特率下接收灵敏度-116dBm，开阔地 1000m 的通信距离。模块内部含有 MCU，无需对模块另外编程，透传模式下只需收发串口数据即可，使用方便。模块采用多种串口透传模式，可以根据使用要求用 AT 指令进行选择。四种模式 FU1、FU2、FU3、FU4 的空闲状态下平均工作电流分别为 3.6mA、80μA、16mA 和 16mA，最大工作电流为 100mA（满功率发射状态下）。在模块 SET 脚置低电平时可以通过 AT 指令来设置串口透传模式。HC-12 的原理如图 6-36 所示。

灰度传感器利用不同颜色的检测面对光的反射程度不同的原理进行颜色深浅检测。一路灰度传感器的原理图如图 6-37 所示，在有效的检测距离内发光二极管发出的光，照射在检测面上，检测面反射部分光线，光敏二极管检测此光线的强度并将其转换为单片机可以识别的电信号。

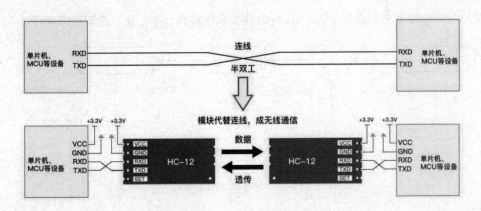

图 6-36 HC-12 原理介绍

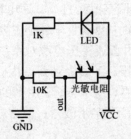

图 6-37 一路灰度原理图

4. 软件设计

增量式 PID 控制系统框图如图 6-38 所示，增量式 PID 是一个基于负反馈理论的控制方法，所以影响控制效果的好与坏大部分依赖从传感器获得数据的精确程度。因此，在小车跟随系统中应用增量式 PID。

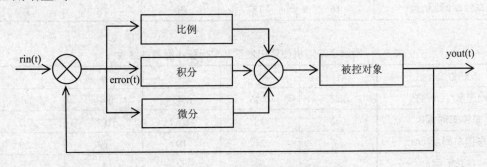

图 6-38 PID 控制系统原理框图

PID 的增量型公式：

$$\Delta u(k) = K_p[e(k) - e(k-1)] + K_i e(k) + K_d[e(k) - 2e(k-1) + e(k-2)]$$

任务对间距控制有较高的要求，其间距都要求保持在 20cm 处。控制框图如图 6-39 所示。

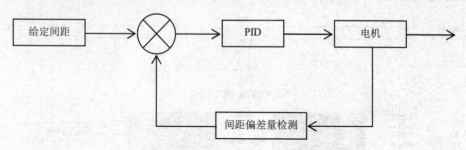

图 6-39　小车间距闭环控制

在测试过程中，小车从静止开始，以间距为 20cm 时摄像头圆的大小为 0 基准，若摄像头识别到圆小于基准值，则证明间距大于 20cm，同理若大于基准值，则证明间距小于 20cm。由此判断带入 PID 算法输出对应的偏差值给直流减速电机，以此调整圆的大小来判断间距，实现闭环控制。运用数字万用表测量中两辆小车各个主要元器件的状态等详细参数以及运用电路知识进行分析。此外，还需要用直流稳压电源对系统各个部分的供电电压是否稳定并且能够达到理论计算中所需的预期电压。下载烧录到单片机中进行多次运行测试。此外通过显示屏将各种参数信息实时显示与查看，便于分析。用到的测试工具有稳压电源、秒表、直尺、高精度的数字毫伏表、模拟示波器、数字示波器、数字万用表、LCR 表。测试数据见表 6-5 至表 6-8。

表 6-5　两车行驶 1 圈测试结果

次数/次	1	2	3	4	5
平均速度/（m/s）	0.32	0.32	0.33	0.32	0.31
B 车停车时间/s	0.1	0.2	0.1	0.1	0.2
两车停车间距/cm	16	18	20	18	17

表 6-6　跟随小车随机位置出发下两车行驶 1 圈测试结果

次数/次	1	2	3	4	5
平均速度/（m/s）	0.45	0.46	0.45	0.46	0.46
B 车停车时间/s	0.2	0.1	0.1	0.2	0.2
两车停车间距/cm	17	21	19	19	20
有无相撞	无	无	无	无	无

表 6-7　两车连续行驶 3 圈测试结果

次数/次	1	2	3	4	5
B 车停车时间/s	0.1	0.2	0.1	0.1	0.2
两车停车间距/cm	21	22	21	23	20
有无相撞	无	无	无	无	无

表 6-8　赛道放置"等停指示"牌下两车行驶 1 圈测试结果

次数/次	1	2	3	4	5
平均速度（m/s）	0.5	0.6	0.6	0.6	0.5
等停时间/s	0.6	0.7	0.5	0.6	0.6
停车位置误差/cm	6	7	5	6	5

系统功能测试：该测试结果显示为完成题目所提要求完成小车跟随系统，并且能够达到题目要求的速度与准确度。根据上述测试数据，通过平均速度、停车时间、两车间隔、停车误差等可以得出以下结论：灰度巡线具有较高的稳定性和准确度，采用 OpenMV 识别方案能够满足保持两车间隔与防撞的要求。

5．参考代码

```
#define in1 9
#define in2 8
#define in3 7
#define in4 6
#define enA 10
#define enB 5
int M1_Speed = 80;                  //电机 1 速度
int M2_Speed = 80;                  //电机 2 速度
int LeftRotationSpeed = 250;        //左电机最大速度
int RightRotationSpeed = 250;       //右电机最大速度
void setup() {
  pinMode(in1, OUTPUT);
  pinMode(in2, OUTPUT);
  pinMode(in3, OUTPUT);
  pinMode(in4, OUTPUT);
  pinMode(enA, OUTPUT);
  pinMode(enB, OUTPUT);
  pinMode(A0, INPUT);
  pinMode(A1, INPUT);
}
void loop() {
    int LEFT_SENSOR = digitalRead(A0);
```

```
      int RIGHT_SENSOR = digitalRead(A1);
      if (RIGHT_SENSOR == 0 && LEFT_SENSOR == 0) {
      forward();   //FORWARD
   }
   else if (RIGHT_SENSOR == 0 && LEFT_SENSOR == 1) {
      right();      //Move Right
   }
   else if (RIGHT_SENSOR == 1 && LEFT_SENSOR == 0) {
      left();       //Move Left
   }
   else if (RIGHT_SENSOR == 1 && LEFT_SENSOR == 1) {
      Stop();       //STOP
   }
}
void forward() {
   digitalWrite(in1, HIGH);
   digitalWrite(in2, LOW);
   digitalWrite(in3, HIGH);
   digitalWrite(in4, LOW);
   analogWrite(enA, M1_Speed);
   analogWrite(enB, M2_Speed);
}
void backward() {
   digitalWrite(in1, LOW);
   digitalWrite(in2, HIGH);
   digitalWrite(in3, LOW);
   digitalWrite(in4, HIGH);
   analogWrite(enA, M1_Speed);
   analogWrite(enB, M2_Speed);
}
void right() {
   digitalWrite(in1, LOW);
   digitalWrite(in2, HIGH);
   digitalWrite(in3, HIGH);
   digitalWrite(in4, LOW);
   analogWrite(enA, LeftRotationSpeed);
   analogWrite(enB, RightRotationSpeed);
}
void left() {
   digitalWrite(in1, HIGH);
   digitalWrite(in2, LOW);
   digitalWrite(in3, LOW);
```

```
        digitalWrite(in4, HIGH);
        analogWrite(enA, LeftRotationSpeed);
        analogWrite(enB, RightRotationSpeed);
    }
    void Stop() {
        digitalWrite(in1, LOW);
        digitalWrite(in2, LOW);
        digitalWrite(in3, LOW);
        digitalWrite(in4, LOW);
    }
```

6.2.10 送药机器人

1. 设计要求

设计并制作智能送药小车，模拟完成在医院药房与病房间药品的送取作业。院区结构示意如图 6-40 所示。院区走廊两侧的墙体由黑实线表示。走廊地面上画有居中的红实线（图中为灰色），并放置标识病房号的黑色数字可移动纸张。药房和近端病房号（1 号、2 号）位置固定不变，中部病房和远端病房号（3~8 号）测试时随机设定。工作过程：参赛者手动将小车摆放在药房处（车头投影在门口区域内，面向病房），手持数字标号纸张让小车识别病房号，将约 200g 药品一次性装载到送药小车上；小车检测到药品装载完成后自动开始运送；小车根据走廊上的标识信息自动识别、循迹，将药品送到指定病房（车头投影在门口区域内），点亮红色指示灯，等待卸载药品；病房处人工卸载药品后，小车自动熄灭红色指示灯，开始返回；小车自动返回到药房（车头投影在门口区域内，面向药房）后，点亮绿色指示灯。

2. 系统方案

本系统主要由灰度循迹模块、摄像头模块、无线模块、激光模块、电机驱动模块、电源模块组成，如图 6-41 所示。所采用的车模为自制的三轮车模，能够实现在有限空间内更加灵活机动的要求。智能小车系统采用 Arduino 控制器作为核心控制单元。在选定智能小车系统采用灰度传感器加 OpenArt 摄像头方案后，小车的位置信号由车体前方的灰度传感器采集，行走路径由图像算法识别图像，用于小车的运动控制决策。最后利用脉冲宽度调制，以互补输出模式驱动直流电机对智能小车进行加速和减速控制，通过不同差速对赛车进行转向控制。使小车能够完成狭窄区域内的送药取药任务。方案一是采用 CCD 摄像头采集道路信息并进行处理，方案的优点是采集的信息更为丰富，机械结构简单、缺点是成本较高、软件编程复杂、对单片机运行速度要求较高。方案二是采用灰度传感器进行检测，该方案硬件设计简单，可以实现实时控制，处理方式也比较简单，成本较低。对比以上两种方案，选择方案二。

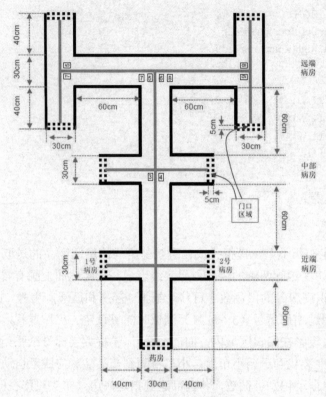

图 6-40　送药机器人场地示意图

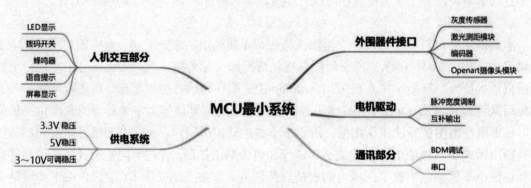

图 6-41　系统组成

其次是无线方案的论证与选择。方案一是采用蓝牙，但蓝牙配置起来较为烦琐，在通信过程中有一定的数据流失现象，同时可能受信号干扰而断连。方案二是采用无线串口，无线串口通信距离远，小体积以及低成本的芯片解决方案使其可以应用于极微小的设备中。智能小车的行驶过程中需要实时远距离信息交换，所以综合以上分析，无线串口方案较为成熟稳定，故选择方案二。

　　再次是测速方案的论证与选择。方案一是采用高精度编码器。编码器由光电码盘和光电读取装置组成，其核心部件是中心带有转轴的光电码盘，码盘表面刻有若干圈交替排列的环形透光和不透光刻线，通过光电发射器发射光线、接收器检测光强变化的方式读取刻线位置，最终将旋转位移转换为可计量的脉冲信号。通过脉冲的计数，对速度进行测量。方案二是采用霍尔集成片。该器件内部由三片霍尔金属板组成，当磁铁正对着金属板时，由于霍尔效应，金属板发生横向导通，可以在车轮上安装磁片，将霍尔集成片安装在固定车架上，通过对脉冲的计数进行车速测量。以上两种方案都是比较可行的转速测量方案。在本题中，小车的车轮较小，方案一采用的电子方式代替部分机械结构，能够有效减少齿间的摩擦，降低机械损耗，使小车更加耐用，并且编码器更为轻巧、便捷，并且具有足够的精度，可以实现对小车的精准速度控制，故选择方案一。

　　然后是数字识别任务传感器的选择。方案一是选用 OpenMV 进行数字识别，OpenMV 中有许多示例程序，包括识别数字的例程，但是由于例程中数字识别精度不高，且一些 OpenMV 版本较低，不支持 nncu 的量化引擎。方案二是选用 OpenArt mini 进行数字字模深度学习模型的训练，并且通过调节数据集提高模型的精确度，将模型量化成 tflite 文件，部署到 OpenArt 中，此方案的可调节性较高，实现情况较优，故选定方案二作为数字识别任务的最终方案。

　　最后是语音播报功能的设计。在基本要求之外，为靠近生活真实性设计，创新性地加入了语音播放模块。在任务执行的过程中，不同阶段会有不同的提示音，包括但不限于："1 号病房""请卸货，注意安全""卸货完成，开始返回"等。

3. 硬件设计

　　电路原理如图 6-42 所示。项目设置的路面信息很多，识别起来比较复杂，过道宽度不够充裕，因此采取差速转向的方式，这样可以灵活多角度的移动。智能小车通过弧度传感器、OpenArt 等多种传感器获取到路况以及车况的信息，同时实时采用串口通信，进行双车通信，综合这些信息，小车采取不同的控制策略。智能车为了满足自动驾驶的功能，采用了人工智能对道路上的信息指示牌进行检测，从而获得行驶方向的信息，在道路中实现自动驾驶的功能。

　　两车通过无线串口实现双工通信，通信的过程中实时地传输两车之间的速度、状态等信息，并根据这些信息协调两车的行驶速度、方向，保证两车不会相撞，通信采用按位发送和接收字节。尽管比按字节的并行通信慢，但是串口可以在使用一根线发送数据的同时用另一根线接收数据。它很简单并且能够实现远距离通信，以波特率 115200、数据位 8 位、带有奇偶校验位和停止位传送字符信息。

4. 软件设计

　　首先是 AI 神经网络数字识别。只需要对给定的数字进行识别，所以在选择数据集的时候只需要将数字字模中的单个数字进行图像截取，再通过调用 Numpy 的工具包，将保存下来的图片制作为.npy 格式的数据集作为深度学习框架中的训练集，并从中截取一部分作为模型精度评估的测试集。

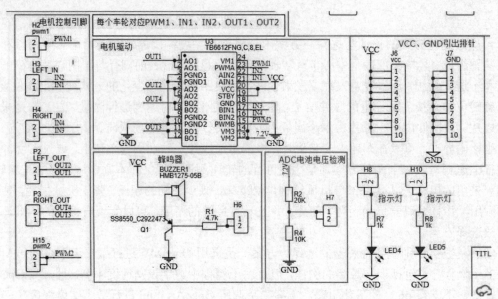

图 6-42　电路原理图

其次是训练模型。采用 TensorFlow 中的 Keras 框架作为神经网络中的主体框架，由于考虑到 OpenArt 的运行内存以及参考其实际的运行情况，选择最基本的 3 层卷积+全连接的网络架构，通过调节学习率等一系列参数和调整数据集提高训练模型的精度。

再次是模型评估及量化。根据测试集对模型的精度进行初步评估，选择在测试集上精度最高的 5 个模型保存为.h5 文件，参考其训练轮次进行人为选择，并且量化成.tflite 或.nncu 文件（可以直接部署到 OpenArt 上的文件格式），通过比较发现.tflite 文件的部署效果相较.nncu 有一定的优势，故本次项目所有模型的量化方式均为.tflite 文件。

最后是模型的再训练。将之前量化的模型部署之后，根据车身实际角度等因素进行真实情况评估模型，如果模型中大部分的目标都可以识别之后，只有个别的数字无法识别，即有强化训练该模型的价值，则通过制作微小数据集对模型进行强化训练，重新加载之前训练出的模型，再次训练之后，重复之前的步骤，最终得出满意模型。通过灰度传感器判断岔路标志与行走路线并进行记忆，存储到变量中，在返回的过程中读取该变量即可获得返回路线。当货物不存在时，激光测距读取的距离为无穷远；当装载货物后，读取到的值为有限值，可以根据该特性来判断是否装载完成。程序流程图如图 6-43 所示。

根据设计要求铺设赛道进行测试，分为基础要求和发挥部分。单个小车运送药品到指定的近端病房并返回到药房。要求运送和返回时间均小于 20s。单个小车运送药品到指定的中部病房并返回到药房，要求运送和返回时间均小于 20s。单个小车运送药品到指定的远端病房并返回到药房，要求运送和返回时间均小于 20s。两个小车协同运送药品到同一指定的中部病房，小车 1 识别病房号装载药品后开始运送，到达病房后等待卸载药品，然后小车 2 识别病房号装载药品后启动运送，到达自选暂停点后暂停，点亮绿色指示灯，等待小车 1 卸载；小车 1 卸载药品，开始返回，同时控制小车 2 熄灭绿色指示灯并继续运送。要求从小车 2 启动运送开始，到小车 1 返回到药房且小车 2 到达病房的总时间（不包括小车 2 绿灯亮时的暂停时间）越短越好。两个小车协同到不同的远端病房送、取药品，小车 1 送药，小车 2 取药。小车 1 识别病房号装载药品后开始运送，小车于药房处识别病房号等待小车 1 的取药开始指令；小车 1 到达病房后卸载药品，开始返回，同时向小车 2 发送启动取药指令；小车 2 收到取药指令后开始启动，到达病房后停止，亮红色指示灯。要求从小车返回开始到小车 1 返回到药房，且小车 2 到达取药病房的总时间越短越好，不应超过 60s。

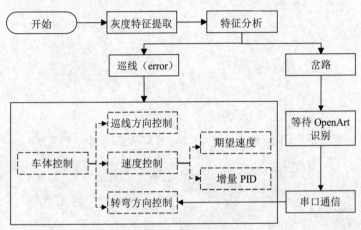

图 6-43　程序流程图

实验结果表明，由于车辆硬件结构良好，故电路板运行正常。软件代码逻辑顺序清晰，没有 bug，能够稳定执行任务要求。图像识别方面，尽管在不同阳光下会产生干扰，但抓框与识别数字依然准确，可以很好地判断出行进路线。

5. 参考代码

```
#include <U8g2lib.h>
#define R 10            //红灯
#define G 8             //绿灯
#define BEEP 13         //蜂鸣器 40
#define AdirPin 3       //A 方向控制引脚
#define AstepPin 4      //A 步进控制引脚
#define BdirPin 5       //B 方向控制引脚
#define BstepPin 6      //B 步进控制引脚
#define Q1 23
#define Q2 31
#define Q3 25
#define Q4 33
#define Q5 27
#define Q6 35
```

```
#define Q7 29
#define Q8 37
#define Line 250          //过线后移动距离
#define Line2 230         //过线后移动距离
#define ZJ 1000           //旋转 90°
#define box 12            //药仓检测
int Aim=0;                //目的地编号
int ZY=3;
int count=0;              //过线数
int Mid=2;
int Far=2;
int Long=2;
int place=0;              //绝对位置

String Data=" ";
char inData=' ';
U8G2_SSD1306_128X64_NONAME_F_SW_I2C u8g2(U8G2_R0,21,20,U8X8_PIN_NONE);
void OLED_Show(void);

void setup() {
    Serial.begin(9600);
    Serial1.begin(9600);     //连接蓝牙
    Serial2.begin(9600);     //连接 OpenArt
    Serial3.begin(9600);
    pinMode(2,OUTPUT);
    digitalWrite(2,HIGH);        //步进电机电平比较端
    pinMode(AdirPin,OUTPUT);
    pinMode(AstepPin,OUTPUT);
    pinMode(BdirPin,OUTPUT);
    pinMode(BstepPin,OUTPUT);
    pinMode(R,OUTPUT);digitalWrite(R,HIGH);
    pinMode(G,OUTPUT);digitalWrite(G,HIGH);
    pinMode(box,INPUT);
    pinMode(Q1,INPUT);pinMode(Q2,INPUT);
    pinMode(Q3,INPUT);pinMode(Q4,INPUT);
    pinMode(Q5,INPUT);pinMode(Q6,INPUT);
    pinMode(Q7,INPUT);pinMode(Q8,INPUT);
    pinMode(BEEP,OUTPUT);digitalWrite(BEEP,LOW);
    u8g2.begin();
    u8g2.clearBuffer();
    u8g2.setFont(u8g2_font_logisoso28_tf);
    u8g2.drawStr(0,48,"-------");
```

```
    u8g2.sendBuffer();
}

void OpenmvRead(void)
{
    while(Serial2.read()>=0);                //清除缓存
    while(Serial2.available()==0);           //等待信号传输
    if(Serial2.available())                  //接收到 OpenArt 发来的病房号数字
    {
        inData=Serial2.read();               //读取接收的字符
        if(inData=='1')Aim=1;
        if(inData=='2')Aim=2;
        if(inData=='3')Aim=3;
        if(inData=='4')Aim=4;
        if(inData=='5')Aim=5;
        if(inData=='6')Aim=6;
        if(inData=='7')Aim=7;
        if(inData=='8')Aim=8;
        inData=' ';
        while(Serial2.read()>=0);            //清除缓存区数据
    }
}

void OpenmvZY(void)
{
    while(Serial2.read()>=0);
    Serial2.write(0x31);                     //发送开启指令
    while(Serial2.available()==0);           //等待信号传输
    if(Serial2.available())
    {
        inData=Serial2.read();               //读取第一个接收的字符
        if(inData=='1')
        {
            ZY=0;
            u8g2.clearBuffer();
            u8g2.setFont(u8g2_font_logisoso28_tf);
            u8g2.drawStr(0,48,"---Z---");
            u8g2.sendBuffer();
        }
        if(inData=='2')
```

```
      {
        ZY=1;
        u8g2.clearBuffer();
        u8g2.setFont(u8g2_font_logisoso28_tf);
        u8g2.drawStr(0,48,"---Y---");
        u8g2.sendBuffer();
      }
      if(inData=='0')
      {
        ZY=2;
        u8g2.clearBuffer();
        u8g2.setFont(u8g2_font_logisoso28_tf);
        u8g2.drawStr(0,48,"---N---");
        u8g2.sendBuffer();
      }
      inData=' ';
      while(Serial2.read()>=0);        //清除缓存区数据
   }
}

void BTpalce(void)                     //蓝牙发送地址信息（绝对）
{
  if(Far==2||Long==2)                  //如果没有到达远端，只在中端结束，则发送结束目的位置
  {
    if(Mid==0)
    {
      Serial1.print('3');
      place=3;
      u8g2.clearBuffer();
      u8g2.setFont(u8g2_font_logisoso28_tf);
      u8g2.drawStr(0,48,"---3---");
      u8g2.sendBuffer();
    }
    if(Mid==1)
    {
      Serial1.print('4');
      place=4;
      u8g2.clearBuffer();
      u8g2.setFont(u8g2_font_logisoso28_tf);
      u8g2.drawStr(0,48,"---4---");
      u8g2.sendBuffer();
    }
```

```
      }else{
        if(Far==0&&Long==0)
        {
          Serial1.print('5');
          place=5;
          u8g2.clearBuffer();
          u8g2.setFont(u8g2_font_logisoso28_tf);
          u8g2.drawStr(0,48,"---5---");
          u8g2.sendBuffer();
        }
        if(Far==0&&Long==1)
        {
          Serial1.print('7');
          place=7;
          u8g2.clearBuffer();
          u8g2.setFont(u8g2_font_logisoso28_tf);
          u8g2.drawStr(0,48,"---7---");
          u8g2.sendBuffer();
        }
        if(Far==1&&Long==0)
        {
          Serial1.print('6');
          place=6;
          u8g2.clearBuffer();
          u8g2.setFont(u8g2_font_logisoso28_tf);
          u8g2.drawStr(0,48,"---6---");
          u8g2.sendBuffer();
        }
        if(Far==1&&Long==1)
        {
          Serial1.print('8');
          place=8;
          u8g2.clearBuffer();
          u8g2.setFont(u8g2_font_logisoso28_tf);
          u8g2.drawStr(0,48,"---8---");
          u8g2.sendBuffer();
        }
      }
    }

void Advance(int a,int t)
//a 为前进距离，x=800 时为轮子转一圈，距离约为 23.56cm
```

```
//t 为一次脉冲的周期时间（μs），频率 f=1/t
{
    digitalWrite(AdirPin,LOW);      //A 电机逆时针为向前
    digitalWrite(BdirPin,HIGH);     //B 电机顺时针为向前
    for(int i=0;i<a;i++)
    {
        digitalWrite(AstepPin,HIGH);
        digitalWrite(BstepPin,HIGH);
        delayMicroseconds(t/2);
        digitalWrite(AstepPin,LOW);
        digitalWrite(BstepPin,LOW);
        delayMicroseconds(t/2);
    }
}
void Back(int a,int t)              //a 为后退距离，x=800 时为轮子转一圈，距离约为 23.56cm
                                    //t 为一次脉冲的周期时间，频率 f=1/t
{
    digitalWrite(AdirPin,HIGH);     //A 电机顺时针为向后
    digitalWrite(BdirPin,LOW);      //B 电机逆时针为向后
    for(int i=0;i<a;i++)
    {
        digitalWrite(AstepPin,HIGH);
        digitalWrite(BstepPin,HIGH);
        delayMicroseconds(t/2);
        digitalWrite(AstepPin,LOW);
        digitalWrite(BstepPin,LOW);
        delayMicroseconds(t/2);
    }
}
void Clockwise(int a,int t)         //a 为相对顺时针自转角度，x=800 时为轮子转一圈，旋转角度未知
                                    //t 为一次脉冲的周期时间（μs），频率 f=1/t
{
    digitalWrite(BdirPin,HIGH);     //B 电机顺时针为向前
    for(int i=0;i<a;i++)
    {
        digitalWrite(BstepPin,HIGH);
        delayMicroseconds(t/2);
        digitalWrite(BstepPin,LOW);
        delayMicroseconds(t/2);
    }
    while(!digitalRead(Q4)&&!digitalRead(Q5))
    {
```

```
    for(int i=0;i<10;i++)
    {
        digitalWrite(BstepPin,HIGH);
        delayMicroseconds(t/2);
        digitalWrite(BstepPin,LOW);
        delayMicroseconds(t/2);
    }
}
for(int i=0;i<10;i++)
{
    digitalWrite(BstepPin,HIGH);
    delayMicroseconds(t/2);
    digitalWrite(BstepPin,LOW);
    delayMicroseconds(t/2);
}
}
void AntiClockwise(int a,int t)      //a 为相对逆时针自转角度，x=800 时为轮子转一圈，旋转角度未知
                                     //t 为一次脉冲的周期时间（μs），频率 f=1/t
{
    digitalWrite(AdirPin,LOW);       //A 电机逆时针为向前
    for(int i=0;i<a;i++)
    {
        digitalWrite(AstepPin,HIGH);
        delayMicroseconds(t/2);
        digitalWrite(AstepPin,LOW);
        delayMicroseconds(t/2);
    }
    while(!digitalRead(Q4)&&!digitalRead(Q5))
    {
        for(int i=0;i<10;i++)
        {
            digitalWrite(AstepPin,HIGH);
            delayMicroseconds(t/2);
            digitalWrite(AstepPin,LOW);
            delayMicroseconds(t/2);
        }
    }
    for(int i=0;i<10;i++)
    {
        digitalWrite(AstepPin,HIGH);
        delayMicroseconds(t/2);
        digitalWrite(AstepPin,LOW);
```

```
        delayMicroseconds(t/2);
    }
}
void AntiClockwisePX(int a,int t)    //a 为相对顺时针自转角度，x=800 时为轮子转一圈，旋转角度未知
                                     //t 为一次脉冲的周期时间（μs），频率 f=1/t
{
    digitalWrite(AdirPin,HIGH);      //A 电机顺时针为向后
    digitalWrite(BdirPin,HIGH);      //B 电机顺时针为向前
    for(int i=0;i<a;i++)
    {
        digitalWrite(AstepPin,HIGH);
        digitalWrite(BstepPin,HIGH);
        delayMicroseconds(t/2);
        digitalWrite(AstepPin,LOW);
        digitalWrite(BstepPin,LOW);
        delayMicroseconds(t/2);
    }
}
void ClockwisePX(int a,int t)        //a 为相对逆时针自转角度，x=800 时为轮子转一圈，旋转角度未知
                                     //t 为一次脉冲的周期时间（μs），频率 f=1/t
{
    digitalWrite(AdirPin,LOW);       //A 电机逆时针为向前
    digitalWrite(BdirPin,LOW);       //B 电机逆时针为向后
    for(int i=0;i<a;i++)
    {
        digitalWrite(AstepPin,HIGH);
        digitalWrite(BstepPin,HIGH);
        delayMicroseconds(t/2);
        digitalWrite(AstepPin,LOW);
        digitalWrite(BstepPin,LOW);
        delayMicroseconds(t/2);
    }
}
void track_Q()
{
    int D1=digitalRead(Q3);
    int D2=digitalRead(Q4);
    int D3=digitalRead(Q5);
    int D4=digitalRead(Q6);
    if((D1==0)&&(D2==0)&&(D3==0)&&(D4==1))
    {
        AntiClockwisePX(10,3000);
```

```
}else if((D1==0)&&(D2==0)&&(D3==1)&&(D4==0))
{
   AntiClockwisePX(10,3000);
}else if((D1==0)&&(D2==0)&&(D3==1)&&(D4==1))
{
   AntiClockwisePX(10,3000);
}else if((D1==1)&&(D2==0)&&(D3==0)&&(D4==0))
{
   ClockwisePX(10,3000);
}else if((D1==0)&&(D2==1)&&(D3==0)&&(D4==0))
{
   ClockwisePX(10,3000);
}else if((D1==1)&&(D2==1)&&(D3==0)&&(D4==0))
{
   ClockwisePX(10,3000);
}
Advance(50,1800);
}

void loop() {
      OpenmvRead();                 //获取任务码
      OLED_Show();                  //显示目的地任务
      while(digitalRead(box)==0);   //等待药物放下
      delay(500);
      if(Aim==1)
      {
        int X=1;
        while(X)
        {
          track_Q();
          if(digitalRead(Q1)&&digitalRead(Q2)&&digitalRead(Q3)&&digitalRead(Q4)
            &&digitalRead(Q5)&&digitalRead(Q6)&&digitalRead(Q7)&&digitalRead(Q8))
          {
            X=0;
            break;
          }
        }
        Advance(Line,2000);
        AntiClockwise(ZJ,2000);
        //while(!digitalRead(Q4)||!digitalRead(Q5)){AntiClockwise(ZJ,2000);}
        X=1;
        while(X)
```

```
{
    track_Q();              //灰度传感器状态全白即到达位置
    if(!digitalRead(Q1)&&!digitalRead(Q2)&&!digitalRead(Q3)&&!digitalRead(Q4)
        &&!digitalRead(Q5)&&!digitalRead(Q6)&&!digitalRead(Q7)&&!digitalRead(Q8))
    {
        Advance(30,2000);
        if(!digitalRead(Q1)&&!digitalRead(Q2)&&!digitalRead(Q3)&&!digitalRead(Q4)
            &&!digitalRead(Q5)&&!digitalRead(Q6)&&!digitalRead(Q7)&&!digitalRead(Q8))
        {
            X=0;
            break;
        }
    }
}
//已到达收货区 1
digitalWrite(R,LOW);            //亮红灯
digitalWrite(BEEP,HIGH);
delay(500);
digitalWrite(BEEP,LOW);
BTpalce();
while(digitalRead(box)==1);
delay(500);
digitalWrite(R,HIGH);          //灭红灯
//开始返回
Back(100,2000);
X=1;
while(X)
{
    Back(30,2000);
    if(digitalRead(Q3)&&digitalRead(Q4)&&digitalRead(Q5)&&digitalRead(Q6))
    {
        X=0;
        break;
    }
}
Advance(Line,2000);
AntiClockwise(ZJ,2000);
X=1;
while(X)
{
    track_Q();                 //灰度传感器状态全白即到达位置
    if(!digitalRead(Q1)&&!digitalRead(Q2)&&!digitalRead(Q3)&&!digitalRead(Q4)
```

```
          &&!digitalRead(Q5)&&!digitalRead(Q6)&&!digitalRead(Q7)&&!digitalRead(Q8))
        {
          Advance(30,2000);
          if(!digitalRead(Q1)&&!digitalRead(Q2)&&!digitalRead(Q3)&&!digitalRead(Q4)
             &&!digitalRead(Q5)&&!digitalRead(Q6)&&!digitalRead(Q7)&&!digitalRead(Q8))
          {
             X=0;
             break;
          }
        }
      }
   digitalWrite(G,LOW);     //亮绿灯
   digitalWrite(BEEP,HIGH);
   delay(500);
   digitalWrite(BEEP,LOW);
   while(1);
  }
  if(Aim==2)
  {
    int X=1;
    while(X)
    {
      track_Q();
      if(digitalRead(Q1)&&digitalRead(Q2)&&digitalRead(Q3)&&digitalRead(Q4)
         &&digitalRead(Q5)&&digitalRead(Q6)&&digitalRead(Q7)&&digitalRead(Q8))
      {
         X=0;
         break;
      }
    }
    Advance(Line,2000);
    Clockwise(ZJ,2000);
    //while(!digitalRead(Q4)||!digitalRead(Q5)){Clockwise(ZJ,2000);}
    X=1;
    while(X)
    {
      track_Q();     //灰度传感器状态全白即到达位置
      if(!digitalRead(Q1)&&!digitalRead(Q2)&&!digitalRead(Q3)&&!digitalRead(Q4)
         &&!digitalRead(Q5)&&!digitalRead(Q6)&&!digitalRead(Q7)&&!digitalRead(Q8))
      {
        Advance(30,2000);
        if(!digitalRead(Q1)&&!digitalRead(Q2)&&!digitalRead(Q3)&&!digitalRead(Q4)
```

```
                 &&!digitalRead(Q5)&&!digitalRead(Q6)&&!digitalRead(Q7)&&!digitalRead(Q8))
          {
            X=0;
            break;
          }
      }
  }
//已到达收货区 2
digitalWrite(R,LOW);     //亮红灯
digitalWrite(BEEP,HIGH);
delay(500);
digitalWrite(BEEP,LOW);
BTpalce();
while(digitalRead(box)==1);
delay(500);
digitalWrite(R,HIGH);    //灭红灯
//开始返回
Back(100,2000);
X=1;
while(X)
  {
    Back(30,2000);
    if(digitalRead(Q3)&&digitalRead(Q4)&&digitalRead(Q5)&&digitalRead(Q6))
    {
      X=0;
      break;
    }
  }
Advance(Line,2000);
Clockwise(ZJ,2000);
X=1;
while(X)
  {
    track_Q();       //灰度传感器状态全白即到达位置
    if(!digitalRead(Q1)&&!digitalRead(Q2)&&!digitalRead(Q3)&&!digitalRead(Q4)
        &&!digitalRead(Q5)&&!digitalRead(Q6)&&!digitalRead(Q7)&&!digitalRead(Q8))
    {
      Advance(30,2000);
      if(!digitalRead(Q1)&&!digitalRead(Q2)&&!digitalRead(Q3)&&!digitalRead(Q4)
          &&!digitalRead(Q5)&&!digitalRead(Q6)&&!digitalRead(Q7)&&!digitalRead(Q8))
      {
        X=0;
```

```
                break;
            }
        }
    }
    digitalWrite(G,LOW);    //亮绿灯
    digitalWrite(BEEP,HIGH);
    delay(500);
    digitalWrite(BEEP,LOW);
    while(1);
}
if(Aim>2)       //中部或远端病房
{
    int X=1;
    while(X)
    {
        track_Q();
        if(digitalRead(Q1)&&digitalRead(Q2)&&digitalRead(Q3)&&digitalRead(Q4)
            &&digitalRead(Q5)&&digitalRead(Q6)&&digitalRead(Q7)&&digitalRead(Q8))
        {
            X=0;
            break;
        }
    }
    int i=53;           //近端到中端
    while(i--){track_Q();}
    OpenmvZY();      //读取左右
    switch(ZY)
    {
        case 0:{        //在左边
            int X=1;
            while(X)
            {
                track_Q();
                if(digitalRead(Q1)&&digitalRead(Q2)&&digitalRead(Q3)&&digitalRead(Q4)
                    &&digitalRead(Q5)&&digitalRead(Q6)&&digitalRead(Q7)&&digitalRead(Q8))
                {
                    X=0;
                    break;
                }
            }
            Advance(Line,2000);
            AntiClockwise(ZJ,2000);        //逆时针左转
```

```
Mid=0;
X=1;
while(X)
{
    track_Q();    //灰度传感器状态全白即到达位置
    if(!digitalRead(Q1)&&!digitalRead(Q2)&&!digitalRead(Q3)&&!digitalRead(Q4)
        &&!digitalRead(Q5)&&!digitalRead(Q6)&&!digitalRead(Q7)&&!digitalRead(Q8))
    {
        Advance(30,2000);
        if(!digitalRead(Q1)&&!digitalRead(Q2)&&!digitalRead(Q3)&&!digitalRead(Q4)
            &&!digitalRead(Q5)&&!digitalRead(Q6)&&!digitalRead(Q7)&&!digitalRead(Q8))
        {
            X=0;
            break;
        }
    }
}
//已到达收货区 3
digitalWrite(R,LOW);    //亮红灯
digitalWrite(BEEP,HIGH);
delay(500);
digitalWrite(BEEP,LOW);
BTpalce();
while(digitalRead(box)==1);
delay(500);
Serial1.print('O');
digitalWrite(R,HIGH);    //灭红灯
//开始返回
Back(100,2000);
X=1;
while(X)
{
    Back(30,2000);
    if(digitalRead(Q3)&&digitalRead(Q4)&&digitalRead(Q5)&&digitalRead(Q6))
    {
        X=0;
        break;
    }
}
Advance(Line,2000);
AntiClockwise(ZJ,2000);
Serial1.print('K');
```

```
            X=1;
            while(X)
            {
              track_Q();  //灰度传感器状态全白即到达位置
              if(!digitalRead(Q1)&&!digitalRead(Q2)&&!digitalRead(Q3)&&!digitalRead(Q4)
                 &&!digitalRead(Q5)&&!digitalRead(Q6)&&!digitalRead(Q7)&&!digitalRead(Q8))
              {
                Advance(30,2000);
                if(!digitalRead(Q1)&&!digitalRead(Q2)&&!digitalRead(Q3)&&!digitalRead(Q4)
                   &&!digitalRead(Q5)&&!digitalRead(Q6)&&!digitalRead(Q7)&&!digitalRead(Q8))
                {
                  X=0;
                  break;
                }
              }
            }
            digitalWrite(G,LOW);      //亮绿灯
            digitalWrite(BEEP,HIGH);
            delay(500);
            digitalWrite(BEEP,LOW);
            while(1);
            break;
        }
        case 1:{   //在右边
          int X=1;
          while(X)
          {
            track_Q();
            if(digitalRead(Q1)&&digitalRead(Q2)&&digitalRead(Q3)&&digitalRead(Q4)
               &&digitalRead(Q5)&&digitalRead(Q6)&&digitalRead(Q7)&&digitalRead(Q8))
            {
              X=0;
              break;
            }
          }
          Advance(Line,2000);
          Clockwise(ZJ,2000);        //顺时针左转
          Mid=1;
          X=1;
          while(X)
          {
            track_Q();               //灰度传感器状态全白即到达位置
```

```
            if(!digitalRead(Q1)&&!digitalRead(Q2)&&!digitalRead(Q3)&&!digitalRead(Q4)
                &&!digitalRead(Q5)&&!digitalRead(Q6)&&!digitalRead(Q7)&&!digitalRead(Q8))
            {
                Advance(30,2000);
                if(!digitalRead(Q1)&&!digitalRead(Q2)&&!digitalRead(Q3)&&!digitalRead(Q4)
                    &&!digitalRead(Q5)&&!digitalRead(Q6)&&!digitalRead(Q7)&&!digitalRead(Q8))
                {
                    X=0;
                    break;
                }
            }
        }
        //已到达收货区 4
        digitalWrite(R,LOW);         //亮红灯
        digitalWrite(BEEP,HIGH);
        delay(500);
        digitalWrite(BEEP,LOW);
        BTpalce();
        while(digitalRead(box)==1);
        delay(500);
        Serial1.print('O');
        digitalWrite(R,HIGH);        //灭红灯
        //开始返回
        Back(100,2000);
        X=1;
        while(X)
        {
            Back(30,2000);
            if(digitalRead(Q3)&&digitalRead(Q4)&&digitalRead(Q5)&&digitalRead(Q6))
            {
                X=0;
                break;
            }
        }
        Advance(Line,2000);
        Clockwise(ZJ,2000);
        Serial1.print('K');
        X=1;
        while(X)
        {
            track_Q();       //灰度传感器状态全白即到达位置
            if(!digitalRead(Q1)&&!digitalRead(Q2)&&!digitalRead(Q3)&&!digitalRead(Q4)
```

```
            &&!digitalRead(Q5)&&!digitalRead(Q6)&&!digitalRead(Q7)&&!digitalRead(Q8))
          {
            Advance(30,2000);
            if(!digitalRead(Q1)&&!digitalRead(Q2)&&!digitalRead(Q3)&&!digitalRead(Q4)
                &&!digitalRead(Q5)&&!digitalRead(Q6)&&!digitalRead(Q7)&&!digitalRead(Q8))
              {
                X=0;
                break;
              }
          }
        }
        digitalWrite(G,LOW);      //亮绿灯
        digitalWrite(BEEP,HIGH);
        delay(500);
        digitalWrite(BEEP,LOW);
        while(1);
        break;
    }
    case 2:break;
}


X=1;
while(X)
{
  track_Q();
  if(digitalRead(Q1)&&digitalRead(Q2)&&digitalRead(Q3)&&digitalRead(Q4)
      &&digitalRead(Q5)&&digitalRead(Q6)&&digitalRead(Q7)&&digitalRead(Q8))
  {
    X=0;
    break;
  }
}
i=53;             //中端到远端
while(i--){track_Q();}
//到达 4 个数字前
OpenmvZY();     //读取左右
switch(ZY)
{
  case 0:{        //在左边
    int X=1;
```

```
          while(X)
          {
            track_Q();
            if(digitalRead(Q1)&&digitalRead(Q2)&&digitalRead(Q3)&&digitalRead(Q4)
               &&digitalRead(Q5)&&digitalRead(Q6)&&digitalRead(Q7)&&digitalRead(Q8))
            {
              X=0;
              break;
            }
          }
          Advance(Line2,2000);
          AntiClockwise(ZJ,2000);      //逆时针左转
          Far=0;                       //记录左转
          break;
        }
        case 1:{                       //在右边
          int X=1;
          while(X)
          {
            track_Q();
            if(digitalRead(Q1)&&digitalRead(Q2)&&digitalRead(Q3)&&digitalRead(Q4)
               &&digitalRead(Q5)&&digitalRead(Q6)&&digitalRead(Q7)&&digitalRead(Q8))
            {
              X=0;
              break;
            }
          }
          Advance(Line2,2000);
          Clockwise(ZJ,2000);          //顺时针左转
          Far=1;                       //记录右转
          break;
        }
        case 2:{                       //随机转一个方向：右
          int X=1;
          while(X)
          {
            track_Q();
            if(digitalRead(Q1)&&digitalRead(Q2)&&digitalRead(Q3)&&digitalRead(Q4)
               &&digitalRead(Q5)&&digitalRead(Q6)&&digitalRead(Q7)&&digitalRead(Q8))
            {
              X=0;
              break;
```

```
            }
          }
        Advance(Line2,2000);
        Clockwise(ZJ,2000);           //顺时针
        Far=1;                        //记录右转
        break;
    }
}


i=34;                                 //远端到分支左右
while(i--){track_Q();}
OpenmvZY();                           //读取左右
switch(ZY)
{
  case 0:{                            //在左边
    int X=1;
    while(X)
    {
      track_Q();
      if(digitalRead(Q1)&&digitalRead(Q2)&&digitalRead(Q3)&&digitalRead(Q4)
        &&digitalRead(Q5)&&digitalRead(Q6)&&digitalRead(Q7)&&digitalRead(Q8))
      {
        X=0;
        break;
      }
    }
    Advance(Line2,2000);
    AntiClockwise(ZJ,2000);           //逆时针左转
    Long=0;
    X=1;
    while(X)
    {
      track_Q();                      //灰度传感器状态全白即到达位置
      if(!digitalRead(Q1)&&!digitalRead(Q2)&&!digitalRead(Q3)&&!digitalRead(Q4)
        &&!digitalRead(Q5)&&!digitalRead(Q6)&&!digitalRead(Q7)&&!digitalRead(Q8))
      {
        Advance(30,2000);
        if(!digitalRead(Q1)&&!digitalRead(Q2)&&!digitalRead(Q3)&&!digitalRead(Q4)
          &&!digitalRead(Q5)&&!digitalRead(Q6)&&!digitalRead(Q7)&&!digitalRead(Q8))
        {
          X=0;
```

```
          break;
        }
      }
    }
  //已到达收货区 5 和 8
  digitalWrite(R,LOW);        //亮红灯
  digitalWrite(BEEP,HIGH);
  delay(500);
  digitalWrite(BEEP,LOW);
  BTpalce();
  while(digitalRead(box)==1);
  delay(500);
  digitalWrite(R,HIGH);       //灭红灯
  //开始返回（特殊 T 形）
  Back(100,2000);
  X=1;
  while(X)
  {
    Back(30,2000);
    if(digitalRead(Q1)&&digitalRead(Q2)&&digitalRead(Q3)&&digitalRead(Q4))
    {
      X=0;
      break;
    }
  }
  Advance(Line,2000);
  AntiClockwise(ZJ,2000);
  //经过第二个 T 形
  if(Far==0)
  {
    X=1;
    while(X)
    {
      track_Q();
      if(digitalRead(Q5)&&digitalRead(Q6)&&digitalRead(Q7)&&digitalRead(Q8))
      {
        X=0;
        break;
      }
    }
    Advance(Line,2000);
    Clockwise(ZJ,2000);
```

```
        }
        if(Far==1)
        {
            X=1;
            while(X)
            {
                track_Q();
                if(digitalRead(Q1)&&digitalRead(Q2)&&digitalRead(Q3)&&digitalRead(Q4))
                {
                    X=0;
                    break;
                }
            }
            Advance(Line,2000);
            AntiClockwise(ZJ,2000);
        }
        X=1;
        while(X)
        {
            track_Q();                //灰度传感器状态全白即到达位置
            if(digitalRead(Q1)&&digitalRead(Q2)&&digitalRead(Q3)&&digitalRead(Q4)
                &&digitalRead(Q5)&&digitalRead(Q6)&&digitalRead(Q7)&&digitalRead(Q8))
            {
                Serial1.print('K');    //全黑时发送指令
            }
            if(!digitalRead(Q1)&&!digitalRead(Q2)&&!digitalRead(Q3)&&!digitalRead(Q4)
                &&!digitalRead(Q5)&&!digitalRead(Q6)&&!digitalRead(Q7)&&!digitalRead(Q8))
            {
                Advance(30,2000);
                if(!digitalRead(Q1)&&!digitalRead(Q2)&&!digitalRead(Q3)&&!digitalRead(Q4)
                    &&!digitalRead(Q5)&&!digitalRead(Q6)&&!digitalRead(Q7)&&!digitalRead(Q8))
                {
                    X=0;
                    break;
                }
            }
        }
        digitalWrite(G,LOW);    //亮绿灯
        digitalWrite(BEEP,HIGH);
        delay(500);
        digitalWrite(BEEP,LOW);
        while(1);
```

```
            break;
        }
        case 1:{                        //在右边
            int X=1;
            while(X)
            {
                track_Q();
                if(digitalRead(Q1)&&digitalRead(Q2)&&digitalRead(Q3)&&digitalRead(Q4)
                    &&digitalRead(Q5)&&digitalRead(Q6)&&digitalRead(Q7)&&digitalRead(Q8))
                {
                    X=0;
                    break;
                }
            }
            Advance(Line2,2000);
            Clockwise(ZJ,2000);         //顺时针右转
            Long=1;
            X=1;
            while(X)
            {
                track_Q();               //灰度传感器状态全白即到达位置
                if(!digitalRead(Q1)&&!digitalRead(Q2)&&!digitalRead(Q3)&&!digitalRead(Q4)
                    &&!digitalRead(Q5)&&!digitalRead(Q6)&&!digitalRead(Q7)&&!digitalRead(Q8))
                {
                    Advance(30,2000);
                    if(!digitalRead(Q1)&&!digitalRead(Q2)&&!digitalRead(Q3)&&!digitalRead(Q4)
                        &&!digitalRead(Q5)&&!digitalRead(Q6)&&!digitalRead(Q7)&&!digitalRead(Q8))
                    {
                        X=0;
                        break;
                    }
                }
            }
            //已到达收货区 6 和 7
            digitalWrite(R,LOW);         //亮红灯
            digitalWrite(BEEP,HIGH);
            delay(500);
            digitalWrite(BEEP,LOW);
            BTpalce();
            while(digitalRead(box)==1);
            delay(500);
            digitalWrite(R,HIGH);        //灭红灯
```

```
//开始返回（特殊 T 形）
Back(100,2000);
X=1;
while(X)
{
    Back(30,2000);
    if(digitalRead(Q5)&&digitalRead(Q6)&&digitalRead(Q7)&&digitalRead(Q8))
    {
        X=0;
        break;
    }
}
Advance(Line,2000);
Clockwise(ZJ,2000);
//经过第二个 T 形
if(Far==0)
{
    X=1;
    while(X)
    {
        track_Q();
        if(digitalRead(Q5)&&digitalRead(Q6)&&digitalRead(Q7)&&digitalRead(Q8))
        {
            X=0;
            break;
        }
    }
    Advance(Line,2000);
    Clockwise(ZJ,2000);
}
if(Far==1)
{
    X=1;
    while(X)
    {
        track_Q();
        if(digitalRead(Q1)&&digitalRead(Q2)&&digitalRead(Q3)&&digitalRead(Q4))
        {
            X=0;
            break;
        }
    }
```

```
            Advance(Line,2000);
            AntiClockwise(ZJ,2000);
        }
        X=1;
        while(X)
        {
            track_Q();              //灰度传感器状态全白即到达位置
            if(digitalRead(Q1)&&digitalRead(Q2)&&digitalRead(Q3)&&digitalRead(Q4)
                &&digitalRead(Q5)&&digitalRead(Q6)&&digitalRead(Q7)&&digitalRead(Q8))
            {
                Serial1.print('K');        //全黑时发送指令
            }
            if(!digitalRead(Q1)&&!digitalRead(Q2)&&!digitalRead(Q3)&&!digitalRead(Q4)
                &&!digitalRead(Q5)&&!digitalRead(Q6)&&!digitalRead(Q7)&&!digitalRead(Q8))
            {
                Advance(30,2000);
                if(!digitalRead(Q1)&&!digitalRead(Q2)&&!digitalRead(Q3)&&!digitalRead(Q4)
                    &&!digitalRead(Q5)&&!digitalRead(Q6)&&!digitalRead(Q7)&&!digitalRead(Q8))
                {
                    X=0;
                    break;
                }
            }
        }
    }
    digitalWrite(G,LOW);         //亮绿灯
    digitalWrite(BEEP,HIGH);
    delay(500);
    digitalWrite(BEEP,LOW);
    while(1);
    break;
}
case 2:{    //走错了
    Far=0;  //记录右转
    X=1;
    while(X)
    {
        track_Q();
        if(digitalRead(Q1)&&digitalRead(Q2)&&digitalRead(Q3)&&digitalRead(Q4)
            &&digitalRead(Q5)&&digitalRead(Q6)&&digitalRead(Q7)&&digitalRead(Q8))
        {
            X=0;
            break;
```

```
      }
  }
  Advance(Line2,2000);
  AntiClockwise(ZJ,2000);
  X=1;
  while(X)
  {
    Back(30,2000);
    if(digitalRead(Q1)&&digitalRead(Q2)&&digitalRead(Q3)&&digitalRead(Q4))
    {
      X=0;
      break;
    }
  }
  Advance(Line2,2000);
  AntiClockwise(ZJ,2000);
  X=1;
  while(X)
  {
    track_Q();
    if(digitalRead(Q1)&&digitalRead(Q2)&&digitalRead(Q3)&&digitalRead(Q4))
    {
      X=0;
      break;
    }
  }
  i=51;
  while(i--){track_Q();}
  OpenmvZY();               //读取左右
  while(ZY==3)
  {
    track_Q();
    delay(100);
    OpenmvZY();
  }
  switch(ZY)
  {
    case 0:{               //在左边
  int X=1;
  while(X)
  {
    track_Q();
```

```
        if(digitalRead(Q1)&&digitalRead(Q2)&&digitalRead(Q3)&&digitalRead(Q4)
            &&digitalRead(Q5)&&digitalRead(Q6)&&digitalRead(Q7)&&digitalRead(Q8))
        {
            X=0;
            break;
        }
    }
    Advance(Line2,2000);
    AntiClockwise(ZJ,2000);        //逆时针左转
    Long=0;
    X=1;
    while(X)
    {
        track_Q();                 //灰度传感器状态全白即到达位置
        if(!digitalRead(Q1)&&!digitalRead(Q2)&&!digitalRead(Q3)&&!digitalRead(Q4)
            &&!digitalRead(Q5)&&!digitalRead(Q6)&&!digitalRead(Q7)&&!digitalRead(Q8))
        {
            Advance(30,2000);
            if(!digitalRead(Q1)&&!digitalRead(Q2)&&!digitalRead(Q3)&&!digitalRead(Q4)
                &&!digitalRead(Q5)&&!digitalRead(Q6)&&!digitalRead(Q7)&&!digitalRead(Q8))
            {
                X=0;
                break;
            }
        }
    }
    //已到达收货区 5 和 8
    digitalWrite(R,LOW);        //亮红灯
    digitalWrite(BEEP,HIGH);
    delay(500);
    digitalWrite(BEEP,LOW);
    BTpalce();
    while(digitalRead(box)==1);
    delay(500);
    digitalWrite(R,HIGH);      //灭红灯
    //开始返回（特殊 T 形）
    Back(100,2000);
    X=1;
    while(X)
    {
        Back(30,2000);
        if(digitalRead(Q1)&&digitalRead(Q2)&&digitalRead(Q3)&&digitalRead(Q4))
```

```
            X=0;
            break;
        }
    }
    Advance(Line,2000);
    AntiClockwise(ZJ,2000);
    //经过第二个 T 形
    if(Far==0)
    {
        X=1;
        while(X)
        {
            track_Q();
            if(digitalRead(Q5)&&digitalRead(Q6)&&digitalRead(Q7)&&digitalRead(Q8))
            {
                X=0;
                break;
            }
        }
        Advance(Line,2000);
        Clockwise(ZJ,2000);
    }
    if(Far==1)
    {
        X=1;
        while(X)
        {
            track_Q();
            if(digitalRead(Q1)&&digitalRead(Q2)&&digitalRead(Q3)&&digitalRead(Q4))
            {
                X=0;
                break;
            }
        }
        Advance(Line,2000);
        AntiClockwise(ZJ,2000);
    }
    X=1;
    while(X)
    {
        track_Q();        //灰度传感器状态全白即到达位置
```

```
        if(digitalRead(Q1)&&digitalRead(Q2)&&digitalRead(Q3)&&digitalRead(Q4)
            &&digitalRead(Q5)&&digitalRead(Q6)&&digitalRead(Q7)&&digitalRead(Q8))
        {
            Serial1.print('K');     //全黑时发送指令
        }
        if(!digitalRead(Q1)&&!digitalRead(Q2)&&!digitalRead(Q3)&&!digitalRead(Q4)
            &&!digitalRead(Q5)&&!digitalRead(Q6)&&!digitalRead(Q7)&&!digitalRead(Q8))
        {
            Advance(30,2000);
            if(!digitalRead(Q1)&&!digitalRead(Q2)&&!digitalRead(Q3)&&!digitalRead(Q4)
                &&!digitalRead(Q5)&&!digitalRead(Q6)&&!digitalRead(Q7)&&!digitalRead(Q8))
            {
                X=0;
                break;
            }
        }
    }
    digitalWrite(G,LOW);        //亮绿灯
    digitalWrite(BEEP,HIGH);
    delay(500);
    digitalWrite(BEEP,LOW);
    while(1);
    break;
}
case 1:{    //在右边
    int X=1;
    while(X)
    {
        track_Q();
        if(digitalRead(Q1)&&digitalRead(Q1)&&digitalRead(Q2)&&digitalRead(Q3)&&digitalRead(Q4)
            &&digitalRead(Q5)&&digitalRead(Q6)&&digitalRead(Q7)&&digitalRead(Q8))
        {
            X=0;
            break;
        }
    }
    Advance(Line2,2000);
    Clockwise(ZJ,2000);        //顺时针右转
    Long=1;
    X=1;
    while(X)
    {
```

```
    track_Q();    //灰度传感器状态全白即到达位置
    if(!digitalRead(Q1)&&!digitalRead(Q2)&&!digitalRead(Q3)&&!digitalRead(Q4)
        &&!digitalRead(Q5)&&!digitalRead(Q6)&&!digitalRead(Q7)&&!digitalRead(Q8))
    {
        Advance(30,2000);
        if(!digitalRead(Q1)&&!digitalRead(Q2)&&!digitalRead(Q3)&&!digitalRead(Q4)
            &&!digitalRead(Q5)&&!digitalRead(Q6)&&!digitalRead(Q7)&&!digitalRead(Q8))
        {
            X=0;
            break;
        }
    }
}
//已到达收货区 6 和 7
digitalWrite(R,LOW);    //亮红灯
digitalWrite(BEEP,HIGH);
delay(500);
digitalWrite(BEEP,LOW);
BTpalce();
while(digitalRead(box)==1);
delay(500);
digitalWrite(R,HIGH);    //灭红灯
//开始返回（特殊 T 形）
Back(100,2000);
X=1;
while(X)
{
    Back(30,2000);
    if(digitalRead(Q5)&&digitalRead(Q6)&&digitalRead(Q7)&&digitalRead(Q8))
    {
        X=0;
        break;
    }
}
Advance(Line,2000);
Clockwise(ZJ,2000);
//经过第二个 T 形
if(Far==0)
{
    X=1;
    while(X)
    {
```

```
                    track_Q();
                    if(digitalRead(Q5)&&digitalRead(Q6)&&digitalRead(Q7)&&digitalRead(Q8))
                    {
                        X=0;
                        break;
                    }
                }
                Advance(Line,2000);
                Clockwise(ZJ,2000);
            }
            if(Far==1)
            {
                X=1;
                while(X)
                {
                    track_Q();
                    if(digitalRead(Q1)&&digitalRead(Q2)&&digitalRead(Q3)&&digitalRead(Q4))
                    {
                        X=0;
                        break;
                    }
                }
                Advance(Line,2000);
                AntiClockwise(ZJ,2000);
            }
            X=1;
            while(X)
            {
                track_Q();              //灰度传感器状态全白即到达位置
                if(digitalRead(Q1)&&digitalRead(Q2)&&digitalRead(Q3)&&digitalRead(Q4)
                    &&digitalRead(Q5)&&digitalRead(Q6)&&digitalRead(Q7)&&digitalRead(Q8))
                {
                    Serial1.print('K');     //全黑时发送指令
                }
                if(!digitalRead(Q1)&&!digitalRead(Q2)&&!digitalRead(Q3)&&!digitalRead(Q4)
                    &&!digitalRead(Q5)&&!digitalRead(Q6)&&!digitalRead(Q7)&&!digitalRead(Q8))
                {
                    Advance(30,2000);
                    if(!digitalRead(Q1)&&!digitalRead(Q2)&&!digitalRead(Q3)&&!digitalRead(Q4)
                        &&!digitalRead(Q5)&&!digitalRead(Q6)&&!digitalRead(Q7)&&!digitalRead(Q8))
                    {
                        X=0;
```

```
                break;
              }
            }
          }
          digitalWrite(G,LOW);        //亮绿灯
          digitalWrite(BEEP,HIGH);
          delay(500);
          digitalWrite(BEEP,LOW);
          while(1);
          break;
        }
        }
        }
      }
    while(1);
  }
```

6.3 机器人竞赛简介

中国机器人大赛暨 RoboCup 公开赛是中国规模最大、最具权威性的机器人综合赛事，由科技部、教育部、中国自动化学会等 18 个国家级机构联合主办。自 1999 年创办以来，已连续举办 24 届，覆盖全国 30 余个城市，吸引包括清华大学、麻省理工学院、东京大学等全球 400 余所高校及科研机构参与，赛事项目从 30 余项扩展至 52 个前沿赛道（如人形机器人对抗、无人车集群、元宇宙虚拟机器人等）。作为国际 RoboCup 机器人世界杯的五大分站之一，该赛事汇聚全球 60 余国的数千支队伍，近年展览面积超 5 万平方米，并引入数字孪生竞技平台、5G 远程对战等创新技术。其不仅是技术竞技平台，更成为产学研融合的重要窗口，吸引波士顿动力、大疆等 500 余家顶尖企业参与合作，推动中国机器人技术在国际舞台的突破性发展。

2008 第十届中国机器人大赛暨 RoboCup 公开赛、第二届中国国际机器人展暨高峰论坛、第八届中国（中山）国际电子信息产品与技术展览会同期于 12 月 5—7 日在中山举办，推动了珠三角乃至中国的电子信息、装备制造业、精密机械、人工智能与自动化等尖端科技产业发展，对广东高等教育发展、科技体育和国际顶尖人才的引进产生了积极作用。中国高校智能机器人创意大赛创办于 2017 年。首届大赛由中国高等教育学会、教育部工程图学课程教学指导委员会、中国高校智能机器人创意大赛组委会共同主办，浙江大学机器人研究院、中国高等教育学会工程教育专业委员会承办，决赛由浙江省余姚市人民政府承办，之后大赛每年举办一次。大赛以"更好、更快、更强"为主题，以培养学生提出问题能力为起点，形成问题提出、解决方案、具体创作和后期孵化一体化的人才培育链条，助力机器人相关人才培养成效显著。高校参赛积极性高、参与面广，大赛于 2020 年被列入中国高等教育学会发布的全国普通高校大学生

竞赛排行榜。2023 届比赛的主办单位是浙江省大学生科技竞赛委员会，承办单位是浙江农林大学、浙江大学。协办单位是中国图学学会产品信息建模专业委员会。竞赛包含四个主题：主题一（创意设计）：家用智能机器人——让生活更美好；主题二（创意竞技）：魔方机器人——挑战更快；主题三：智能机器人对抗赛——挑战更强；主题四：国产工业机器人应用挑战赛——精益求精。

随着智能技术突飞猛进的发展、教育理念的不断更新，作为综合了信息技术、电子工程、机械工程、控制理论、传感技术以及人工智能等前沿科技的机器人技术也在为教育改革贡献自己的力量。为了推动机器人技术的发展，培养学生创新能力，在全世界范围内相继出现了一系列的机器人竞赛。1992 年，加拿大大不列颠哥伦比亚大学教授 Alan Mackworth 提出 RoboCup 机器人世界杯。1995 年由韩国科学技术院的金钟焕教授提出 FIRA 机器人足球比赛。1996 年 11 月，他在韩国政府的支持下首次举办了微型机器人世界杯足球比赛。机器人足球是人工智能领域与机器人领域的基础研究课题，是一个极富挑战性的高技术密集型项目。它涉及的主要研究领域有机器人学、机电一体化、单片机、图像处理与图像识别、知识工程与专家系统、多智能体协调以及无线通信等。机器人足球除了在科学研究方面具有深远的意义，它也是一个很好的教学平台。通过它可以使学生把理论与实践紧密地结合起来，提高学生的动手能力、创造能力、协作能力和综合能力。

国家所提倡的素质教育中，能力培养是核心。机器人足球提供了一个对学生的能力进行培养的大舞台。国际上最具影响的机器人足球赛主要是 FIRA 和 RoboCup 两大世界杯机器人足球赛，这两大比赛都有严格的比赛规则，融趣味性、观赏性、科普性为一体，为更多青少年参与国际性的科技活动提供了良好的平台。FIRA（Federation of International Robot-soccer Association，国际机器人足球联合会），于 1997 年第二届微型机器人锦标赛（MiroSot'97）期间在韩国成立。FIRA 每年举办一次机器人足球世界杯赛（FIRA Robot-Soccer World Cup），简称 FIRARWC，比赛的地点每年都不同，截至 2024 年已经举办了 23 届，2025 年 3 月的第 24 届比赛在加拿大多伦多举办。比赛项目主要包括：拟人式机器人足球赛（HuroSot）、自主机器人足球赛（KheperaSot）、微型机器人足球赛（MiroSot）、超微型机器人足球赛（NaroSot）、小型机器人足球赛（RoboSot）、仿真机器人足球赛（SimuroSot）等六项。

RoboCup（机器人世界杯）是一个国际性的机器人技术与人工智能研究竞赛平台，旨在通过竞技推动机器人及 AI 领域的创新。RoboCup 以足球机器人作为中心研究课题，通过举办机器人足球比赛，旨在促进人工智能、机器人技术及其相关学科的发展。RoboCup 的最终目标是在 2050 年成立一支完全自主的拟人机器人足球队，能够与人类进行一场真正意义上的足球赛。截至 2024 年，RoboCup 已组织了 28 届世界杯赛。比赛项目主要有：电脑仿真比赛、小型足球机器人赛、中型自主足球机器人赛、四腿机器人足球赛、拟人机器人足球赛等项目。除了机器人足球比赛，RoboCup 同时还举办机器人抢险赛和机器人初级赛。其中，机器人抢险赛研究如何将机器人运用到实际抢险救援当中，并希望通过举办比赛能够在不同程度上推动人类实际抢险救援工作的发展，比赛项目包括电脑模拟比赛和机器人竞赛两大系列。同时，

RoboCup 为了普及机器人前沿科技，激发青少年学习兴趣，在 1999 年 12 月成立了一个专门组织中小学生参加的分支赛事 Robocup Junior。

机器人灭火竞赛。机器人灭火的想法是在 1994 年由美国三一学院的杰克·门德尔逊（Jack Mendelssohn）教授首先提出的。比赛在一套模拟四室一厅住房内进行，要求参赛的机器人在最短的时间内熄灭放置在任意一个房间中的蜡烛。参赛选手可以选择不同的比赛模式，比如，在比赛场地方面可以选择设置斜坡或家具障碍，在机器人的控制方面可选择声控和遥控，熄灭蜡烛所用的时间最短，选择模式的难度最大，综合扣分最少的选手为冠军。虽然比赛过程仅有短短几分钟甚至几秒钟的时间，用来灭火的机器人体积也不超过 $31cm^3$，重量不限，但其中科技含量很高。机器人装备了数据处理芯片、行走、灭火装置以及火焰探测器、光敏探测器、声音探测器、红外探测器和超声波探测器等各种仪器，这些设备使机器人好像长了脑子、眼睛、耳朵和手脚，从而能够根据场地的不同情况，智能性地完成避障、寻火、灭火等任务。机器人灭火比赛已成为全球最普及的智能机器人竞赛之一。

无论是机器人足球比赛系列还是机器人灭火比赛系列都主要围绕着一个主题进行竞赛，在国际上，除了这些机器人单项竞赛之外，还有把各项机器人竞赛组合在一起的比赛系列，即机器人综合比赛。这些比赛主要包括国际机器人奥林匹克大赛和 FLL 机器人世锦赛。

国际机器人奥林匹克大赛。国际机器人奥林匹克委员会（IROC）是一个非营利性的国际机器人组织，成立于 1998 年，总部设在韩国。IROC 从 1999 年开始组织首届"国际机器人奥林匹克大赛"，这是一项将科技与教育目的融为一体的国际性竞赛。迄今为止，已经连续在韩国、中国香港、北京举办了 26 届比赛，包含小学组、中学组和幼儿组，其中幼儿组只在中国赛区举办。

FLL 机器人世锦赛是另一个综合系列的机器人竞赛。FLL 是一个为全世界 9 到 16 岁的孩子们提供机器人竞赛的国际性组织。每年秋天，大赛组委会公布这年的 FLL 挑战赛主题，以及按照主题细化的具体比赛项目，参赛队要在任务公布后的两个月时间内设计出能够完成任务的机器人，参加区域选拔赛，优胜者可以进入全球决赛。2004 年 FLL 机器人工程课题挑战的主题是使用机器人技术来帮助能力不同的人。具体比赛项目包括摆放 CD、玩篮球、爬楼梯、喂宠物、开门、读巴士站牌、推椅子、送餐和取眼镜等项目，主要目的是让孩子们体会残障群体在生活中遇到的不便，鼓励孩子们关注不同群体的需求。FLL 每年的挑战主题都不同，有的是根据实际问题提出的，有的是引导孩子们进行科幻想象，这些主题不仅有趣，更支持开放性的问题解决方案，孩子们可以用不同的方法达成同一项目标，从而鼓励孩子们充分发挥想象力、创造力，培养孩子们的开放性思维，可见机器人竞赛已经成为一个能激发孩子们的学习兴趣、引导他们积极探索未知领域的良好的平台。FLL 的比赛项目还包括常规赛、足球赛、电脑机器人创意设计与动手做比赛等。

在机器人竞赛的同期，各个组委会都会举办各种机器人展览、相关论坛，各种论坛旨在为参赛选手及专家提供一个交流经验、互相学习的平台，并为机器人及其相关技术的发展以及机器人在娱乐、教育、服务等各领域的应用起到推动作用。每届比赛都会吸引各国科学家、科研人员、学生和企业界人士的共同参与，机器人竞赛的影响力也相应得到提高。机器人竞赛对机器人技术及其相关学科领域的发展起到了明显的推动作用，这在机器人足球系列比赛上体现得更加明显。比如，机器人足球比赛对机器人的视觉功能要求非常高，只有机器人装备的显卡性能越好，机器人的识别速度就越快，运动速度也就越快，这样才能取得比赛的胜利，这就极大地促进了视觉技术的发展。在 1996 年 FIRA 第一届比赛的时候，大部分参赛队所用显卡的工作频率是 10 帧/s，机器人的运动速度也仅在 50cm/s；仅仅两年之后的 FIRA 第三届世界杯时，显卡的频率就达到了 60 帧/s，机器人的运动速度也相应提升到 2m/s，技术指标翻了几倍之多。机器人竞赛实际上是高技术的对抗赛，从一个侧面反映了一个国家信息与自动化领域基础研究和高技术发展的水平。机器人竞赛使研究人员能够利用各种技术，获得更好的解决方案，从而又反过来促进各个领域的发展，这也正是开展机器人竞赛的深远意义，同时也是机器人竞赛的魅力所在。

机器人足球系列比赛以推动技术进步为主要着眼点，而其他综合性的比赛则更加侧重于教育意义。以 FLL 为例，FLL 的每个参赛队在每年的工程挑战赛主体公布之后，会有大约 8 个星期的时间来做准备工作，具体包括分析竞赛题目、设计解决方案、用乐高的配件搭建智能机器人模型、编写程序、反复不断的调试程序，优化程序和机器人结构，使机器人能够完成挑战赛的任务。在这 8 个星期的时间里，孩子们要想完成任务，就必须在互联网上搜集资料、向专家请教问题、到图书馆查阅资料以及与其他伙伴交流、探讨问题等等，这同时也是一个面对实际问题、解决困难、克服障碍的过程。因此，孩子们除了学到了机器人相关知识之外，还能够在自尊心、沟通能力、动手能力等方面得到一定的提高，而这也正是 FLL 以及其他机器人竞赛所要达到的目标之一。

6.4 工业机器人分类

工业机器人是广泛用于工业领域的多关节机械手或多自由度的机器装置，具有一定的自动性，可依靠自身的动力能源和控制能力实现各种工业加工制造功能。工业机器人被广泛应用于电子、物流、化工等各个工业领域之中。

（1）焊接机器人。焊接机器人是从事焊接工作的自动化焊接设备，通过焊接机器人的焊枪对焊缝实现精确焊接，焊缝美观且牢固，保证产品质量，企业引进焊接机器人有利于提高生产线速度，降低了工人的劳动强度，减少了企业的劳动和材料成本，提高了企业的焊接自动化水平。

（2）搬运机器人。搬运机器人是用于搬运物件的工业机器人，将工件从原位置移动到另一个指定位置，搬运机器人末端执行器通过变换工具实现不同规格工件的搬运工作，降低了工人的劳动强度，也减少了在搬运过程中出现的伤害事故，广泛应用于大型工件的搬运工作。

（3）码垛机器人。码垛机器人是机械制造和计算机技术有机结合的产物，凭借着灵活运行、精确操作、稳定性高、作业效率高等优势被企业广泛应用。码垛机器人可将已经装入容器的物品按照一定的排列顺序放在托盘上，可多层堆砌物品。码垛机器人实用性强，可用于多领域。

（4）喷涂机器人。喷涂机器人是用于自动喷漆的机械设备。传统喷涂工作由于工作环境恶劣，对工人的身体伤害较大，而喷涂机器人采用液压驱动，喷涂速度快，防爆性能好，可代替人工进行喷涂，提高了喷涂质量和喷涂材料的利用率。

（5）风电叶片内窥检测机器人。风电叶片作为风力发电机组的关键部件之一，在生产、转运、安装和运行过程中，都有可能产生缺陷和损伤，研制适用于风电叶片内壁的内窥检测机器人不仅能够提高风电叶片检修效率和检测质量，缩短停机检测时间，降低检修人员的劳动强度，保障检修人员的劳动安全，而且可以扩大检测范围，避免重大事故的发生，保障风电机组的安全、高效运行。

（6）地铁智能巡检机器人。在 SLAM 定位导航技术支持下，智能巡检机器人能够实现预设路径下的可控运行。机器人移动平台的运动控制技术，还能保证机器人在复杂作业环境中精准走行和定位。同时，智能巡检机器人创造性地使用了柔性调度技术，能够实现多机器人在不同股道间自由转运，保证检修任务顺利完成。经初步计算，智能巡检机器人能够替代人工完成超过 80% 的巡检内容，检修准确率达到 98%。

6.5　机器人 Qt 控制软件

6.5.1　上位机发展历史

随着科学技术的快速发展，人类对工业生产自动化的要求也逐步提高，体现在工业机器人方面。工业机器人的出现及逐步发展大大提高了生产效率，一定程度上也确保了操作人员的安全。为了使工业机器人更好地服务于人类，同时也能够让人类更加安全高效地操作机器人，如何做出功能全面、界面友好、操作方便的示教器软件系统，是目前工业机器人发展中亟须解决的问题之一。交互界面是操作人员和控制器之间传递和交换信息的媒介，是控制系统的重要组成部分。如今开发平台的多样化要求设计出来的软件系统能够在不止一种类型的操作系统上运行，因此交互界面是否能够跨平台使用也是决定性能好坏的因素之一。Qt 是一个用于图形界面程序跨平台开发的 C++ 工具包，使用"一次编写，随处编译"的方式，用于构建多平台图形用户界面程序，为跨平台人机交互软件系统的开发提供了良好的支持。

自 1980 年以后 NI 公司提出虚拟仪器技术开始，上位机开发也成了测试系统开发一个比较受人关注的方面。所以近年来，全球范围内多家公司相继投入研发上位机开发平台软件。在所有软件中，LabVIEW 至今依然是各类上位机开发框架中最经典的。LabVIEW 提供了一种图形化方法，可直观显示应用的各个方面，包括硬件配置、测量数据和调试。这种可视化方法降低了用户开发的难度，使用程序框图直观表示复杂的逻辑，开发数据分析算法，设计自定义工程用户界面。LabVIEW 的这种开发方法已经成为现在开发上位机的主流方向，另外还有如 Qt、Visual Studio 2008 及其后版本等。

在国内，虚拟仪器系统已经被许多院校引入，运用于各种测试和实验中，而作为虚拟仪器中重要的数据处理核心，上位机已经成为一些测试系统极为重要的组成。在各大理工科学生的课程表上，上位机开发的相关课程已经出现。并且随着测试数据处理量的扩大以及对于数据处理多样化的需求，测试平台对上位机的要求也正在逐步提高。国内上位机开发是从学习 NI 的软件开始。国内的一些成果已经表明我国正在从消化模仿走向自主创新，并逐渐成为其中的领头者。与传统的数据分析方法比较，上位机有很大的优点。其优势在于能实时地接收硬件电路采集的数据并对数据进行图形化展示。用户只需对数据进行分析比较，大大减少了测试和处理数据所消耗的时间，且开发相对简单，易于操作。目前，上位机已经在各类测控系统中得到了广泛的应用，在人工测试艰难的领域如有害气体测量更是发挥了重要的作用。计算机技术、通信技术的发展，给上位机的发展指出了方向，上位机将不局限于对单一测试系统的开发，而向多端互动的方向发展。未来上位机将会更加高效、可靠、便捷。上位机也有作为教学新手段的可能。并不是每所高校在建设电子电工实验室时都能配置完整的仪器、仪表。上位机的出现为解决这种情况提供了一种新的思路，那就是通过上位机和微机模拟现实的测试仪器。这样不仅满足了教学需求，而且在相当程度上减少了实验室建设开支，使设备能更多地被使用。

6.5.2 Qt 上位机实例

1. 基于 Qt 的电机性能测试系统

本项目的主要内容是设计一个电机测试系统的上位机软件，通过指令实现对下位机的控制，并且接收下位机数据实时显示和绘制波形。要求上下位机之间通过 TCP 进行连接，并统一上下位机传输数据和指令的格式，最后使用 Qt 自带的图表绘制模块进行绘图。要求数据以 1ms 一个点在界面上进行绘制。

（1）系统设计。电机测试平台分为采集电机运行参数的下位机和数据显示及处理的上位机。其中电机参数分为电机转速和转矩，电机转速通过频率测试获得，电机转矩通过模拟量测试获得。本项目主要研究上位机的开发。上位机主要分成 6 个功能模块：TCP 连接、模拟量输入波形绘制、频率量数据绘制、模拟量输出、频率量输出、数字量输出状态等的控制。TCP 连接和波形绘制使用开发软件自带模块完成。四个端口的输出状态指令以及波形、频率的数据接收与下位机之间以自定义数据格式通信。

如图 6-44 所示，本系统下位机基于 FPGA 和 STM32 双核心，上位机基于 Qt 软件。本设计需要稳定的 TCP 连接，上位机能稳定地发送指令给下位机并能接收下位机上传的数据。同时上位机能实时接收数据并将数据转化为波形绘制出来，绘制的波形要求完整、清晰，且每个点的间隔时间可调。模拟量输入幅度最低-7V 最高 7V，横坐标范围可调，频率量数据要求能显示出来。上位机结构框图如图 6-45 所示，上位机拥有简洁的人机交互界面。开启软件后先对界面进行初始化配置。随后，软件将开启子线程，对图表进行初始化，设置默认图表状态。用户在 TCP/IP 连接面板输入下位机 IP 地址和端口点击连接后，上位机与下位机完成 TCP 连接。完成连接后所有端口控制按键启用，用户点击相应的按钮，软件将根据数据协议将参数转化为指令发送给下位机用于控制相应端口状态。用户开启下位机测试功能后，上位机收到数据时检测数据包的校验位，判断数据包来源，然后将数据切成需要的片段，转化成数据值并绘制在图表中。

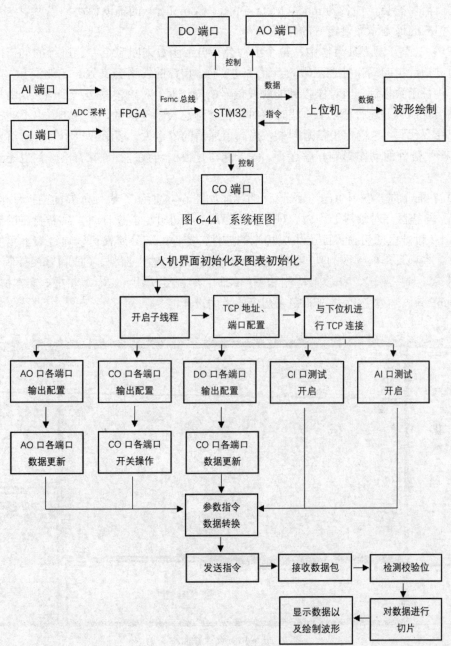

图 6-44 系统框图

图 6-45 上位机软件总体框图

Qt 的独特性主要体现在自定义的信号与槽机制上。信号与槽是一种独特的信号传输接口。作为 Qt 开发的特殊机制，其特有的连接方式使其成为 Qt 有别于其他框架的一种重要特质。信号与槽是基于 C++开发的通信机制，但其特有的属性使其从 C++中脱离出来。所以在使用信号与槽之前需要安装一种名为 moc（Meta Object Compiler）的辅助模块，当使用这个模块时 moc 会在相应的地方添加设定好的代码。

在许多 GUI 开发工具组件中，每个组件会有自带函数来回应组件能进行的动作，这个函数常常通过指针指向动作处理函数。当组件过多时，指针的发送会产生一定的混乱。在 Qt 中，信号与槽代替函数指针，当对象收到能触发信号的操作时，对象将发送一个信号，由与之连接的槽函数接收信号并运行槽函数。此时该对象仅将信息传给槽函数，并不知道也不能控制槽函数将运行什么代码，这确保了信息封装，提高了通信的安全性，槽函数也不需要对对象进行回应，不会产生额外的动作影响程序运行。信号能与复数槽函数进行连接，槽函数也能被复数信号触发。

（2）界面布局。Qt 中用于界面设计的界面如图 6-46 所示。设计师界面由控件区、UI 设计区、信号与槽区、对象树形列表、对象属性组成。在进行界面设计时，只需要在控件区拖拽控件放入 UI 设计区即可在界面上生成相应的控件，控件的部分属性可以通过右下角的对象属性区更改。本项目需要实现的功能包括 TCP 连接、AO 口输出控制、CO 口输出控制、DO 口输出控制、CI 频率测试、AI 波形检测和图形绘制，将需要按钮、文本编辑框、文本框等拖出，放入 GroupBox 控件中进行分割即完成初步的界面设计。

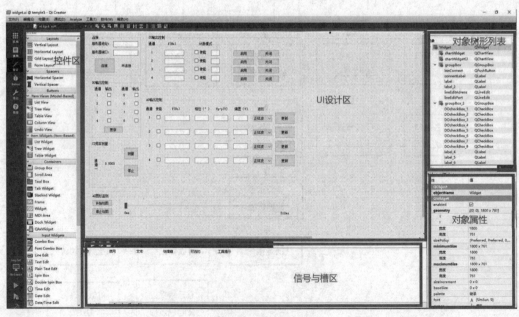

图 6-46　设计界面

　　在完成界面布局后，需要对可输入控件进行默认参数设置，提高美观性和测试人员使用效率，Qt 提供了参数设置函数 setText()，可以用控件的对象名称直接调用，在括号内输入 QString 形式的参数即可。代码如下：

```
ui->lineEditAddress->setText("127.0.0.1");
```

　　（3）TCP 连接。TCP 是一种低层数据传输协议，它具有点对点连接、稳定性强、使用字节流进行传输等特性，在 TCP/IP 协议模型中属于传输层协议。要完成 TCP 通信，首先要进行连接。TCP 的连接需要进行三次握手，首先客户端根据地址和端口号发送连接申请，此时客户端会发送给服务器端随机生成的序列 SYN1=A，服务器端在接收到 SYN 后会先被动开启连接然后发送新生成的随机序列 SYN2=B，以及应答序列 ASK=A+1，确认接收到连接请求，客户端在接收 SYN2 以及 ASK 后，将开启连接并回复服务器端 ASK 作为连接完成回应。而在 Qt 中，提供了 QTcpServer、QTcpSocket 类，用于创建 TCP 服务。本项目的上位机作为收发数据的客户端，不需要使用 QTcpServer。在创建客户端前先通过 QTcpSocket 类创建对象，创建的对象称为 Socket 即套接字，用于数据交换代码如下：

```
QTcpSocket *upClient;
upClient = new QTcpSocket(this);
```

　　随后用 connnect() 函数以按钮受到点击作为触发信号和下位机相应的槽函数绑定。当用户触发按钮点击信号后，槽函数先通过 text() 函数和 text().toInt() 函数获取连接框中文本编辑的 IP 地址和 port 端口号。通过函数 upClient ->connectToHost(ip,port) 实现与下位机的连接。函数中的 IP 地址和 port 端口号需要用户从下位机获取并输入到连接框内的文本编辑器中。当用户输入的 IP 地址或者 port 端口号与下位机不符时，软件将进行 3s 的延迟，然后提醒用户连接失败。

　　（4）数据格式转换。上下位机数据传输默认使用十六进制格式发送指令和数据，但是 Qt 提供的 TCP 连接在传输数据时需要使用 QByteArray 类型，所以在进行数据和指令发送前，需要进行格式转换。把其他类型数据转换成 HEX 格式并以 QByteArray 类型进行发送。为此，需要编写 String2Hex() 函数实现数据格式的转换。函数以 QString 类型接收需要转换的数据，读取待发送的变量的地址使数据转换完成时能让该变量能直接发送。函数将数据的前两个字符读取出来，同时判断是否为空格，若为空格则跳过读取下一位。完成读取后判断是字母还是数字，如果是数字，将字符减去 "0" 的 ASCII 编码，得到的数据即为所需。如果字母是大写的，将字符减去 "A" 的 ASCII 编码加 10，如果是小写的，减去 "a" 的 ASCII 编码加 10。

　　（5）指令以及数据格式。上下位机统一使用 8 字节 16 进制格式进行数据和指令的传输，通信指令格式见表 6-9。在发送指令中，前 4 个字节为校验位，第一、第二个字节为发送和接收校验位，固定为 0xAA 和 0x03，第三、第四个字节为端口和通道校验位，后 4 个字节为高位在前低位在后的用户输入的参数数据。为了实现高低位倒置，编写了重载函数 formatConversion()。函数有两种输入 QString 输入和 int 输入，当输入 QString 类型的数据时，要先把数据从高到低每 2 位进行切片，存到 4 个不同的变量里，随后将 4 个变量按原数据从低到高相加，得到高低位倒置的数据。当输入 int 类型数据时，先通过 QString()函数将 int 类型数据转换为 QString 数据，然后进行如上相同操作。

表 6-9　通信指令格式

数据帧识别码		指令类型	通道	指令参数			
0xAA	0x03			LSB			MSB

下位机在完成一次测试后会将测试数据打包成一个数据包，数据包前 8 字节是下位机校验位和端口校验位，校验位后每 8 字节为一个数据。上位机接收数据时先截取数据包前 8 字节，判断数据来源，然后每 8 字节进行切片并转换成具体数据。

DO 端口控制下位机 8 个端口的数字量输出，通过 isChecked()函数判断复选框，当复选框被选中时将对应变量置 1，未选中置 0。随后将所有复选框数据以 QString 形式从低到高相加，得到端口状态的二进制数据。用 toInt()函数把 QString 形式的二进制数据改变为 int 形式的 10 进制数据，通过上述高低位倒置函数 formatConversion()函数将 10 进制数据转换为 16 进制数据并进行倒置，形成表 6-10 中要求的 DO 口状态数据。在 DO 口状态数据前加上校验数据完成 DO 口控制指令。

表 6-10　DO 控制指令格式

数据帧识别码		指令类型	通道	指令参数			
0xAA	0x03	0x04	0x00	LSB			MSB

CO 端口用于控制下位机 4 个 CO 端口输出占空比为 50%的方波，方波频率和输出个数可调。CO 端口指令格式见表 6-11。用户触发对应按钮的电机控制信号后，软件读取用户输入文本编辑器的参数。频率指令参数数据由 27 位数据组成，最大输出 100MHz，故用 100M 除以频率参数可以将指令参数数据范围限制在 100M 以内。计数指令参数数据的第 16 位为计步模式判断位，0～15 位为计步次数。软件需要先判断复选框被勾选的状态，复选框处于勾选状态说明端口进行连续方波输出，此时将计数标记变量赋 1，若未选中则进行计数输出赋 0。随后读取计步次数，完成 CO 端口指令的参数数据。使用固定的生成 50%占空比的指令。端口开启指令根据按钮判断，占空比指令是通过实验得到最优值。所有指令完成后同时发送给下位机完成 CO 端口控制。

表 6-11　CO 控制指令格式

数据帧识别码		指令类型	通道	指令参数			
0xAA	0x03	0x05	0x00-0x0D	LSB			MSB

AO 端口用于控制下位机 4 个 AO 端口输出频率、相位、峰峰值、偏置可调的正弦波、三

角波、方波和直流偏置，指令格式见表 6-12。AO 端口指令共 6 条：频率指令、峰峰值指令、相位指令、偏置指令、波形类型指令和使能指令。

表 6-12　AO 控制指令格式

数据帧识别码		指令类型	通道	指令参数			
0xAA	0x03	0x00	0x00-0x17	LSB			MSB

AI 指令用于控制下位机波形测量的开关，CI 指令用于控制下位机频率测量的开关，指令固定。

（6）图形绘制。Qt 提供了 QChart 类、qwt 类、qcustomplot 类用于波形的绘制，QChart 虽然没有其他两类精美，但是运行效率高，性能强，本次设计的绘制速率为 1ms 一个点，所以选用 QChart。

QChart 类是 QGraphicsWidget 类的子类，可以使用 QGraphicsScene 组件进行显示。它用于不同类型的序列和其他图表相关对象（如图例和轴）的图形显示。为了简单地在布局中显示图表，可以使用方便的 QChartView 类代替 QChart 类进行显示。此外，可以使用 QPolarChart 类将直线、样条、面积和散点序列表示为极坐标图。

QChart 在进行设置前，必须在工程文件中增加 Qt 图表模块。在.pro 文件中添加：

```
QT+=Chart
```

并在.h 中引用：

```
#include <QtCharts>
using namespace QtCharts;
```

随后再创建 QChart 对象并添加：

```
QChart *chart;
chart = new QChart();
```

在设计师界面上，放置 QWidget 组件并将其提升为 QChartView，设置完成后将创建的 QChart 与 QChartView 进行绑定：

```
ChartView->setChart(chart);
```

在对 QChart 进行初始化时，需要通过 QValueAxis()类创建横纵坐标轴对象建立，通过 QLineSeries()类创建连续线段对象，用 addSeries()函数以及 attachAxis()函数进行绑定。横纵坐标轴通过 setRange()函数设定边界，setTitleText()函数设置坐标轴的坐标名称，setTickCount()函数和 setMinorTickCount()函数分别用于设置主网格数和副网格数，setUseOpenGL(true)函数开启 OpenGL 模式提高绘图性能，减少绘图时的卡顿。

图表的初始化是在运行时进行的，若在图表上进行图形绘制，先要在 AI 或 CI 界面点击测试或者绘制按钮，上位机发送测试指令给下位机，开启下位机测试功能。用 readyRead()信号与初步的信号处理函数进行连接，当下位机发送数据包并被上位机接收后，TCP 触发 readyRead()并向外发送，信号处理函数被上述信号触发后完成数据处理动作。

在信号处理函数中，调用 readAll()函数获取 TCP 接收缓存中的所有数值并将值赋给全局变量 byteArray，同时发送 dataArrive()信号在子线程中调用数据处理及绘图函数 recMesFromWidget()。

在对数据进行处理时，首先将接收到的数据包的数据类型从 QByteArray 转换为 QString，提高效率。切出数据包中前 8 字节校验位，与标准数据格式进行对比，校验其是否为正确数据以及确认数据包是从哪个通道发来的。随后切出校验位后 4096 个字节的数据作为绘图数据。在 4096 个字节的数据中，每 8 个字节进行一次切片操作，通过公式换算得到一个数据点并绘制在图中。

AI 数据是测量波形的幅值，有正负值，正值直接使用原始值进行处理，负值使用原始值的反码。由于 AI 数据使用了 8 字节中的 6 个字节，所以在接受 AI 数据时先检测前两个字节，若值为"FF"则为负值，此时去除"FF"再用剩下的数据计算。

当数据点并未到达坐标轴末尾时，用 append()函数添加数据到线段对象，线段对象会根据序列号将点画在波形图上，若数据点到达坐标轴末尾，将用 replace()函数将数据点从 0 点重新开始画。AI 框内的滑动条通过信号与槽和 AI 波形图的横坐标轴边界最大值连接，通过拉动滑动条调整横坐标最大值。

Qt 多线程在绘制波形图时需要实时接收下位机的数据并将数据画在波形图上，而需要接收和绘制的数据量是极大的，所以当进行波形绘制时，绘制波形的函数会阻塞整个程序使界面出现卡顿，无法进行其他操作。所以本设计开启了一条子线程，把波形绘制的函数放在子线程中。启用多线程后程序的绘图函数会被放入到另一个线程中，主线程和这个线程同步运行，将不会阻塞程序其他函数的运行，防止程序锁死，让 CPU 资源有更多的空闲。Qt 有 2 个简单的创建多线程的方式，从 QThread 类获得和使用 Qbject 类创建。从 QThread 类中获得的方式比较传统，但是这种方式比较容易出错，所以本次设计用第二种。第二种方法不使用官方的线程类，所以必须先创建一个新类，这个类继承于 Qbject 用于构建线程类。先在主函数外添加一个.h 文件和一个.cpp 文件。在.h 文件中添加#include <Qbject>头文件，并创建一个线程类继承于 Qbject，同时申明在子线程运行的函数。在.cpp 文件中将实现.h 文件中申明的函数便可完成线程类的创建。

在主线程中，通过上述线程类建立对象形成新的线程，通过 moveToThread()函数将新建立的线程绑定为主线程的子线程。子线程在需要运行时通过 start()函数启动。在子线程启动后，通过信号与槽在开启测试并接收到下位机数据时调用绘图函数，绘图函数将在子线程中独立运行，不影响主线程的正常使用。当子线程不需要运行时，通过 quit()函数销毁线程。由于主线程关闭时子线程必须关闭，所以在主线程的析构函数中加入 quit()函数确保子线程在主线程关闭时关闭。软件调试主要使用 Qt 自带的 QDebug 类，QDebug 可用于在控制台直接输出想要的参数数据，当需要确认某一参数是否正确时，通过 qDebug()函数直接输出该参数，当程序运行到这条代码时控制台会打印出该参数的具体数值。出现程序运行错误时，通过 qDebug()函数在程序运行错误的代码段中输出不同的数字，如果控制台输出了部分数字，则可以观察数字的显示情况，找到程序在哪一步出错了，作用类似于单断点。程序界面如图 6-47 所示。

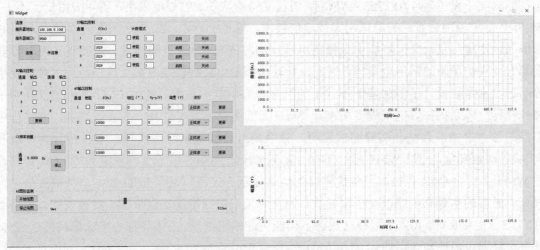

图 6-47　程序界面

在完成上位机设计后，上下位机可以通过以太网连接进行调试。经调试和实验，绘图功能在运行的时候，能对 AO、CO、DO 口的运行状态进行控制。CI 频率口在 10kHz 内能准确地测量，在 10kHz 到 15kHz 范围内只出现 1Hz 的抖动，当频率超过 15kHz 后，数据误差随频率的上升增大。分析频率误差的出现，主要在于受到下位机性能的限制，脉冲输出依靠计数器分频获得。同时，在进行高频脉冲输出时需要极高的分频次数，而程序每段代码的运行存在延迟，越高的分频数会带来越高的延迟，导致无法准确分频。AI 波形在 300Hz 的频率内能准确绘制，超过 300Hz 后波形将出现抖动，频率越大，抖动越大。在频率到达 1kHz 后将失去波形。高频产生抖动是因为下位机为了追求极高的精度，将 AD 采样模块的性能提到最高。在对高频信号进行采样时数据量超过了 MCU 的处理速度，出现了数据丢失，导致波形变形。

2.　基于 Qt 的心电信号采集分析系统

根据《中国心血管健康与疾病报告 2019》，心血管病死亡占城乡居民总死亡原因的首位。不健康的生活作息和饮食习惯导致心血管疾病及其引发的并发症发病比例逐年上升，心血管病危险因素对居民健康的影响越加显著。心电图（Electrocardiogram，ECG）反映了心脏活动的生理与病理信息，是诊断心脏疾病的最基本依据。通常心电图通过医院的 12 导联心电监护仪获取，其局限性在于监测的时间与空间受限，无法持续每天获取心电活动信息。心脏疾病如心律不齐、房颤等通常是随机出现的，如果没有长时间的心电监测，容易延误治疗。

为了解决传统心电监护仪笨重而无法随时使用的缺陷，人们设计了目前最普遍采用的移动心电监护系统 Holter（动态心电图）来进行连续监测，其内置电池，可以实现 24 小时连续监测，但过高的价格限制了 Holter 只能用于少数人。近年来，市场上也出现了可穿戴的含心电图功能的电子设备，如 APPLE WATCH，但仅支持单次 30s 的心电采集，实际应用价值不大。Wi-Fi 是目前应用最普遍的局域网无线通信技术，相对于蓝牙、ZigBee 无线通信技术，Wi-Fi 通信在远距离与复杂空间环境中更稳定可靠，同时依靠 Mesh 组网技术，能实现医院、疗养院等大型医护场所的网络全覆盖。因此，针对传统心电监护仪成本高、体积巨大、难以使用等问题，本系统设计了一种基于 Wi-Fi 的可穿戴心电监护系统。针对 ECG 信号易受噪声干扰等问题，该系统在心电采集前端设计了 41Hz 低通滤波器与 0.5Hz 高通滤波器，并在程序中嵌入了数字滤波算法，实验测试表明，该系统有效抑制了噪声信号。本系统分为终端和 PC 服务端两部分，通过 Wi-Fi 进行 TCP Socket 通信。终端心电节点将采集到的 ECG 数据通过 Wi-Fi 上传至 Qt 上位机，上位机实时优化、显示、处理与保存 ECG 数据。医护人员可远程查看患者的实时心电图以及生理参数，为及时采取医疗措施提供依据。实验表明，该系统 ECG 波形优化良好，人体正常移动状态下仍能可靠输出波形，人体静息心率测量精度达±2%，具有很高的可靠性与实用性。

（1）项目原理。本系统采用 Wi-Fi 作为通信方式，设计了一套极低成本、便携、操作简单的可穿戴心电监护系统，可穿戴终端与上位机服务器的配合，能够实现心电数据的连续采集与实时上传、保存与监测，医护人员能远程监测患者的实时心电图，及时作出诊断。人体 ECG 信号频谱能量集中于 0.67～40Hz，其中 QRS 波频率为 3～40Hz，P、T 波频率范围为 0.7～10Hz。干扰心电信号的噪声主要为两类：工频干扰（≥50Hz）和呼吸基线漂移（0.15～0.3Hz）。心电采集前端会进行硬件滤波处理，但为确保心电信号不失真，硬件模拟滤波器设置的阶数较低，这也导致滤波效果有限，不能有效地抑制噪声。准确分析 ECG 波形的前提是波形质量良好，因此系统对 ECG 信号进行 AD 采集后，数字 ECG 信号的预处理极为重要，本设计中对 ECG 信号的预处理方式为数字滤波，主要用到了 FIR 与 IIR 数字滤波器。IIR（Infinite Impulse Respond）滤波器，中文全称为无限脉冲响应滤波器，其冲激响应是无限持续的，在结构中存在输出到输入的反馈，因此也称为递归型滤波器。IIR 滤波器的差分方程为：

$$y(n) = \sum_{k=0}^{M} b_k x(n-k) - \sum_{k=1}^{M} a_k y(n-k) \tag{6-5}$$

传输函数为：

$$H(z) = \frac{\displaystyle\sum_{k=0}^{M} b_k \cdot z^{-k}}{1 - \displaystyle\sum_{k=1}^{N} a_k \cdot z^{-k}} \tag{6-6}$$

从 IIR 滤波器差分方程（6-5）可以看出，其输出不仅与当前输入 $x(n)$ 和过去输入 $x(n-k)$ 有关，还与过去输出 $y(n-k)$ 有关。由于反馈结构的存在，IIR 滤波器可以使用更少的阶数达到较好的滤波效果。但从传输函数（6-6）中可以看出，IIR 滤波器至少存在一个极点，极点位置的不确定容易造成系统的不稳定。同时 IIR 滤波器的高效率是以相位的非线性为代价的，选择性越好，非线性越严重，极易造成 ECG 信号的失真。

针对 IIR 滤波器的特征，本系统使用 Matlab 设计了一个 4 阶直接 II 型 ButterWorth 数字低通滤波器，50Hz 工频衰减为−31dB，结构如图 6-48 所示。经测试，由于该滤波器阶数较低，相位非线性导致的波形失真几乎可以忽略，但较低的阶数也影响了滤波效果。该 IIR 滤波器极少的计算量特别适合嵌入式设备的使用，因此将其应用于可穿戴终端，对信号进行初级处理，使信号波形能美观地显示于终端屏幕。

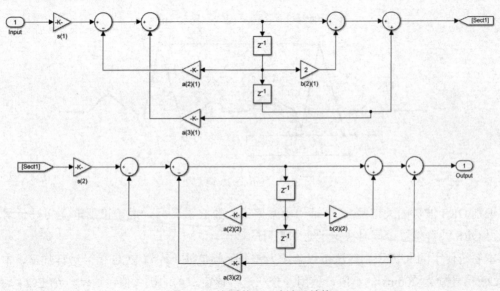

图 6-48　本系统 IIR 滤波器结构

FIR（Finite Impulse Response）滤波器，中文全称为有限冲激响应滤波器，它不存在反馈结构，因此也被称为非递归型滤波器。FIR 滤波器的差分方程为：

$$y(n) = \sum_{k=0}^{N-1} b_k x(n-k)$$

（6-7）

传输函数为：

$$H(z) = \sum_{k=0}^{N-1} b_k \cdot z^{-k}$$

（6-8）

与 IIR 滤波器相比较，很容易发现 FIR 滤波器的当前输出只取决于当前输入与过去输入，没有反馈回路的存在，且系统只存在零点，极点固定于原点。FIR 滤波器的上述基本特征导致其选择性较差，要达到 IIR 同等滤波效果，阶数需高出约 10 倍，这也导致了 FIR 滤波器计算量巨大。但 FIR 拥有严格的线性相位，不会因为相移导致信号失真。

FIR 高阶数导致的巨大计算量容易造成 ECG 波形的延迟，因此 FIR 滤波器不适于应用于普通 MCU 处理器。本系统设计了两个 FIR 滤波器，一个是 90 阶的截止频率为 40Hz 的直接型数字低通滤波器，另一个是 90 阶的截止频率为 0.67Hz 的直接型数字高通滤波器，两个滤波器均工作在 PC 上位机程序中。经测试，FIR 滤波器能较好地抑制工频干扰和呼吸基线偏移。心电图的基本结构如图 6-49 所示，其中 QRS 波群在心电图中幅度最大，反映的是心室除颤过程。QRS 波群包含极为丰富的病理信息，识别 QRS 波群是机器辅助诊断的重要前提。

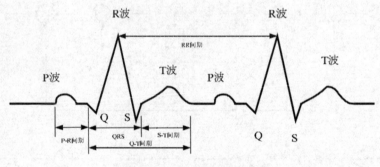

图 6-49　心电图基本结构

识别 QRS 波群的关键是 ECG 信号中幅值最大的 R 波信号，准确识别定位 R 波信号不仅可以得 QRS 波群位置，同时决定了心率测量的精度。

本系统使用的 R 波识别算法可以总结为差分—阈值法。先对 ECG 信号进行加窗，本系统将 ECG 信号分为 200ms 的小段，使用差分法定位该窗口内的极大值，通常一个 ECG 周期可以被分为多个小段，获得多个极大值。如图 6-50（a）所示为一个心率约为 70BPM（Beat Per Minuite）的心电图，一个心跳周期内获得了 5 个极大值，为了准确地获取 R 波，此处使用了自适应阈值法对 R 波进行了提取，具体方法为取前几周期所有极大值点并取平均，将高于平均值一定数值的极大值点保留。此时保留的极大值点已经极大概率为 R 波，但也存在个别情况，如图 6-50（b）所示，窗边界恰好位于 R 波顶点附近，此时获得的两个极大值较为接近，容易被误判为两个 R 波。针对这种情况，本系统将阈值筛选后的极大值点再次进行差分，正确的 R 峰顶点差分结果为前正后负。实测通过上述算法，可以保证准确地识别 R 峰。确定 R 峰位置后，通过 RR 间期即可获取心率。

QS 波识别。Q、S 波的识别以 R 波识别为基础，并采用相似的定位方法。具体过程为先确定 R 峰位置，取 R 峰之前的 100ms，通过差分法判断此区间内的极小值，极小值位置即为 Q 波峰值点，使用同样的方法可定位 S 波位置。

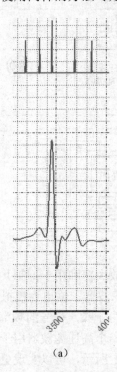

（a）

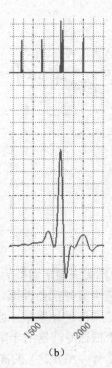

（b）

图 6-50 极大值获取

（2）终端硬件系统设计。系统整体由可穿戴终端与上位机服务端构成，如图 6-51 所示，终端与服务端在同一局域网内实现双向通信。终端硬件由电极、ECG 采集前端、Wi-Fi 模组、LCD 屏幕与按键模块、体温模块以及电源模块构成，不同于常见的 MCU+Wi-Fi 双模块的形式，此处采用集成高性能 MCU 的 Wi-Fi 模组作为主控，既能优化数据传输发送效率，同时最大限度减小可穿戴终端体积。

心电信号来自心肌细胞自发的兴奋活动，该活动在微观上的体现为心脏细胞的去极化和复极化过程，宏观上的体现为体表电位的改变。在人体任意两个相距较远的位置连接电极片形成导联，其电位差的变化即为心电图。现代医学采用的是 12 导联体系，可以完全反映整个心脏的状态，需要在指定位置准确地连接 10 条导联线，操作复杂。为了方便实际使用，此处采用波形特征最清晰的标准导联Ⅰ（左右手臂间的电位差）作为导联方式。心电信号通常极为微弱，典型值为 1mV，极易受到干扰，因此典型的心电采集前端需包含差分放大电路、高通滤波电路、低通滤波电路等部分，硬件结构复杂，不利于设备小型化。此系统采用专用的生物电采集芯片 AD8232 实现心电的采集与调理。

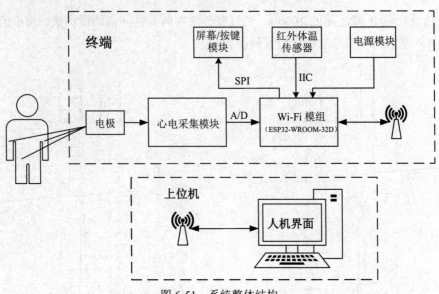

图 6-51　系统整体结构

　　AD8232 内部集成固定增益为 100 的高共模抑制比仪表放大器和用于抑制共模干扰的右腿驱动电路，只需少量外部器件即可实现多极点高通与低通滤波器，输出为模拟信号，可通过 MCU 内置 ADC 很方便地采集。滤波器设计根据 ECG 信号由于噪声信号的频率分布，在硬件上需要设计一个低通滤波器用于削弱工频与电磁干扰，以及一个高通滤波器用于滤除呼吸基线漂移等极低频信号。AD8232 的高通滤波设计电路如图 6-52 所示，可以实现更高阶的高通滤波达到的低频抑制效果，但代价是严重的信号失真。该处使用的是双极点高通滤波器拓扑结构，可以既获得较好的低频抑制效果，同时获得较小的信号失真度。其截止频率为

$$f_c = \frac{10}{2\pi\sqrt{R_1 C_1 R_2 C_2}}$$ （6-9）

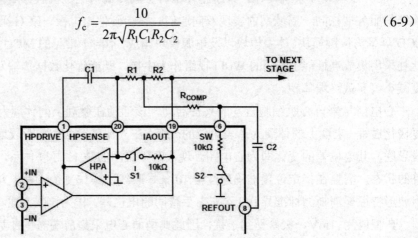

图 6-52　AD8232 高通滤波器

AD8232 低通滤波器使用的是 Sallen-Key 滤波器拓扑结构,如图 6-53 所示。该结构仅需四个无源器件与一个运放即可实现较陡滚降的二阶低通滤波,同时输出端的两个电阻实现信号二级放大。其截止频率为:

$$f_c = \frac{1}{2\pi\sqrt{R_1 C_1 R_2 C_2}} \tag{6-10}$$

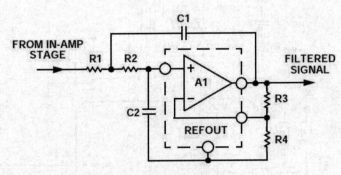

图 6-53　AD8232 低通滤波器

其增益为:

$$G = \frac{1}{R_3/R_4} \tag{6-11}$$

右腿驱动电路。生物电采集设备为了保证安全,不会将人体接地,干扰源与不规则的人体表面形成复杂无规律的杂散分布电容,带来的影响就是极高的共模干扰。AD8232 为了改善系统的共模抑制性能,集成了右腿驱动(RLD)放大器,如图 6-54 所示。右腿驱动电路是生物电采集电路中较为理想的削弱共模干扰的方式,因其电极一般位于右腿而得名。其基本原理为负反馈,右腿驱动电路采集仪表放大器输入端的共模电压,将其反相放大,通过一个限流电阻后输入到人体,形成负反馈,以此达到抑制共模信号的作用。由于右腿驱动电路的存在,因此人体至少连接三个电极(标准导联Ⅰ、右腿驱动电极)。

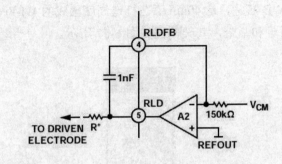

图 6-54　AD8232 右腿驱动电路

心电采集前端电路原理图如图 6-55 所示，该电路实现了截止频率 41Hz 的双极点低通滤波器（R13、R14、C8、C9）与截止频率 0.5Hz 的双极点高通滤波器（R2、R3、C3、C6），前级仪表放大器增益为 100 倍，后级低通滤波器增益为 11 倍，系统总增益为 1100 倍。

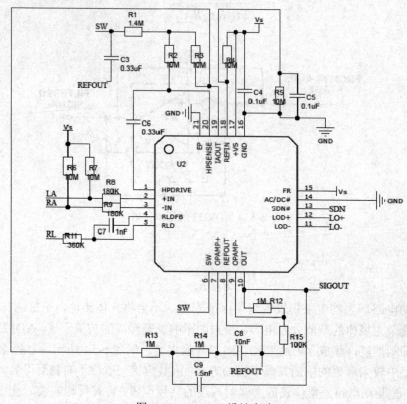

图 6-55　AD8232 设计电路

Wi-Fi 模组采用的是乐鑫（Espressif）公司的 ESP32-WROOM-32D 模组，如图 6-56 所示。模组核心为 ESP32-D0WD 芯片，是 40nm 工艺打造高度集成的 Wi-Fi+蓝牙双模低功耗芯片，内部集成天线开关、射频和基带，其架构图如图 6-57 所示。

图 6-56　ESP32 模组

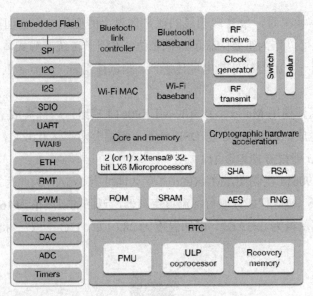

图 6-57 ESP32 架构图

本系统选择此款模组的主要原因是 ESP32 集成了一个高性能的 MCU, 其核心为 Xtensa 32-bit LX6 双核处理器, 主频达 240MHz, 同时配有丰富的 ADC、SPI、IIC 等外设接口。 ESP32-D0WD 芯片内置了 448KB ROM 和 520KB SRAM, 芯片没有内置 Flash, 但 ESP32-WROOM-32D 模组提供了 4MB 的外置高速 flash 用于固件、程序以及数据的存储。 心电信号采集的数据量较大, 且同时需要执行数字滤波、Socket 通信与其他外设程序, ESP32 处理器的性能能够保证心电信号的实时处理与传输。Wi-Fi 与 MCU 的结合既提高了数据传输的效率, 同时其 25.5mm×18mm 的尺寸满足可穿戴设备小体积的要求。

本系统中主要使用的功能模块有 A/D、SPI、IIC 以及 Wi-Fi 模块。ESP32 内部 MCU 带有 18 通道的 12bit 高速 AD(2Ms/s), 精度与速度均满足心电采集的要求。屏幕与红外体温分别使用了硬件 SPI 与硬件 IIC, 硬件 SPI 与 IIC 能保证数据的高效传输, 且 ESP32 官方库对硬件 SPI 与 IIC 做了较好的封装, 调用极为方便。该芯片的主要功能为 Wi-Fi 与蓝牙的无线通信, 因此官方对各类通信协议如 TCP、UDP、MQTT、HTTP 都做了良好的封装, 提供了精简的 API 与文档, 便于开发使用。

本系统采用的 Wi-Fi 通信方式为可靠的基于 TCP 的 Socket 通信。Socket 是网络应用层和 TCP/IP 传输层间的软件抽象层, 它对复杂的 TCP/IP 协议进行了封装并留出了 API 接口, 通过简单的编程即可实现双向的 TCP 通信。在此系统中, 可穿戴终端为 Socket 客户端, 需主动连接对应 IP 与端口的服务端, 而 PC 上位机为 Socket 服务端, 能接受客户端的连接请求建立通信。

当人体出现异常状况时，最直观明显的就是体温上的变化，作为面向实际应用的心电监护系统，体温的变化可以作为重要的辅助诊断依据。不同于传统接触式体温计需考虑与皮肤的接触方式，此处使用一个小型红外热电堆传感器，测试体温时，只需靠近传感器即可实现非接触测量。

非接触红外体温计使用 Melexis 公司的 MLX90614 模组，内部集成了一个 IR 敏感性热电堆传感器、低噪声运放、17bit ADC 与 DSP 单元，测温分辨率达 0.02℃，精度达 0.5℃，支持 IIC 输出，因此 MCU 能很方便地读取。

图 6-58 为 MLX90614 实物图，MLX90614 默认地址为 0x5A，因此写命令为 0xB4，读命令为 0xB5，写入的命令 0x07 代表读取目标温度寄存器，返回的温度值为 16bit，低位在前，高位在后，此示例中返回的值为 0x3AD2，可知温度为 28.01℃。I2C 读取目标温度的格式如图 6-59 所示。

图 6-58　MLX90614

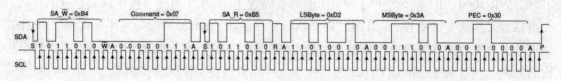

图 6-59　I2C 读取目标温度的格式

电源模块是可穿戴设备的重要组成部分，本系统中电源模块主要由三部分构成：3.7V 锂电池、锂电池充放电电路、稳压输出电路，图 6-60 所示为模块原理图。

本系统使用体积较小的聚合物软包锂电池，如图 6-61 所示，该类锂电池体积较圆柱形锂电池小，但拆卸更换不便，因此需要在系统中单独设计锂电池充放电电路。此处使用的锂电池充放电管理芯片型号为 TP5400，专门针对单节 3.7V 锂电池，集过充过放保护、自动充电再启动、充电电流调节、恒定 5V 升压控制器以及充电状态指示等功能。此电路设定的充电电流为 1A，充电至 4.2V 时充电自动终止，电压降至 4.1V 时再自动启动充电。锂电池放电时，芯片内部升压控制器恒定输出 5V，锂电池放电至 3.0V 时暂停放电。

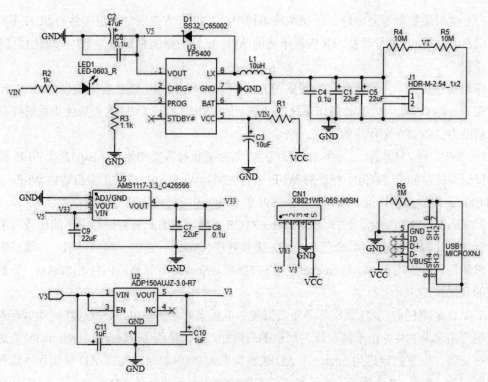

图 6-60　电源模块原理图

图 6-61　锂电池实物图

　　TP5400 升压输出电压为 5V，为满足系统各模块供电要求，需要使用 LDO 芯片来提供高质量的稳压电压。电路中使用了两种 LDO 芯片对模块进行供电：AMS1117-3.3 和 ADP150-3.0。其中 ADP150-3.0 能输出极低噪声、极小纹波的高品质电压，此外该芯片只对心电采集模块供电，保证心电采集模块不受电源噪声干扰。其他对电源品质要求不高的模块则由 AMS1117 供电。

　　（3）系统软件设计。本心电监护系统软件包括两部分：一部分为可穿戴终端程序；另一部分为上位机服务端界面软件。可穿戴终端程序在 ESP 官方提供的模组固件与 SDK 下开发，上位机界面使用 Qt 进行开发，Qt 内置丰富的 API，良好的封装机制使得 QT 模块化程度极高，便于开发。

终端软件设计。终端软件架构图如图 6-62 所示，程序根据 ESP 官方提供的 SDK 开发，运行在 FreeRTOS 嵌入式实时操作系统框架下，而 ESP32 双核 CPU 的优势使该系统拥有了并行处理能力。下面介绍程序的结构。

1）外设、接口初始化。设备上电开机后，程序先执行各类初始化。Esp32 对 Wi-Fi 模块进行了特别设计，可通过官方小程序对 Wi-Fi 进行配网，Wi-Fi 连接成功后会自动将 Wi-Fi 信息写入 Flash，上电后自动连接。ADC、IIC、SPI 和 GPIO 中断初始化过程主要为绑定 I/O 口。

2）FreeRTOS 初始化。程序运行于 FreeRTOS 系统上，因此需要进行简单的任务与消息队列的创建。此程序创建了 4 个任务（AD 采集处理、Socket 通信、屏幕显示与体温采集）、5 个消息队列，分别用于 AD 与 Socket、AD 与屏幕、Socket 与屏幕、体温与 Socket、体温与屏幕间的数据传递。

3）AD 采集任务。AD 采集任务负责采集心电采集前端的输出，数据滤波处理后存入分别存入两个消息队列中，由于需要较为严格的周期性，因此使用了 vTaskDelayUntil()函数进行绝对时间延迟，设置的延迟为 5ms，即 AD 采集频率为 200Hz。经测试，AD 采集程序运行一次的时间仅为 94μs，如果系统进入阻塞，较浪费性能，因此此处将 AD 采集任务与 Socket 通信任务设置为同一优先级，使用时间片调度的方式进行任务调度，freeRTOS 默认时间片长度为 1ms，CPU 使用权能在两个相同优先级任务下反复移交，直至程序段结束，等待绝对延时结束。为保证程序运行稳定，下列所有任务均使用了绝对时间延迟，严格周期性运行。

4）Socket 通信任务。Socket 通信任务负责 ECG 和体温数据的发送以及心率数据的接收。此任务首先判断 Socket 连接状态，如果一切正常，读取 ECG 和体温两个消息队列并向目标发送。由于 R 波提取有一定运算量，本设计将心率测量置于上位机，由上位机向下发送心率数据，通过信息队列传至屏幕。Socket 读取 ECG 数据的频率与 AD 采集频率一致，可以做到有限长度的消息队列不为空也不溢出。

5）体温采集任务。体温采集任务通过 IIC 读取目标温度，剔除不合理值，将数据平均后输出至 Socket 通信和屏幕显示任务。

6）屏幕显示任务。屏幕使用的是分辨率 128×160 的 LCD 屏幕，控制器为 SPI 协议的 ST7735，使用官方图形库配合 ESP32 的硬件 SPI 库，使用较为简单。屏幕主要显示 5 个部分内容：心率、ECG、体温、Socket 状态、日期时间。由于屏幕刷新较慢，为了不影响系统的运行效率，将屏幕显示任务分配给了另一个 CPU 核心，由于两个 CPU 核心共用内存，因此两个核心间的数据传输没有阻碍。

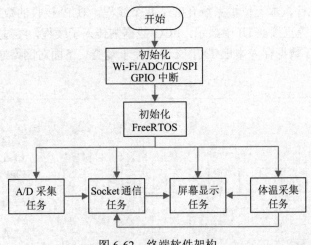

图 6-62 终端软件架构

（4）上位机软件设计。PC 上位机架构如图 6-63 所示，上位机使用 Qt5 进行开发。Qt 为跨平台 C++图形用户界面应用程序开发框架，模块化程度高，集成大量常用 API，其友好的设计师界面能快速搭建出界面框架。此设计中主要使用了 Charts 模块进行曲线的显示，使用 Socket 库创建网络通信。

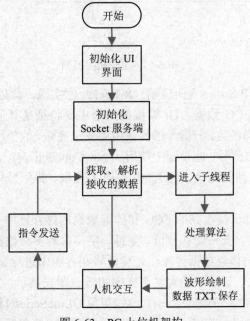

图 6-63 PC 上位机架构

上位机主界面如图 6-64 所示，可知上位机的功能模块主要有 Socket 通信、ECG 显示、心电数据分析、生理参数显示和 ECG 保存。由于 ECG 数据滤波、分析与显示会占用大量资源，为保证上位机流畅运行，本上位机系统开辟了两个线程。TCP 接收的数据解析后，一部分数据如体温、终端状态等直接在 UI 中显示，ECG 数据则传入子线程，经过滤波、分析算法后显示，同时可以将 ECG 数据存入本地 TXT 文件，便于复查。下面对网络通信与 ECG 显示两个主要功能进行介绍。

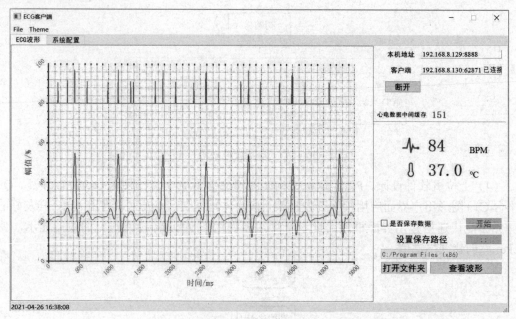

图 6-64　上位机主界面

1）Socket 通信。TCP Socket 通信基于 Qt Socket 库实现，此处 Socket 服务端负责响应客户端的连接请求与接收 ECG 数据。Qt 编程的一个主要特征是其使用的信号（signals）与槽（slots）机制，类似于回调函数，但信号槽的使用更安全高效，能使程序逻辑更清晰。QT Socket 的 API 提供了大量的标志信号，此设计中使用了 newConnection()、disconnected()、readyRead() 三个关键信号，分别为有新的连接、断开连接与准备读取，将信号与槽函数连接后即可实现网络连接与数据收发。

2）心电图显示。Socket 接收到的 ECG 和体温数据的储存使用了 Qt 提供的 Qlist 列表，该数据结构包含索引与内容，支持储存数值、坐标、字符串等多种数据类型，能实现高效的数据存储与读取。ECG 数据与体温数据经算法处理后将在界面中进行显示。ECG 波形的显示用到了 Qt 提供的 QChart 模块，该模块能实现多样的曲线与图表显示，实现曲线的显示需要创建 3 个主要对象，分别为坐标对象 QValueAxis()、曲线对象 QLineSeries() 和 Chart 组件对象 QChart()。坐标对象可设置坐标轴刻度与范围、坐标轴位置、坐标标题等参数，设置完毕后添加到曲线对象中；曲线对象可调整曲线的类型与样式，此设计中使用了 Qt 支持的 OpenGL 进行图形硬件渲染加速；曲线对象最终需要被加载入 Chart 组件进行最后的界面显示。

终端如图 6-65 所示，小型化后的终端主体尺寸为 6.5cm×3.5cm×2.5cm，电池模块尺寸为 4cm×3.5cm×1.5cm，基本满足可穿戴设备的体积要求。根据本系统设计目的，主要对 ECG 波形的显示、心率的测量以及系统稳定性和续航进行测试。

图 6-65　终端

（5）波形测试结果。ECG 波形实时显示是本系统的主要功能，波形的质量直接影响医护人员的诊断与 QRS 波群的识别。图 6-66 所示为不添加数字滤波算法采集的真实人体 ECG，可以看出明显的工频干扰，除 R 峰外，其他波段几乎不可见。图 6-67 所示为程序中添加滤波算法后的静态人体实时心电图，可以清晰分辨 ECG 主要的 PQRST 波群。图 6-68 所示为人体正常移动时采集的心电图，由于人体运动时存在骨骼肌运动产生的肌电伪迹、身体运动产生的运动伪迹、电极片摩擦导致的阻抗变化等因素影响，人体移动时 ECG 的采集是当前 ECG 技术的一个难点，由图中可以看出，虽波形受到了一些干扰，但由于滤波器的作用，ECG 信号大体形状得以保留，PQRST 波群仍可分辨。

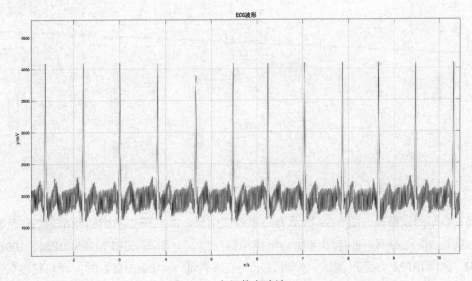

图 6-66　未经数字滤波 ECG

第 6 章

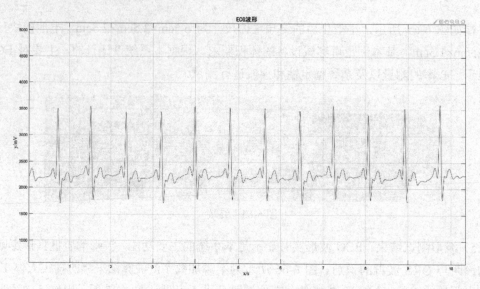

图 6-67　静止状态人体 ECG 实测

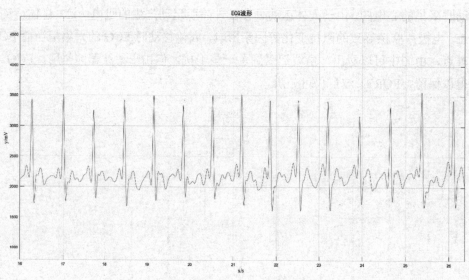

图 6-68　移动状态人体 ECG 实测

（6）心率测试结果。图 6-69 所示为心率测试结果，本系统心率刷新频率为 3s，连续读取 1min 也就是 20 次心率，心电信号由心电模拟器产生，分别在 60BPM、80BPM、100BPM、120BPM 与 140BPM 心率下测试。结果显示，心率较低（<100BPM）时，测量精度较高，误差小于 2%，且标准偏差较小。心率较高时测量值波动较大，精度有所下降，但心率达 140BPM 时误差仍在 4%范围内。经分析，本系统心率测量误差产生的原因主要有两个：一是本系统采

样率固定为 200Hz，导致采集较高心率的心电信号时，RR 间期间点数较少，容易造成心率波动大；二是终端 AD 采集程序影响，本终端系统中 AD 采集任务执行周期被限制为 5ms，当实际运行时并不能严格限制在 5ms，约有±80μs 的波动。

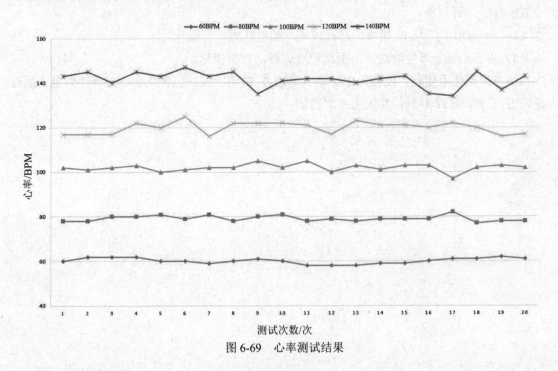

图 6-69　心率测试结果

稳定性与续航测试。由于心电监护系统需要长时间的连续运行，中途系统的稳定性和电池的续航极为重要。系统稳定性与续航同时进行测试，将电池充满电后打开终端电源开关，打开屏幕常亮，与上位机建立连接后开始测试。

经测试，系统连续工作 7.5h，中途终端与上位机均正常工作。经万用表测试，Wi-Fi 与上位机建立连接并正常发送数据、屏幕打开并实时刷新显示心电图时，系统最高功率为 370mW（5V/0.056A），此系统使用 1500mAh 的锂电池，结合转换电路 80%的效率，理论可工作时间在 12h，但实际仅工作了 7.5h。

经测量，系统关机时电池电压仍有 3.4V，大约存有 1/3 的电量，但转换电路升压控制器已无法正常升压。经分析，问题在于电池内部配有电池保护电路，由于锂电池管理芯片内部也存在保护电路，两个保护电路的存在导致电池进入管理芯片的压降过大，锂电池管理芯片误判电池电压过低而关闭了电路。

基于 Wi-Fi 的可穿戴心电监护系统从实用角度出发实现了低成本、可靠的远程心电监控。测试结果显示该系统具备心电采集、实时上传显示、心率测量等功能，在人体移动时仍能获得

第 6 章

质量较好的 ECG 波形，系统稳定可靠，易于使用，具有实用性，特别适用于医院、养老院等大型场所。但同时也存在需要改进的地方：

（1）由于本监护系统偏重 ECG 的采集、优化与传输，对 ECG 处理算法涉及较少，未实现心脏疾病的分析判断。

（2）由于使用了 Wi-Fi 模块，功耗较高，续航能力有待提升。

（3）设备仍处于开发阶段，小型化程度较低，有待优化。

目前考虑到使用便利，仅使用单导联、单通道 ECG，无法包含全部心脏病理信息，后续考虑采用三导联或 12 导联，实现医疗级监护。

参 考 文 献

[1] 朱朝霞. 机电工程训练教程：电子技术实训[M]. 2 版. 北京：清华大学出版社，2014.

[2] 陈纪钦，谢智阳，周旭华. 单片机控制技术：基于 Arduino 平台的项目式教程[M]. 北京：机械工业出版社，2021.

[3] Monk S. 创客电子：Arduino 和 Raspberry Pi 智能制作项目精选[M]. 陈立畅，等，译. 北京：人民邮电出版社，2017.

[4] 唐浒，韦然. 电路设计与制作实用教程：基于立创 EDA[M]. 北京：电子工业出版社，2019.